建筑给水排水
工程施工过程全解读

钟风万　主　编
吕国庆　黄毫春　王明英　副主编

中国建筑工业出版社

图书在版编目（CIP）数据

建筑给水排水工程施工过程全解读 / 钟风万主编；吕国庆，黄毫春，王明英副主编．—北京：中国建筑工业出版社，2023.8

ISBN 978-7-112-28830-4

Ⅰ.①建… Ⅱ.①钟… ②吕… ③黄… ④王… Ⅲ.①建筑工程-给水工程-工程施工-研究②建筑工程-排水工程-工程施工-研究 Ⅳ.①TU82

中国国家版本馆 CIP 数据核字（2023）第 112574 号

责任编辑：于 莉
责任校对：赵 颖
校对整理：孙 莹

建筑给水排水工程施工过程全解读
钟风万 主 编
吕国庆 黄毫春 王明英 副主编
*
中国建筑工业出版社出版、发行（北京海淀三里河路9号）
各地新华书店、建筑书店经销
北京光大印艺文化发展有限公司制版
建工社（河北）印刷有限公司印刷
*
开本：787毫米*1092毫米 1/16 印张：18 字数：370千字
2023年7月第一版 2023年7月第一次印刷
定价：69.00元
ISBN 978-7-112-28830-4
（41168）

序

建筑给水排水工程是保证建筑工程使用功能的重要系统工程之一，在《建筑工程施工质量验收统一标准》GB 50300—2013 中，建筑给水排水工程是重要验收内容，而与《建筑工程施工质量验收统一标准》GB 50300—2013 配套使用的相关专业性质量验收规范、技术规程、施工规范、强制性条文等也很多，对于质量验收有更加全面的质量控制标准要求。

《建筑工程施工质量验收统一标准》GB 50300—2013 的实施执行“验评分离、强化验收、完善手段、过程控制”的 16 字方针。编者在近 10 年来的施工过程监理服务中贯彻该 16 字方针，并在酒店、住宅、办公、医院、学校、厂房、市政等多种建筑工程的监理实践活动中不断总结经验，积累了大量的质量控制实践经验，经过系统化归纳和整理后完成了《建筑给水排水工程施工过程全解读》一书，该书重点诠释了施工阶段监理的质量过程控制理念，有利于在建筑给水排水工程质量控制过程中抓住重点，通过优质高效的管理手段确保实现建筑给水排水工程方面的建筑使用功能。

建筑给水排水工程与其他工程也有着密不可分的关联，如屋面工程、人防工程、消防工程、环境绿化工程、道路工程、节能工程等，特别是排水系统工程还涉及城市管理的多方面因素，如海绵城市、城市管廊、三防、水利基础设施建设等，质量控制过程更加复杂，受进度紧、交叉作业点多面广、检测试验环节多、干扰因素复杂、成品保护难等多种情况影响。而质量控制要从细节抓起，从方案设计、组织管理、材料把关、落实工艺标准、过程检查与检测试验相结合、工序交接、检验批验收、试运行等方方面面、层层把关到位，质量控制目标自然就能顺利实现。

《建筑给水排水工程施工过程全解读》通用性强、适用面广，为编制各类建筑给水排水工程施工组织设计、专项施工方案等提供可借鉴的蓝本，供业内人士参考和交流。

建筑给水排水工程的管理实践经验随着时代的进步而在持续的丰富和发展，《建筑给水排水工程施工过程全解读》一书总结了过去的经验，也承载着对未来的贡献，我们相信，祖国的建设离不开建筑给水排水工程，我国在建筑给水排水工程领域必将更加蓬勃发展而赶超世界先进水平。

深圳华西建设工程管理有限公司

公司常务副总工

国家注册监理工程师

高级工程师

2023 年 3 月于广东深圳

前 言

针对目前国内建筑给水排水工程行业缺乏系统的施工全过程知识读本，不利于施工管理的现状，作者以多年的实际工作积累素材为基础，辅以相关的理论知识介绍，还特邀请相关领域的专家学者共同编写了本书，他们分别从事多年的设计、施工管理、劳务分包等工作，有着非常丰富的经验，有利于总结经验，共同分享等，有利于现场施工、管理。

本书以施工现场实物实景为起点，以现场施工过程为主线，从设备安装到系统调试，详细介绍了建筑给水排水施工全过程中的材料采购、设备工艺参数、设备安装效果等内容，其中重点叙述建筑给水排水工程专业的施工节点。为了有利于施工现场管理，同时也介绍了材料设备市场行情及发展前景，分析了给水排水工程在施工中常见的一些质量通病，展示了市、省或国家优质工程相关工艺做法，为处理好“怎样发现，怎么解决，怎样处理”工程问题提供技术方法，目的就是让学者更快、更好地学会建筑给水排水工程相关知识，更好地为工程建设服务。

本书可为参与建筑行业给水排水工程专业施工与管理的同仁提供集成资料，方便他们快速地查找相关工程内容，有利于施工过程有效管理；给刚刚毕业走上工作岗位的新手或参与房屋建筑相关专业人员提供指导，帮助他们熟悉建筑给水排水施工内容，更好地提升自己的综合工程素质，更快地适应建筑行业的工作需要；也可以作为本科院校的教辅材料、职业技术学院的教材等；希望能为我国建筑给水排水工程专业的发展，贡献自己的绵薄之力。

参加本书编著的有：钟风万（工程管理公司）（第 1 章、第 2 章、第 3 章、第 9 章）、吕国庆（设计院）（第 5 章、第 7 章、第 8 章）、黄毫春（施工单位）（第 4 章、第 6 章）、王明英（劳务公司）（第 10 章），全书由主编钟风万整理、汇编等。特别感谢母校安徽工业大学建筑工程学院的胡小兵老师鼎力相助，对本书提出很多的建设性意见，审阅了全书内容，并对书稿系统及重点内容进行了修订。

本书在编写过程中，参阅和引用了不少专家、学者论著中的相关资料及网络资料等，不再一一列举，在此表示衷心感谢。

由于作者的水平有限，书中不足与错误在所难免。以书会友，恳求同行专家、广大读者批评指正。

编　者

2023 年 3 月于广东深圳

前言

目 录

第1章 建筑给水排水工程简介

建筑给水排水是给排水科学与工程专业的主干专业课之一，是一门为工业和民用建筑提供必需的生产条件和舒适、卫生、安全的生活环境的应用学科。主要任务是介绍建筑内部的给水、消防给水、排水、雨水等的基本理论、设计原理、方法和安装、管理方面的基本知识和技术。建筑给水排水工程是将城镇给水管网或自备水源给水管网的水引入室内，选用适用、经济、合理的最佳供水方式，经配水管送至室内各种卫生器具、用水嘴、生产装置和消防设备，并满足用水点对水量、水压和水质的要求等，并排放到市政管网。

1.1 建筑给水排水系统组成

建筑给水排水主要由以下3个系统组成：

（1）给水系统：包括生活给水系统、中水系统、热水系统、饮用水系统（直饮水系统）等。

（2）排水系统：包括排水系统（污水、废水）、雨水系统、冷凝水排水系统等。

（3）消防系统：包括室内消火栓系统、室外消火栓系统、自动喷水灭火系统、水喷雾灭火系统、气体灭火系统等。

1.2 建筑给水排水系统特点

1. 给水系统

小区进水管、楼宇引入管、给水干管、给水立管、户内给水支管等建筑给水管道构成给水系统，建筑内的给水系统分为不同功能的子系统，主要包括：

（1）生活给水系统

1）直接供水：直接给水系统、设水箱的直接给水方式（设置夜间水箱）。

2）二次加压供水：设水池－水泵（工频泵）－水箱的给水方式、设水池－水泵（变频）的给水方式、设水泵（叠压）的给水方式等。

3）并联分区供水：设置中间减压水箱的分区供水、干管设减压阀减压分区给水、不同加压泵不同分区水箱的供水、变频调速给水设备并联分区给水等。

4）串联分区供水（接力）：超高层、山地建筑、高层小区的合理分区等。

5）集中饮用水（直饮水系统）供应：生活用水、优质饮用水分质给水方式。不循环管道（立管至配水龙头）应尽量短（不大于 1m），确保水质干净卫生。

6）卫生器具给水配件承受的最大工作压力，不得大于 0.60MPa，当生活给水系统分区供水时，各分区的静水压力不宜大于 0.45MPa，当设有集中热水系统时，分区静水压力不宜大于 0.55MPa。

7）住宅入户管的供水压力不应大于 0.35MPa，非住宅入户管的供水压力不宜大于 0.35MPa，套内用水点供水压力比宜大于 0.20MPa，且不应小于用水器具要求的最低压力。

（2）热水系统

1）分散热水供应：太阳能、电、天然气或液化气等。

2）集中热水供应：太阳能、热泵、天然气或液化气、电等。

3）集中热水供应的循环方式：集中生活热水系统应在套内热水表前设置循环回水管，立管循环、支管循环等。

4）集中热水供应需要做好热水与冷水的压力平衡。

5) 集中生活热水系统热水表后或户内热水器不循环的热水供水支管，长度不宜超过 8m。

6）集中生活热水系统配水点的供水水温不应低于 45℃。

（3）中水系统

中水系统是指将各类建筑或建筑小区使用后的排水，经处理达到中水水质要求后，而回用于厕所便器冲洗、绿化、洗车、清扫等各用水点的一整套工程设施。它包括中水原水系统、中水处理系统及中水给水系统等。

2. 排水系统

（1）生活排水系统：有分流制（污水、废水、雨水分开排出）及合流制（污水、废水、雨水同一管道排出）系统，有特殊排水系统（特殊单立管、内螺纹立管、AD 增强型特殊单立管），地下室集水坑的加压排水，同层排水等。

（2）雨水系统：雨水系统的组成有外排、内排区分，重力雨水排水系统与虹吸雨水排水系统不同，大屋面需设置天沟排水等。

（3）冷凝水排水系统：应该将冷凝水管接到排水沟附近，有利于冷凝水的收集并用于绿化浇灌等。

（4）排水立管不应设置在卧室内，且不宜设置在靠近与卧室相邻的内墙；当必须靠近与卧室相邻内墙内时，应采用低噪声管材。

排水系统还包括化粪池、污水处理的设置，总体雨水口及地下室上部雨水沟的设置等。

3. 消防系统

（1）室外消火栓灭火系统：系统的组成及分类（高压、低压）。

（2）室内消火栓灭火系统：系统组成、分类（常高压、临时高压）及控制方式；消火栓给水系统设水池 – 水泵 – 水箱的给水方式、减压分区给水方式、串联分区（超高层）给水方式等。

（3）自动喷水灭火系统：系统的分类、组成及运行方式；闭式（湿式、干式、预作用、重复启闭预作用）、开式（雨淋、水幕）、自动喷水 – 泡沫联用系统等。

（4）水喷雾灭火系统：系统组成及运行方式等。

（5）气体灭火系统：系统组成及运行方式等。

第2章 建筑给水排水工程设备分类与识别

建筑给水排水工程中，设备很多，主要包括给水泵房、水塔、洗用设备、卫生设备、排水设备、消防设备、临时消防加压系统、室外绿化洒水栓及消火栓等。

2.1 给水泵房（包括无负压供水泵房）及水塔（高位水箱）

给水泵房又称配水泵房。自清水池中抽取净化的水，将水送入配水管网并至用户的构筑物。一般为适应送水量一日之间变化较大的情况，往往设有不同性能的水泵，有时水泵数量较多。变频水泵房布置如图2-1（a），（b）所示。

无负压供水设备是以市政管网为水源，充分利用了市政管网原有的压力，形成密闭的连续接力增压供水方式，节能效果好，没有水质的二次污染，是变频恒压供水设备的发展与延伸。通常我们所说的无负压供水设备，一般指的是无负压变频供水设备，也叫变频无负压供水设备，是直接连接到供水管网上的增压设备。传统的供水方式离不开蓄水池，蓄水池中的水一般由自来水管供给，这样有压力的水进入水池后，水的压力变成零，需要水泵加压，水才能进入用户，造成大量的能源浪费。而无负压供水

（a）

（b）

（c）

图2-1 水泵房布置图
（a），（b）变频水泵房布置图；（c）无负压水泵房布置图

设备是一种理想的节能供水设备，它是一种能直接与自来水管网连接，对自来水管网不会产生任何副作用的二次给水设备，在市政管网压力的基础上直接叠压供水，节约能源，并且还具有全封闭、无污染、占地量小、安装快捷、运行可靠、维护方便等诸多优点。（但考虑市政管网有时压力会波动，水压低的时候，无负压供水设备对市政管网会有些影响，故一般在安装这种设备之前，必须征得地方自来水厂同意才行。）。无负压水泵房布置如图 2-1（c）所示。

水塔（高位水箱），在一般居民区里起蓄水作用，有些还是水厂生产工艺的一个重要组成部分，为用于储水和配水的高耸结构，用来保持和调节给水管网中的水量和水压。水塔主要由水柜、基础和连接两者的支筒或支架组成。在工业与民用建筑中，水塔是一种比较常见而又特殊的构筑物。水塔如图 2-2 所示。

图 2-2　水塔（高位水箱）

2.2　洗用设备

2.2.1　洗手盆

洗脸盆，是一种用来盛水洗手和脸的盆具 ，也是人们日常生活中不可缺少的卫生洁具，如图 2-3～图 2-8 所示。

图 2-3　台式嵌入式洗手盆（一）

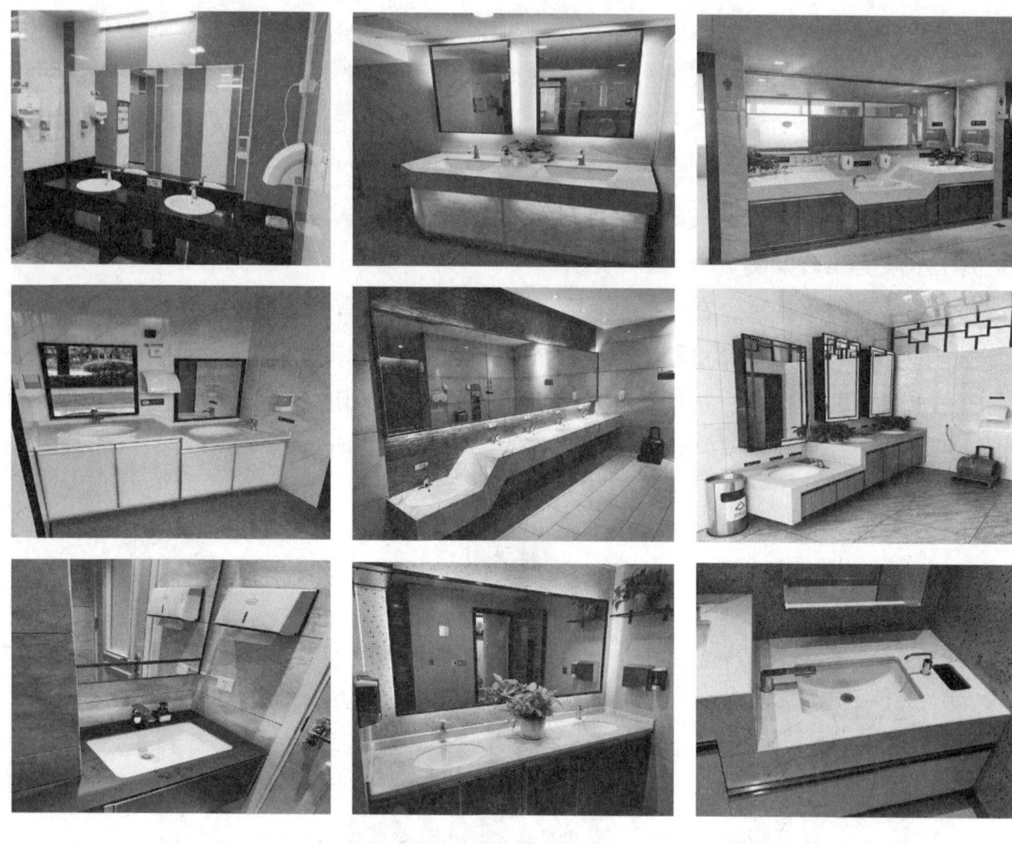

图 2-3　台式嵌入式洗手盆（二）

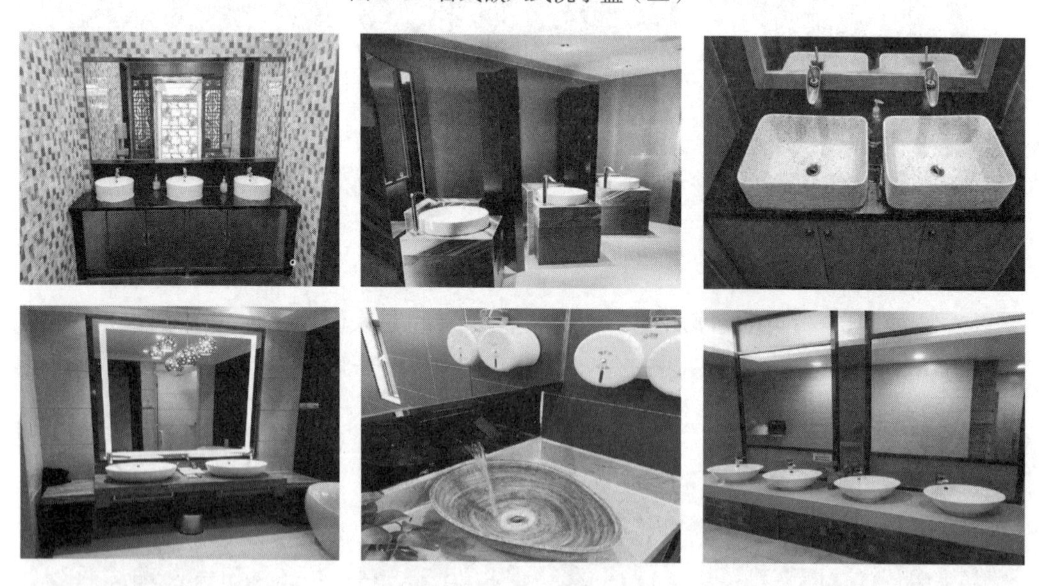

图 2-4　台式独立洗手盆（一）

图 2-4　台式独立洗手盆（二）

图 2-5　现场制作洗手盆

图 2-6　立柱式洗手盆

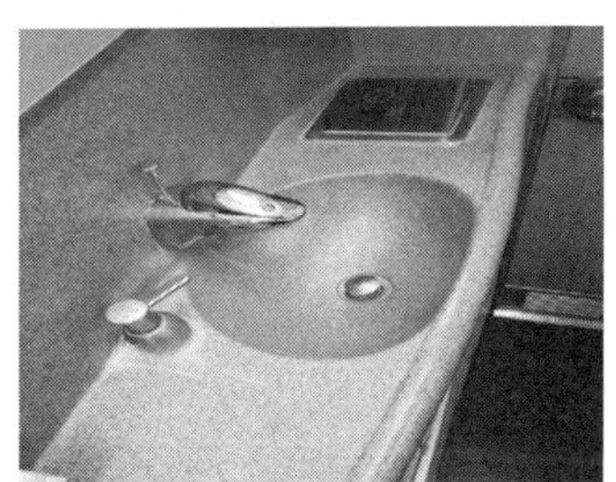

图 2-7　一体式洗手盆

图 2-8　医院洗手盆

2.2.2　洗菜盆

洗菜盆，设置在厨房，洗菜时使用，一般水龙头可以转动，如图 2-9 所示。

图 2-9　洗菜盆

2.2.3　水龙头

水龙头是常用的出水设备，具有各自类型，很多的设备需要单独配备的水龙头才能达到出水的效果。建筑内部的主要水龙头，如图 2-10～图 2-15 所示。

图 2-10　单阀水龙头（一）

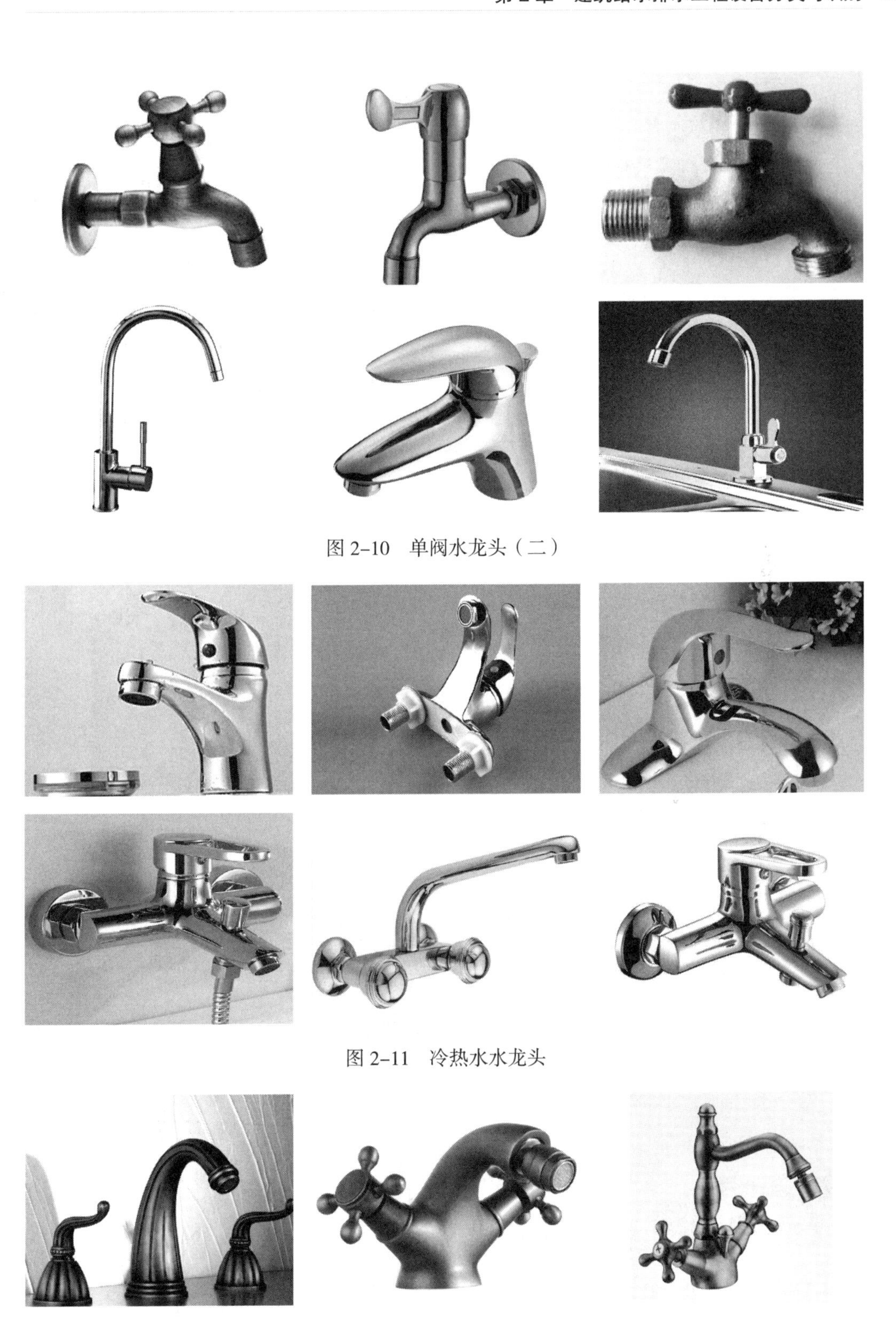

图 2-10　单阀水龙头（二）

图 2-11　冷热水水龙头

图 2-12　古典水龙头（一）

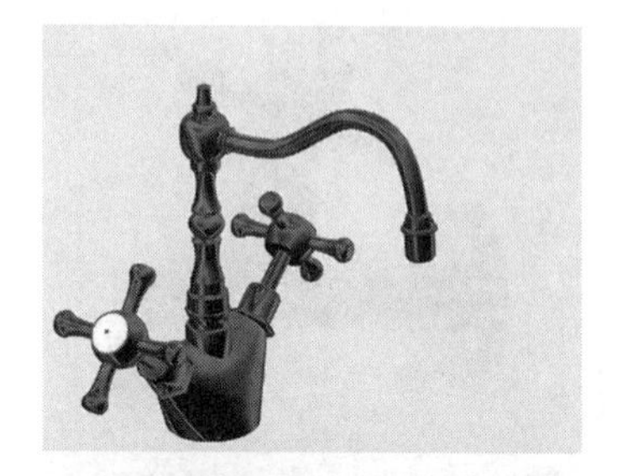

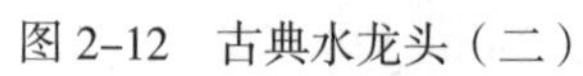

图 2-12　古典水龙头（二）

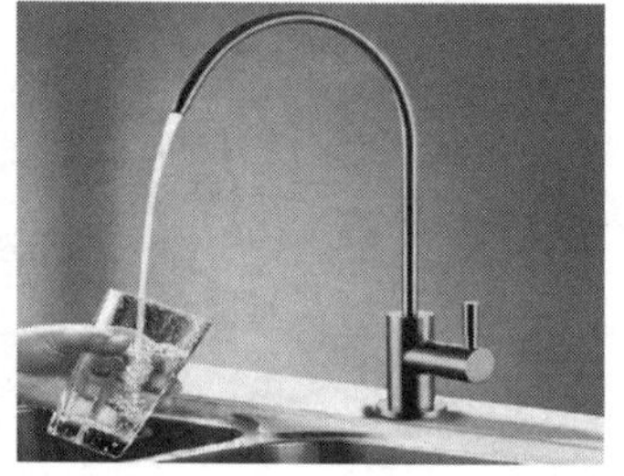

图 2-13　直饮水水龙头

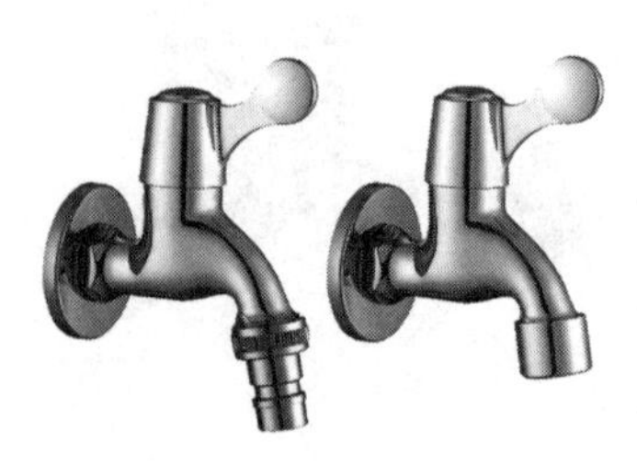

图 2-14　家用洗衣机水龙头

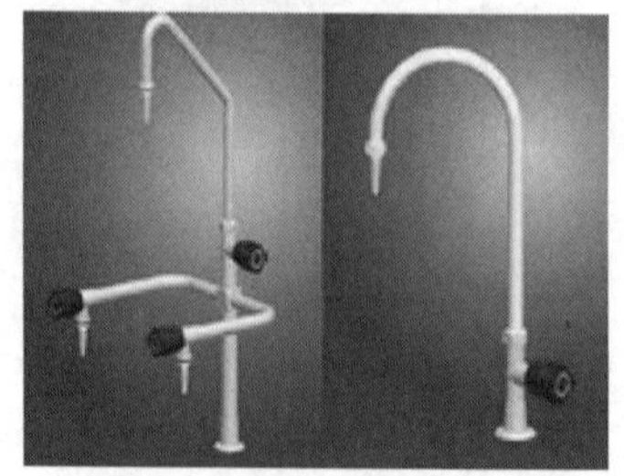
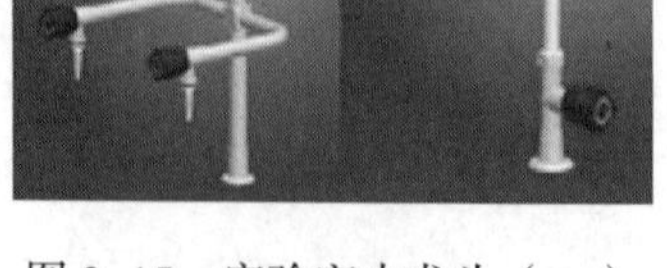
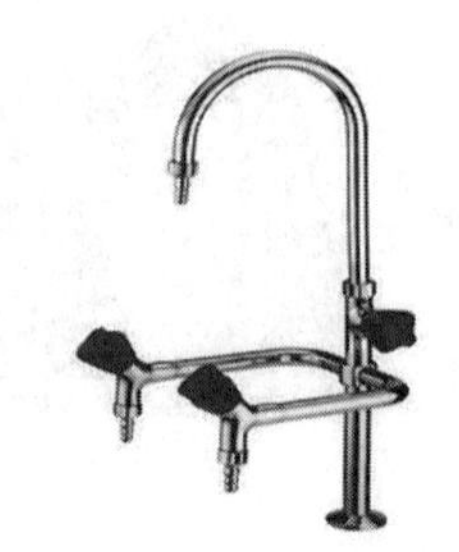

图 2-15　实验室水龙头（一）

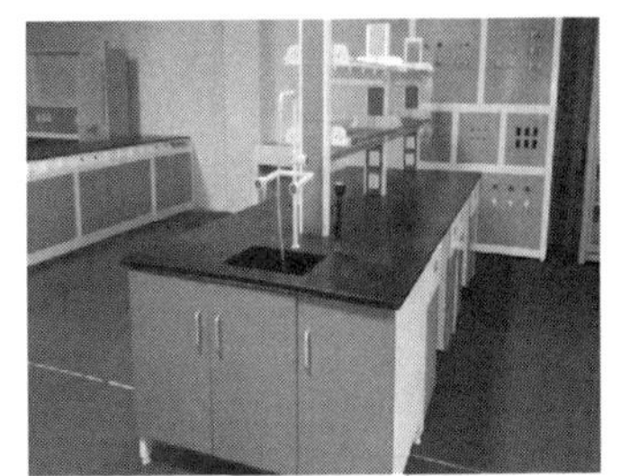

图 2-15　实验室水龙头（二）

2.2.4　花洒（莲蓬头）及淋浴间

花洒又称莲蓬头，原是一种浇花、盆栽及其他植物的装置。后来有人将之改装成为淋浴装置，使之成为浴室常见的用品，如图 2-16 所示。

淋浴指洗澡时用喷头把水淋遍全身，从而达到洗浴效果。有时下雨时，被雨水淋着，也形象称之为享受“淋浴”。人淋浴的地方叫淋浴间，如图 2-17 所示。

浴缸是一种洗澡装置，供沐浴或淋浴之用，通常装置在家居浴室内，如图 2-18 所示。

图 2-16　花洒（莲蓬头）（一）

图 2-16　花洒（莲蓬头）（二）

图 2-17　淋浴间（一）

图 2-17　淋浴间（二）

图 2-17　淋浴间（三）

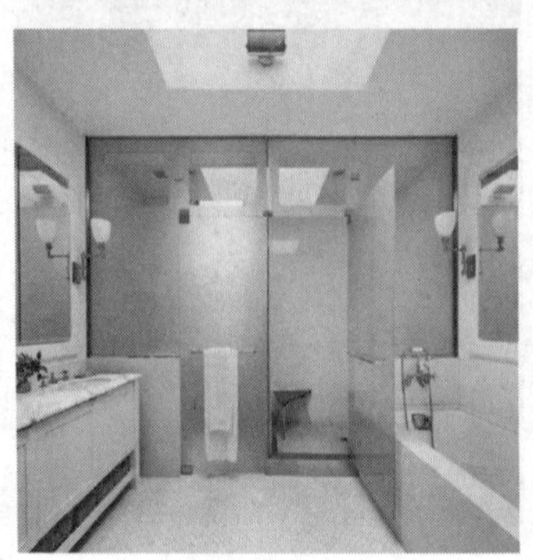

图 2-18　浴缸

2.2.5　拖把池

拖把池，是用来清洗拖把的设备。不可使坚硬器具或粗糙织物与陶瓷制品接触，不可敲打、撞击；定期用清洁剂擦洗附着污物，清洗不掉时，用刷子清除，保持其表面清洁；保持下水口畅通，防止杂物造成淤塞，如图 2-19 所示。

图 2-19　拖把池

2.3　卫生设备

2.3.1　坐便器

坐便器是指使用时以人体取坐式为特点的便器，按冲洗方式分为直冲式、虹吸式（虹吸式又分为喷射虹吸式、旋涡虹吸式），按结构方式又分连体坐便器和分体坐便器。如图 2-20、图 2-21 所示。

无障碍卫生间：在机场、车站、医院，公园，养老院等公共场所，在卫生间区域专门设立无障碍卫生间，无障碍卫生间为不分性别独立卫生间，配备专门的无障碍设施，包含：方便乘坐轮椅人士以及需要人协助的人开启的门、专用的洁具、与洁具配套的安全扶手等，给残障者、老人或妇幼如厕提供便利，如图 2-22、图 2-23 所示。

图 2-20　连体坐便器

图 2-21　分体坐便器（一）

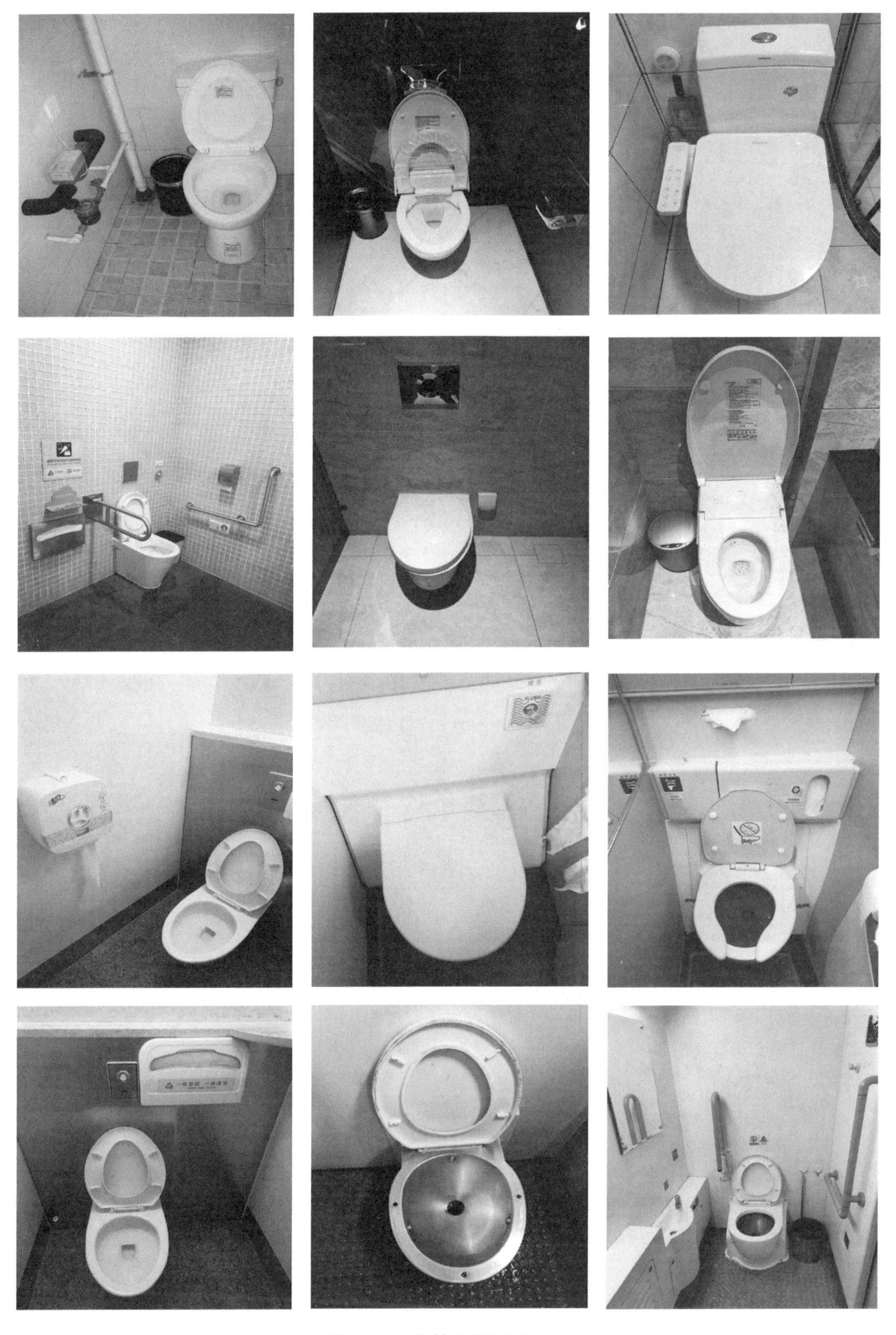

图 2-21　分体坐便器（二）

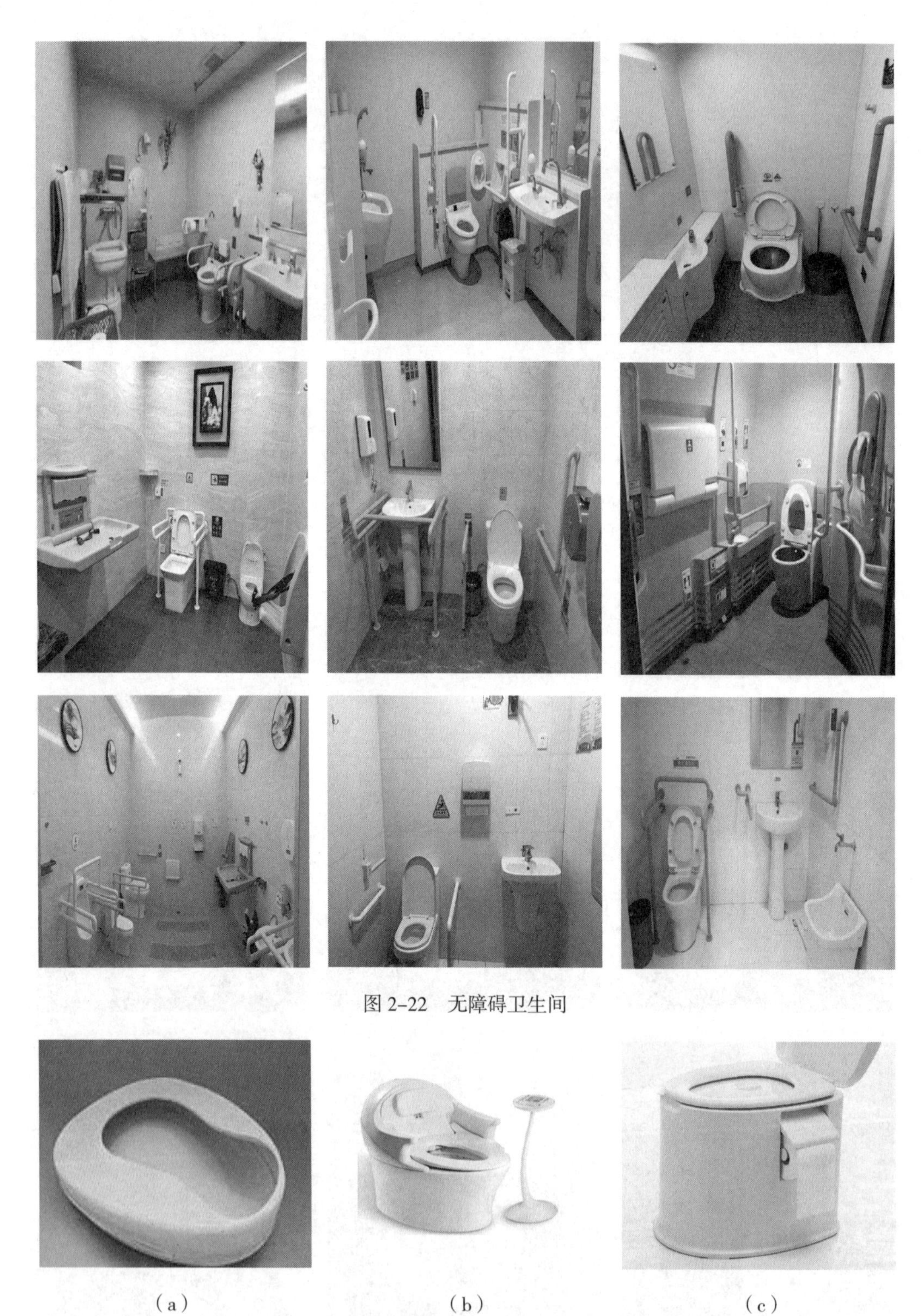

图 2-22 无障碍卫生间

（a） （b） （c）

图 2-23 移动蹲便器（医院）及移动坐便器

（a）移动蹲便器（医院）；（b），（c）移动坐便器

2.3.2　妇女净身器

妇女净身器，带有喷洗的供水系统和排水系统，洗涤人体排泄器官的有釉陶瓷质卫生设备。按洗涤水喷出方式，分直喷式、斜喷式和前后交叉喷洗方式。净身器应与自来水管连接，严禁与中水管连接，如图 2-24 所示。

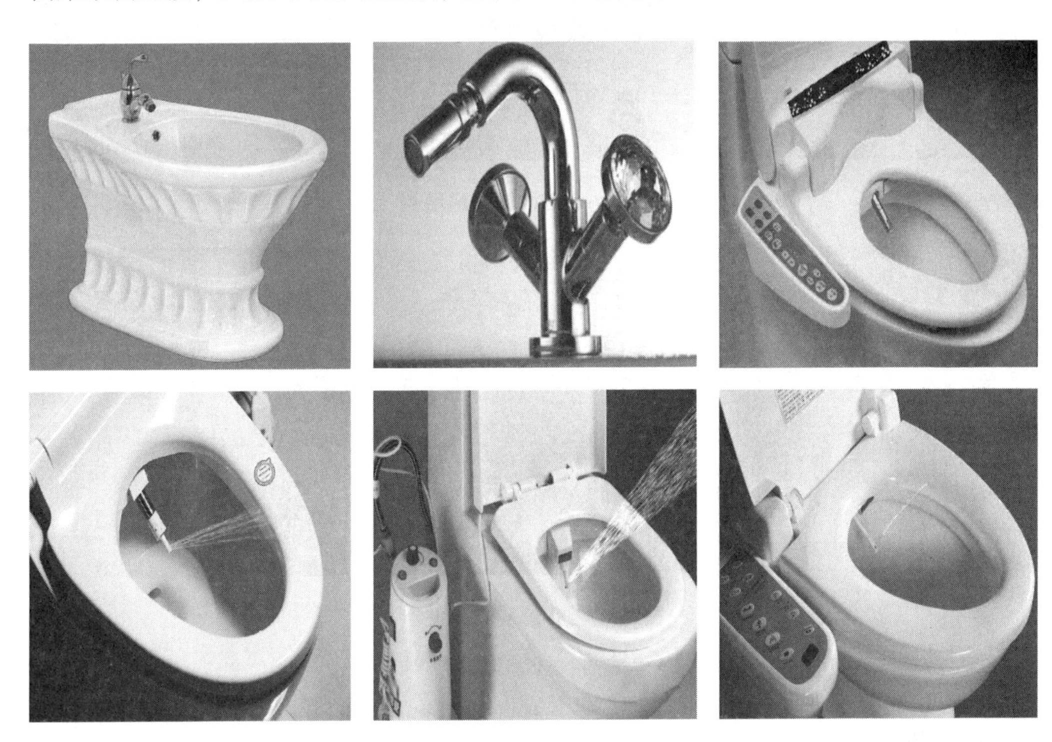

图 2-24　妇女净身器

2.3.3　蹲便器

蹲便器是指使用时以人体取蹲式为特点的便器。蹲便器分为无遮挡和有遮挡；蹲便器结构有存水弯和无存水弯。存水弯的工作原理，就是利用一个横“S”形弯管，造成一个“水封”，防止下水道的臭气倒流，如图 2-25～图 2-28 所示。

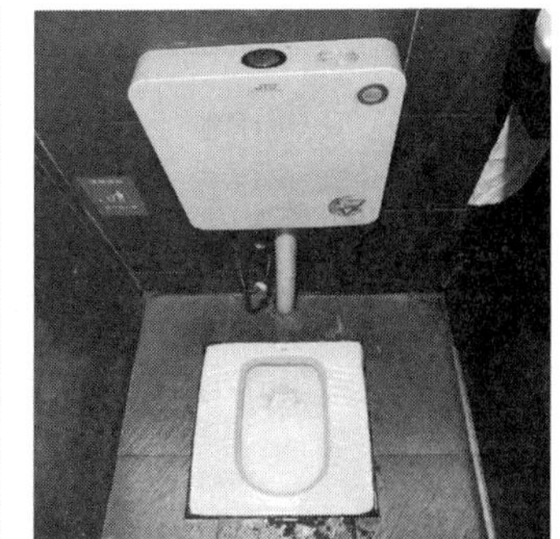

图 2-25　带水箱式蹲便器

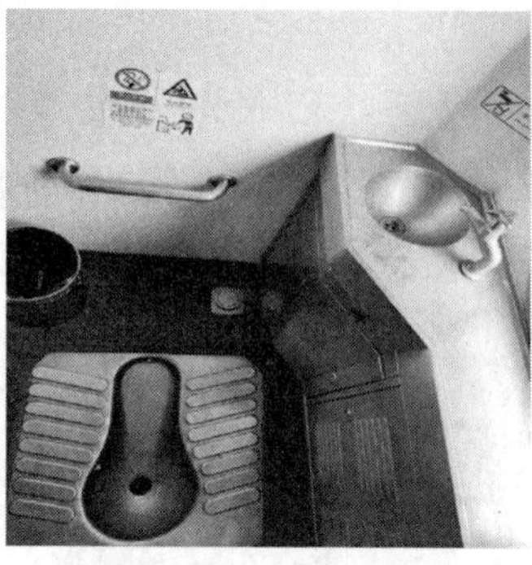

图 2-26 带按钮式蹲便器

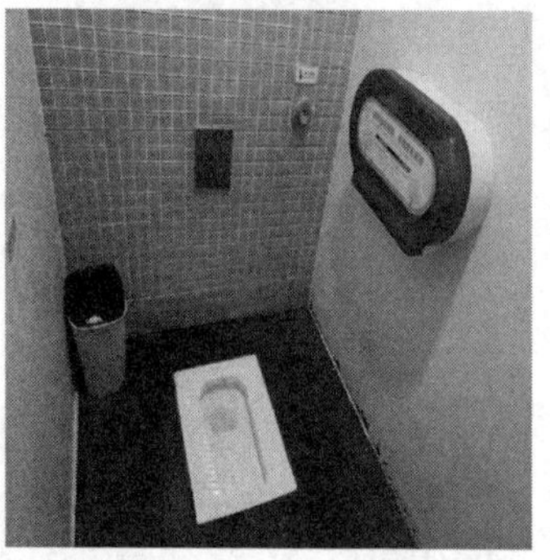

图 2-27 带感应式蹲便器

图 2-28 带脚踏式蹲便器

2.3.4 小便器

小便器，是一种装在卫生间墙上的固定物。小便器多用于公共建筑的卫生间。现在有些家庭的卫浴间也装有小便器。其按结构分为：冲落式小便器、虹吸式小便器。按安装方式分为：壁挂式小便器、落地式小便器、小便池，如图 2-29～图 2-31 所示。

图 2-29　壁挂式小便器（一）

图 2-29　壁挂式小便器（二）

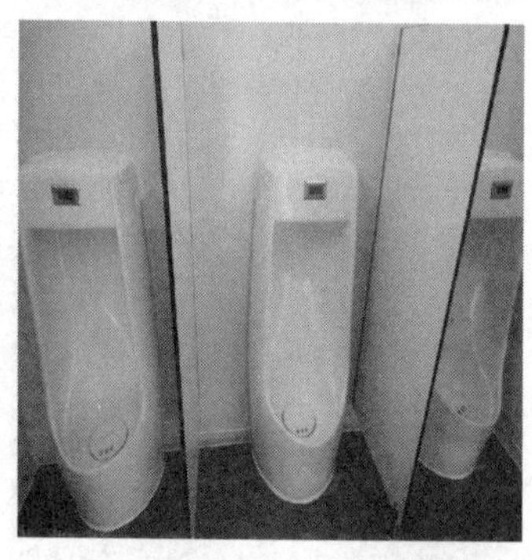

图 2-30　落地式小便器

图 2-31　小便池

2.4　排水设备

2.4.1　天面雨水斗

雨水斗设在屋面雨水由天沟进入雨水管道的入口处，与天沟、落水管搭配使用，如图 2-32 所示。

图 2-32　雨水斗

2.4.2　地漏

地漏，是连接排水管道系统与室内地面的重要接口，作为住宅中排水系统的重要部件，它的性能好坏直接影响室内空气的质量，对卫浴间的异味控制非常重要，如图 2-33 所示。

图 2-33　地漏（一）

图 2–33　地漏（二）

2.4.3　清扫口

清扫口一般装于横管，尤其是各层横支管连接卫生器具较多时，横支管起点均应装置清扫口，如图 2–34 所示。

图 2–34　清扫口

2.4.4　潜污泵

潜污泵是潜水式的污水泵，能将污水中长纤维、袋、带、草、布条等物质撕裂、切断，然后顺利排放，特别适合于输送含有坚硬固体、纤维物的液体以及特别脏、黏、滑的液体。潜污泵有两种类型：AS、AV 型潜污泵。

1. 优点

与一般卧式泵或立式污水泵相比，潜污泵明显具有以下几个方面的优点：

（1）结构紧凑、占地面积小。潜污泵由于潜入液下工作，因此可直接安装于污水池内，无需建造专门的泵房用来安装泵及机，可以节省大量的土地及基建费用。

（2）安装维修方便。小型的排污泵可以自由安装，大型的排污泵一般都配有自动耦合装置可以进行自动安装，安装及维修相当方便。

（3）连续运转时间长。排污泵由于泵和电机同轴，轴短，转动部件重量轻，因此轴承上承受的载荷（径向）相对较小，寿命比一般泵要长得多。

（4）不存在汽蚀破坏及灌引水等问题。特别是后者给操作人员带来了很大的方便。

正是由于上述优点，潜污泵已越来越受到人们的重视，使用的范围也越来越广，由原来的单纯用来输送清水到可以输送各种生活污水、工业废水、建筑工地排水、液状饲料等。在市政工程、工业、医院、建筑、饭店、水利建设等各行各业中起着十分重要的作用。

2. 缺点

对于潜污泵来说最关键的问题是可靠性问题，因为排污泵的使用场合是在液下；输送的介质是一些含有固体物料的混合液体；泵与电机靠得很近；泵为立式布置，转动部件重量与叶轮承受水压力同向。

这些问题都使得排污泵在密封、电机承载能力、轴承布置及选用等方面的要求比一般的污水泵要高。潜污泵如图 2-35 所示。

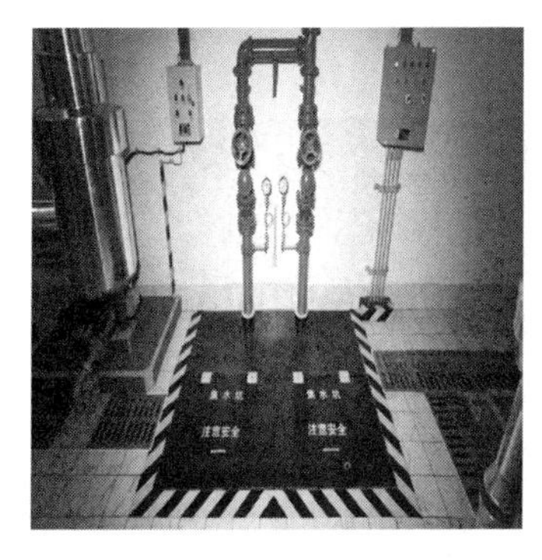

图 2-35　潜污泵

2.5　消防设备

2.5.1　消防水泵房

消防水泵房的作用是专用于对消防给水系统加压的，同时还起到供水送水的作用，如图 2-36 所示。

图 2-36　消防水泵房

2.5.2　室内消火栓箱、灭火器、喷淋头、气体灭火等

室内消火栓箱、灭火器如图 2-37 所示，喷淋头如图 2-38 所示，气体灭火器如图 2-39 所示。

图 2-37　消火栓箱、灭火器

图 2-38　喷淋头

（a）　（b）　（c）

图 2-39　气体灭火器
（a），（b）自动移动气体灭火器；（c）移动气体灭火器

2.6　临时消防加压系统及消火栓

临时消防加压系统及消火栓：在构筑物建设过程中，为了安全，及时扑灭火灾，需要设置临时消防水；大多数消防水源提供的消防用水，都需要临时增设消防水泵进

行加压，以满足灭火时对水压和水量的要求。临时消火栓起到临时人工喷水灭火作用，如图 2-40 所示。

图 2-40　临时消防加压系统及消火栓

2.7　室外绿化洒水栓

绿化洒水栓用于绿化浇灌用，尽量保证所有绿化带洒到水，有利于花草成活，如图 2-41、图 2-42 所示。

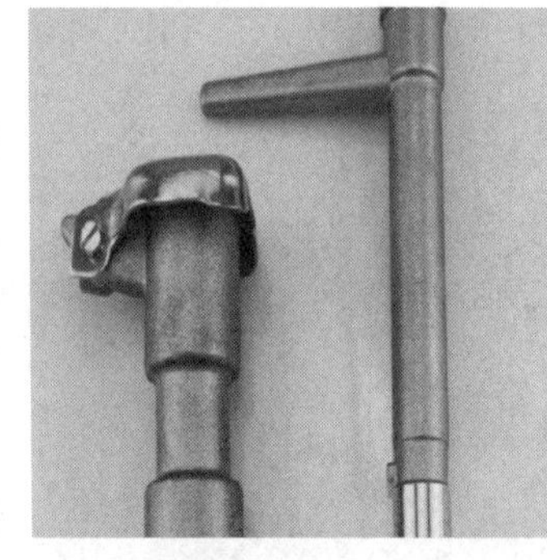
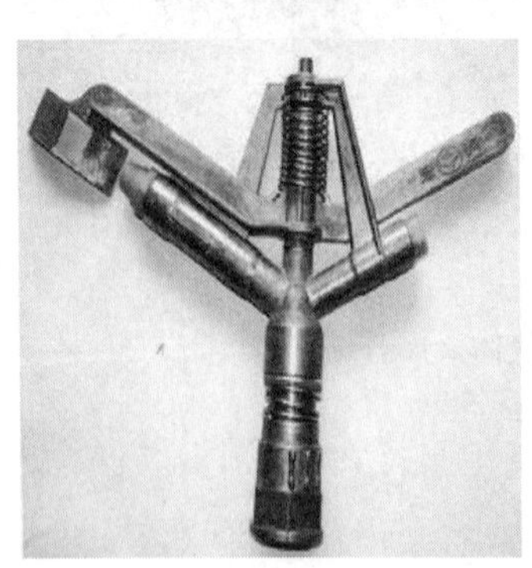

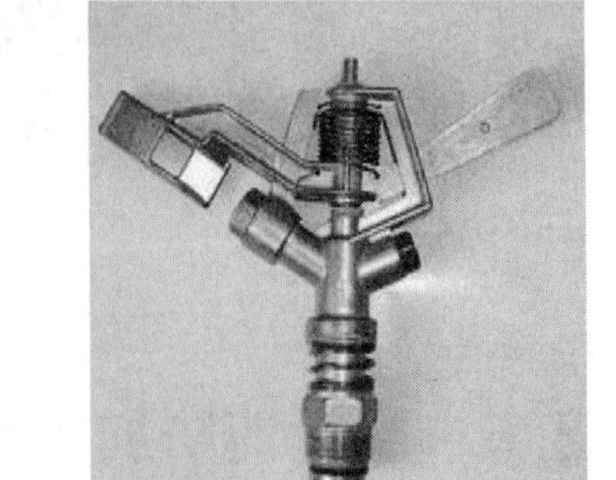

图 2-41　绿化洒水栓（一）

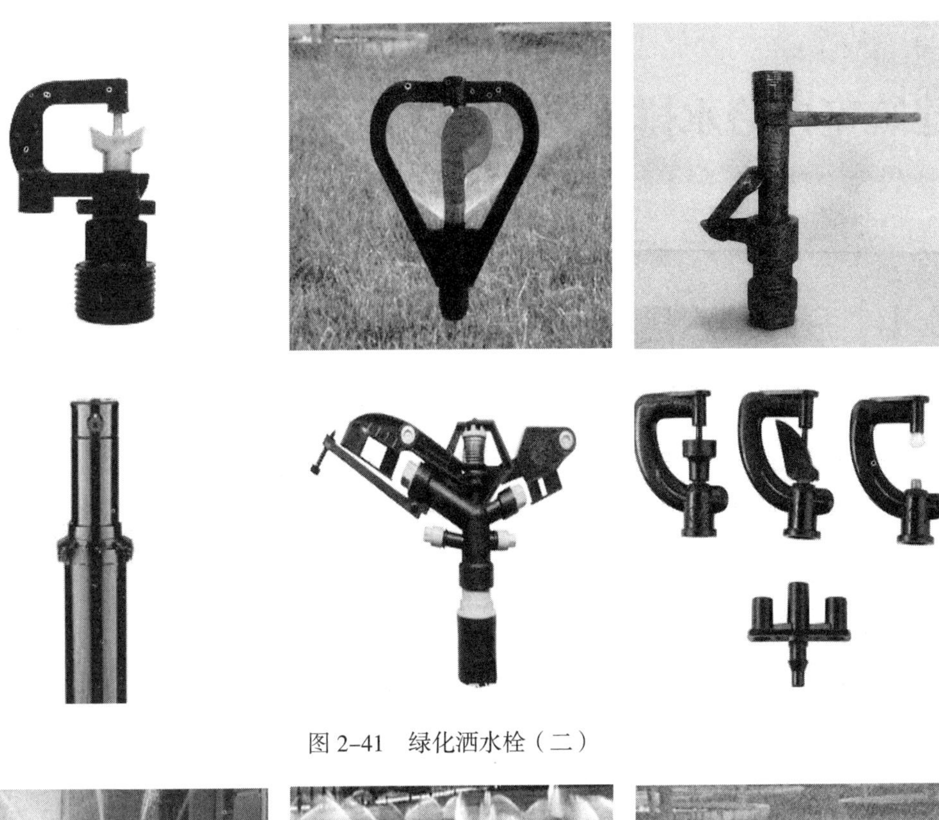

图 2-41　绿化洒水栓（二）

图 2-42　绿化洒水栓喷洒效果

第3章
建筑室内给水排水工程施工

3.1　室内给水排水系统

3.1.1　分区供水系统

分区供水系统是按地区位置、用水条件或地形高低形成不同分区的供水系统。如城镇的几个区域相距较远或用水条件不同或因地形高差形成高低区域，都可采用分区供水系统。

3.1.2　分区供水方式

1. 串联分区供水系统

串联分区供水系统是指采用加压泵站（或减压设施）从一个分区系统取水向另一分区供水的系统。

2. 并联分区供水系统

采用由同一水厂供水的分区（或分压）供水的系统，称为并联分区供水系统。并联分区供水系统是建筑物各竖向给水分区有独立增（减）压系统供水的方式。

3.1.3　分压供水系统

因用户水压要求的不同而分开的供水系统，称为分压供水系统。如城镇中某些高层建筑区或某些工业企业要求较高的供水压力，可设置高于城镇常压的分压供水系统，比按高压进行统一供水系统节约能源。

3.1.4　分质供水系统

为满足不同用户对水质的要求，按水质设置不同供水系统。对于水质要求较低的用水（如某些工业用水）可设置单独的给水系统；城镇的居住区则以生活饮用水的水质设置给水系统；对于非生活饮用的喷洒道路、环境绿化或洗车等杂用水用户可设置中水给水系统。

3.1.5　同层排水系统

1. 定义

同层排水是指排水管、器具和排水横支管不穿越本层结构楼板到下层空间，而在同楼层内连接到主排水管的排水方式，如图 3-1 所示。同层排水系统主要构件为：总管、多通道接头、导向管件、回气连接管、坐便器接入器、多功能地漏、漏水处理器等。如果发生需要清理疏通的情况，在本层套内即能够解决。

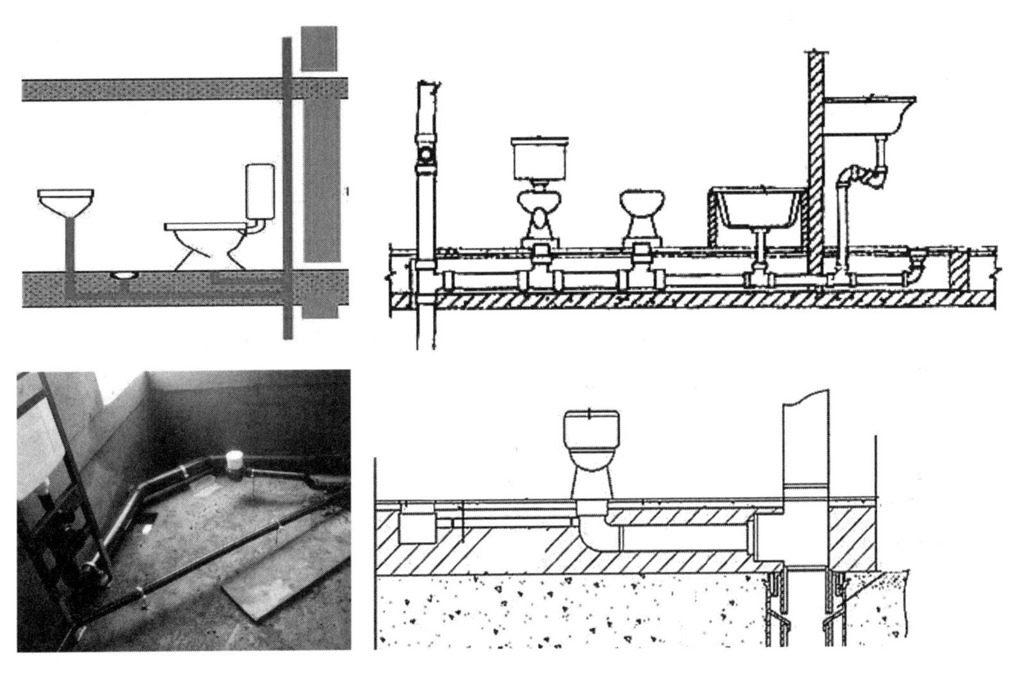

图 3-1　同层排水系统

相对于传统的隔层排水方式，同层排水通过本层内的管道合理布局，彻底摆脱了相邻楼层间的束缚，避免了由于排水横管侵占下层空间而造成的一系列问题和隐患，同时采用壁挂式卫生器具，地面上不再有任何卫生死角，清洁打扫变得格外方便。同层排水是卫生间排水系统中的新颖技术，采用了一个共用的水封管配件代替诸多的 P 弯、S 弯，整体结构合理，不易发生堵塞，而且容易清理、疏通，用户可以根据自己的爱好和意愿，个性化布置卫生间洁具的位置。

2. 优点

（1）房屋产权明晰：卫生间排水管路系统布置在本层（套）业主家中，管道检修可在本户（家中）内进行，不干扰下层住户。

（2）卫生器具的布置不受限制：因为楼板上没有卫生器具的排水管道预留孔，用户可自由布置卫生器具的位置，满足卫生洁具个性化的要求，开发商可提供卫生间多样化的布置格局，提高了房屋的品位。

（3）排水噪声小：排水管布置在楼板上，被回填垫层覆盖后有较好的隔声效果。

（4）渗漏水概率小：卫生间楼板不被卫生器具管道穿越，减小了渗漏水的概率，也能有效地防止疾病的传播。

（5）不需要旧式P弯或S弯：由“坐便器接入器”“多功能地漏”和“多功能顺水三通”接入，取代了传统下排水中各个卫生器具设置的P弯或S弯，克服了旧式P弯或S弯的弊端。

3. 安装方式分类

同层排水安装方式旨在同层排水的基础上，根据不同卫生间布局，合理地敷设管道，达到有效排水排污的目标。从墙体结构上，安装方式分为3种：降板式、墙排式和垫层式。

（1）降板式：采用卫生间楼板（或局部楼板）下沉的方式。卫生间下沉的排水方式参照《住宅卫生间》14J914—2。具体做法是卫生间的结构楼板下沉（局部）300mm作为管道敷设空间。下沉楼板采用现浇混凝土并做好防水层，按设计标高和坡度沿下沉楼板敷设给水排水管道，并用水泥陶粒等轻质材料填实作为垫层，垫层上用水泥砂浆找平后再做防水层和层面。现有的降板通常是指卫生间的一次防水层面，低于客厅毛坯层面，有350mm，450mm不等。同层降板为200mm，同比降板350mm、450mm等净空高度可提高200～300mm，少回填200～300mm。回填量小、密实度有保证，省工省料，土建综合成本小，堵漏维修方便，卫生间无须吊顶，增加了整体净空高度，更重要的是减少了楼体的承载负荷。

（2）墙排式：以管道隐蔽安装系统为主要特征，由欧洲引入，是指卫生间洁具后方砌一堵假墙，形成一定宽度的布置管道的专用空间，排水支管不穿越楼板在假墙内敷设、安装，在同一楼层内与主管相连接。墙排水方式要求卫生洁具选用悬挂式洗脸盆、后排水式坐便器。该方式达到了卫生、美观、整洁的要求。很多高档住宅选用了此种排水方式，同层排水主要构件为：立管、支管、隐蔽式水箱及地漏等。

（3）垫层式：指垫高卫生间地面的垫层法，这种方式采用得不多，原因是容易产生“内水外溢”。在老房改造中不得已的情况下偶尔采用。新的工程由于其施工难度大，费工费料，影响美观，增加楼体的承载负荷，现已不再使用。

4. 同层排水与传统隔层排水的区别

第一个区别是同层排水不需要旧式P弯与旧式S弯水封存水弯。传统的下排水方式是每个卫生器具必须附加一个P弯或S弯存水水封，最容易发生堵塞。用习惯思维来看待同层排水，这是人们对同层排水不理解的地方。第二个区别是同层排水横管在本层套内敷设，而传统的下排水横管包括它的P弯与S弯是穿过楼板在下层敷设，占用了下层套内空间。第三个区别是一旦发生堵塞，同层排水方式在本层套内就能达到清理疏通的目的（揭开多功能地漏或接入器的盖子），而传统下排水方式则一定要到下层套内去清理疏通。第四个区别是传统的排水方式下当楼上用户使用卫生洁具时，在楼下可以听到明显的噪声，而同层排水方式下几乎听不到。同层排水与传统隔层排水的主要区别见表3-1。

同层排水与传统隔层排水的主要区别　　表 3-1

项　　目	同层排水	隔层排水
卫生死角	没有	很多
排水噪声	较小	较大
渗漏隐患	不会渗漏	容易漏水
检修方式	本层检修	下层检修
系统水利条件	良好	差
节省水资源	节省	浪费
卫生间空间	利用率高	利用率低
卫生间设计风格	个性	呆板
建筑物整体功能	灵活	单调
房屋产权	清晰	不清晰

5. 不降板同层排水和传统同层排水的比较

（1）实现卫生间 / 厨房 / 阳台设地漏不降板同层排水。实现了卫生间、厨房、阳台在设置地漏情况下的不降板同层排水，在排水立管穿越楼板处安装排水汇集器，排水汇集器自带水封，使用壁挂坐便器或普通后排水坐便器。

（2）实现卫生间微降板同层排水。卫生间传统降板同层排水的降板高度在 350mm 左右，而不降板同层排水仍采用管道沿地面敷设和普通下排水坐便器情况下，仅需降板 150mm。

（3）提高排水安全性。通过洗脸盆、地漏、淋浴等排水设施共用水封，保证了系统各个排水器具水封作用的长期有效,在各个器具排水口设置了防止虫鼠进入房间、减缓水封蒸发的止回装置，大大提高了排水安全性。

（4）减少堵塞概率、同层轻易检修。使用排水汇集器共用水封连接废水管排水器具，接入共用水封的排水器具不设存水弯，减少存水弯的使用，减少了堵塞点。

排水汇集器地漏实测排水量达 1.7L/s，流量高于国标 3 倍，流道尺寸和结构最大限度地避免了堵塞（流道宽度是传统国标产品宽度 3 倍以上，排水断面积是传统国标产品的 2 倍以上），即便是在排水不畅或堵塞后，也实现了同层轻易检修。

（5）配件高度可调。在毛坯房交付业主使用时，原先安装的地漏面高度可能无法适应业主二次装修的需求，需要拆除原地漏重新安装，而不降板同层排水实现了所有排水口配件高度可根据二次装修需要任意调节。

（6）安全排放降板层积水。传统降板同层排水没有积水排除措施或无法安全排除降板层积水（排积水措施无水封或水封容易干涸失效），同层排水系统应用于微降板同层排水或传统降板同层排水时，积水排除器经过水封并且有积水止回装置，保证积水排放的安全可靠性。

（7）提高空间使用效率。传统降板同层排水降板高度大，层间净高小，特别是安装电热水器后更加明显，人在进入卫生间后显得压抑，而同层排水系统实现的不降板同层排水或微降板同层排水提高了空间使用效率。

（8）管道布局简单，提高了施工效率。传统管道布局需要在每个排水器具下方设置存水弯，同层排水系统减少了排水分支管配件的使用量，提高了施工效率。

（9）节省建筑材料，降低工程造价。相比传统降板同层排水所消耗的防水材料、回填材料等，同层排水系统大大减少了这些材料的使用量，降低了施工难度和工程造价，具备在工程上大规模推广应用的前提条件。

6. 设计要点

设计依据：《住宅设计规范》GB 50096—2011 第 8.2.8 条规定：污（废）水排水横管宜设在本层套内。当敷设于下一层的套内空间时，其清扫口应设置在本层，并应进行夏季管道外壁结露验算和采取相应的防止结露的措施。污废水排水立管的检查口宜每层设置。《建筑给水排水设计标准》GB 50015—2019 第 4.4.5 条规定：当卫生间的排水支管要求不穿越楼板进入下层用户时，应设置成同层排水； 以上条文用语中有的用“宜”，有的是用“应”。但都表达了同一个概念，住宅卫生间排水设计要采用同层排水。卫生间降板高度：坐式卫生间降板最大高度为 200mm、蹲式卫生间降板最大高度为 30mm。第 4.4.6 条规定：同层排水形式应根据卫生间空间、卫生器具布置、室外环境气温等因素，经技术经济比较确定。住宅卫生间宜采用不降板同层排水。第 4.4.7 条规定：器具排水横支管布置和设置标高不得造成排水滞留、地漏冒溢；埋设于填层中的管道不宜采用橡胶圈密封接口。

7. 工程造价

采用楼板下沉式同层排水，从整体上看，工程费用会增加一点，但幅度不会很大，与整个工程费用相比，甚至可以忽略不计。从楼板结构来看，卫生间下层部分的钢筋用量与周边未下沉部分一样，并没有变化。可以认为，楼板下沉式的同层排水增加的费用仅是回填层的费用。

3.2 室内给水排水工程施工流程

建筑给水排水工程是建筑机电安装五大分部（建筑给水排水工程、建筑电气、智能建筑、通风与空调、电梯）之一，在建筑施工中占据重要地位，其具体施工流程如图 3-2、图 3-3 所示。按照正确的施工流程，不仅能确保施工工程质量，也是确保工程如期完成、压缩和节约施工成本的重要步骤。

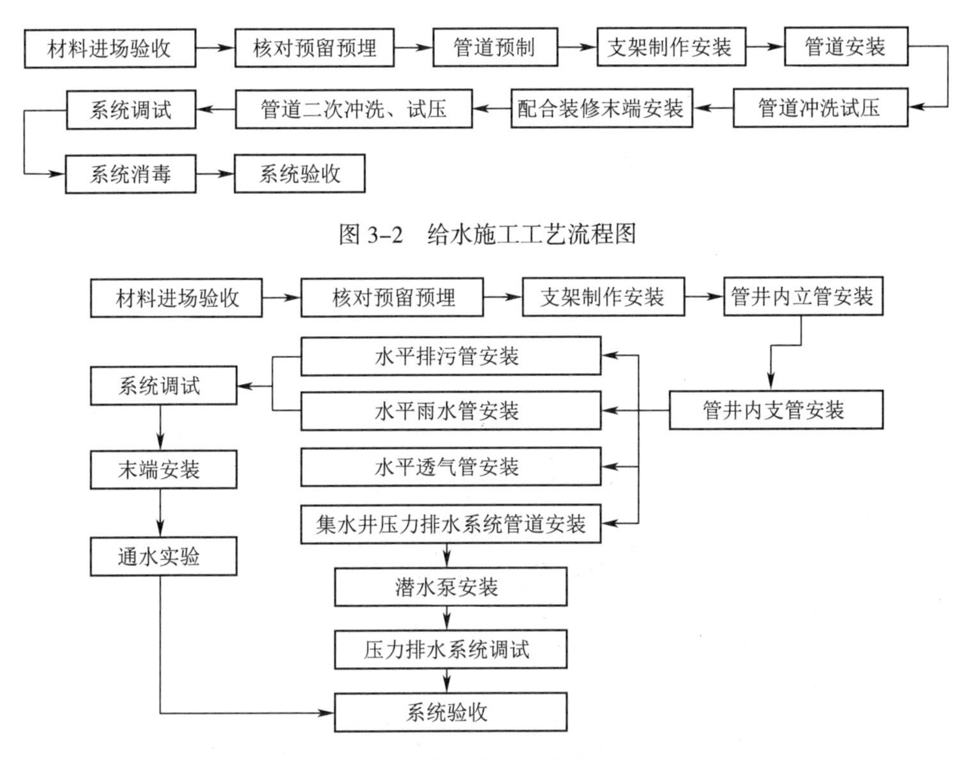

图 3-2 给水施工工艺流程图

图 3-3 排水施工工艺流程图

3.3 室内给水排水工程材料进场验收、送检

对现场进场的所有建筑给水排水材料及设备，都需要严格按照设计及规范相关参数进行进场验收，严格按照设计、规范及当地质监站或质安站的要求对材料进行见证取样及见证送检工作。未经检验或检验不合格的材料、设备一律不准进场使用、安装。

3.3.1 材料进场验收程序、送检要求

材料进场后，施工单位质检员会先按照规范、设计相关参数验收，验收合格后，再通知监理人员到现场对材料进行验收（有些项目建设方相关专业工程师也参加），验收合格后，对需要送检的材料，监理人员就见证取样，并送往当地的质监站认可的检测单位检测，只有拿到检测单位出具的合格检测报告，才同意使用此批材料；按照当地质监站或质安站的要求，一般给水排水专业的主材会要求送检，例如：给水管材（薄壁不锈钢管、PP-R、钢塑管、镀锌钢管、铜管、PE100 管等），排水管材（双壁波纹管、PVC-U 排水管等）；给水排水工程专业的辅材（给水排水工程专业管材直通、三通、四通、支架、胶水、垫片等）在不同地方要求不同，例如：PVC-U 配

件及胶水有些地方需要送检，有些地方就不用送检，所以一般是根据当地的质量监督站要求进行进场材料送检。

3.3.2 材料进场及验收

对现场进场的所有建筑材料及设备，都需要进行严格的进场检查验收，严格按设计及规范的要求对材料进行见证取样及见证送检工作，未经监理验收的材料、设备一律不准进场使用和安装(备注：设备、材料的LOGO应该印在设备、材料上，不可拆卸、不易脱落，确保设备、材料的真实性，以免出现“冒牌”“贴牌”等现象)。材料进场验收如图3-4所示。

图3-4 材料进场验收

3.4　套管预留预埋、支架等施工

3.4.1　柔性防水套管预留预埋

柔性防水套管：主要由法兰套管密封圈、法兰压盘、翼环、螺栓和螺母组成。柔性防水套管：主要使用在有抵御地震要求以及承受管道震动和伸缩变形，有严密防水要求的建筑物的墙体里面，而且适用的墙厚在 300mm 左右。柔性防水套管是适用于管道穿过墙壁之处受有振动或有严密防水要求的构筑物的五金管件，一般生产企业是根据中国建筑科学研究院研制设计的 S312、02S404 标准图集制造。柔性防水套管穿墙处之墙壁，如遇非混凝土时应改用混凝土墙壁，而且必须将套管一次凝固于墙内；柔性防水套管广泛用于建筑、化工、钢铁、自来水、污水处理等领域。柔性防水套管就是在刚性防水套管里加了个橡胶圈，这样能缓冲管道的振动所带来的负面影响，如图 3-5 所示。

图 3-5　柔性防水套管及预埋

3.4.2　刚性防水套管制作及预留预埋

刚性防水套管由钢制套管和翼环组成，结构简单，主要用在不需要承受管道振动和伸缩变形的建筑物的墙体里面（也称为穿墙套管），一般用于墙厚 200mm 以内，如图 3-6 所示。

图 3-6　刚性防水套管及预埋（一）

图 3-6 刚性防水套管及预埋（二）

1. 刚性防水套管使用

（1）刚性防水套管适用于铸铁管，也适用于非金属管，但应根据管材的管壁厚度修正尺寸。

（2）翼环及钢套管加工完成后，在其外壁均刷底漆一道（底漆包括樟丹防锈漆或冷底子油）。

（3）套管材料重量为钢套管（套管长度 L 值按 200mm 计算）及翼环之重量，具体见《防水套管》O2S404 图集第 17–25 页。钢套管及翼环用 Q235 材料制作，最好使用 E4303 焊条焊接。

（4）套管穿墙处的墙壁，如遇非混凝土墙壁时应改用混凝土墙壁，浇筑混凝土范围：Ⅱ型套管应比翼环直径大 200mm，而且须将套管一次浇固于墙内。套管内的填料应紧密捣实。

（5）防水套管处的混凝土墙厚，应不小于 200mm，否则应使墙壁一边或两边加厚，加厚部分的直径，最小应比翼环直径大 200mm。

（6）刚性防水套管多用油麻、石棉水泥填充，填充后紧密捣实。

2. 检查标准

（1）刚性防水套管对焊接要求及检查标准：普通套管，多由焊接管制成，套管两端应用机械裁口（如用无齿锯等），对壁厚要求不严，是管道穿越地下室等有防水要求的建筑物、构筑物时，设置的特殊制作的套管。刚性防水套管，需在套管外焊接止水翼环，对套管的壁厚、环翼的壁厚都有严格的要求；

（2）刚性防水套管工程使用的母材及焊接材料，使用前必须进行检查，确认材料与材质证明相符，并且材质符合设计文件相关工程标准时，方可使用。

3. 安装

（1）在加工制作套管前认真熟悉图纸并分析如何制作安装预埋套管。

（2）给水排水套管在制作时应注意，安装后管口与墙、梁、柱完成面应相平。

（3）钢套管须与止水翼环周边满焊。

（4）管道坡度应均匀，不得有倒坡，屋面出口处管道坡度应适当增大。

（5）检查所有管件有无裂缝、有无砂眼、管壁是否厚薄均匀。

（6）管道在使用前应观察外观、灌水和外壁冲水，逐根检查有无裂缝、有无砂眼。

（7）检查所有承插口是否到位、牢固、密实。

（8）管道安装应按施工验收规范设置支吊架。

（9）根据建筑平面图、结构管面图、建筑立面图来确定套管的长度。再根据给水排水平面图和大样图，并参照标准图集来制作。

（10）在制作防水套管时，翼环和套管厚度应符合规范要求，防水套管的翼环两边应双面满焊，且焊缝饱满、平整、光滑、无夹渣、无气泡、无裂纹等现象。焊好后，把焊渣清理干净，再刷两道以上的防锈漆。在安装时，套管两端应用钢筋三方以上夹紧固定牢固，并不得歪斜。

3.4.3　支架制作、安装、检查及吊重测试

1. 支架制作

（1）单根角钢支架制作，倒小圆角或斜切角，如图 3-7 所示。

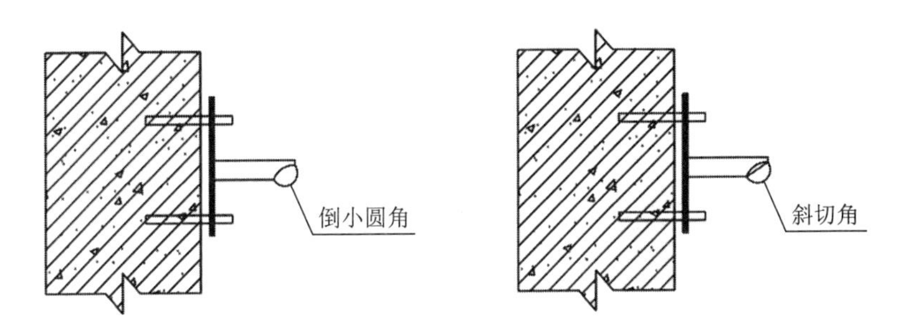

图 3-7　单根角钢支架制作图示

（2）角钢门字型吊架制作，下方切大斜角或小斜角，如图 3-8 所示。

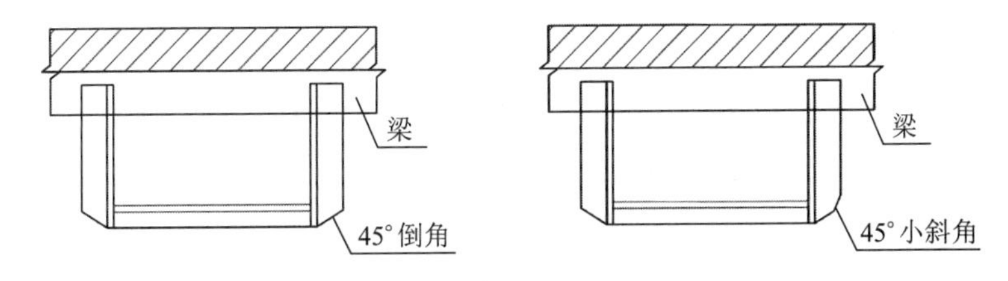

图 3-8　角钢门字型吊架制作图示

说明：1）按照室内管道支架及吊架图集 03S402 进行制作。2）整个工地风格需统一；落地门型支架需煨弯，门字型吊架可煨弯或焊接连接。

2. 支架上管道安装、检查及吊重测试

（1）垂直管道安装

1）单管安装（图 3-9）

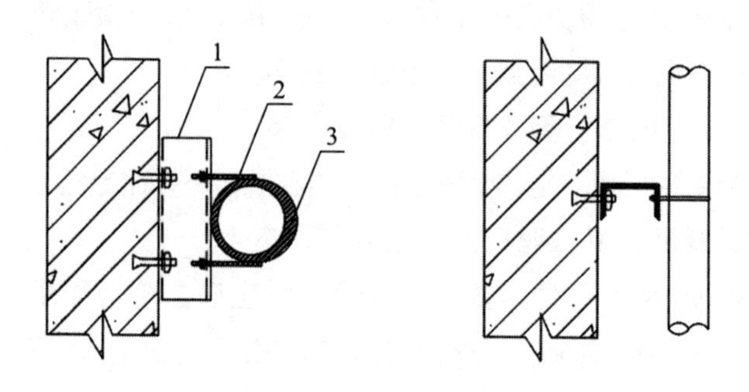

图 3-9 单管安装图示
1—槽钢；2—管码；3—管道

2）多管安装（图 3-10）

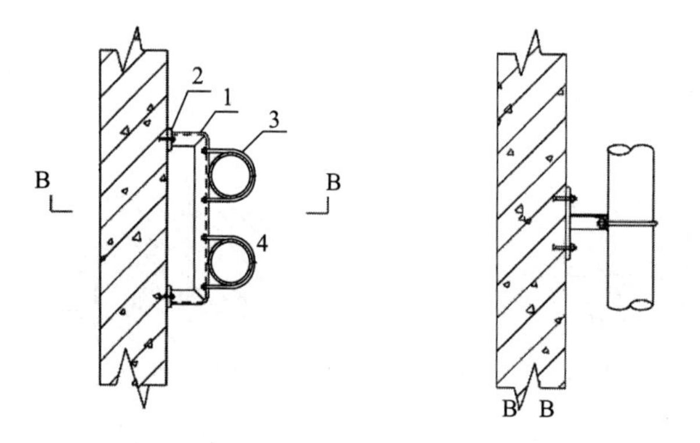

图 3-10 多管安装图示
1—角钢；2—连接板；3—管码；4—管道

说明：支架的槽钢或角钢规格根据荷载计算确定，支架形式也会根据承重有所变化。

（2）水平管道安装

1) *DN*25～*DN*80 单管安装（图 3-11）

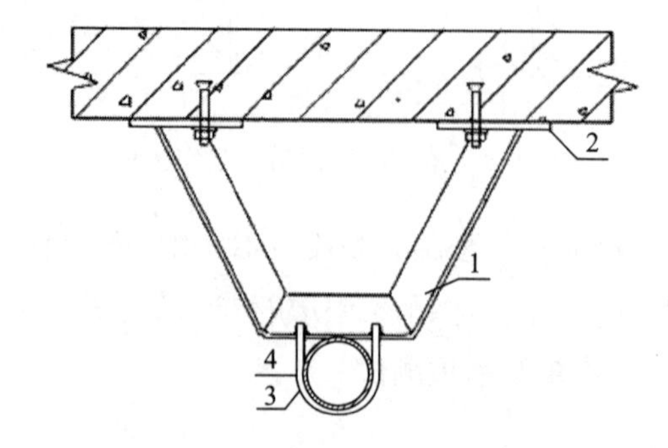

图 3-11 *DN*25～*DN*80 单管安装（喷淋系统防晃支架安装）
1—角钢；2—连接板（6mm）；3—管码；4—管道

2) DN50～DN80 单管安装（图 3-12）

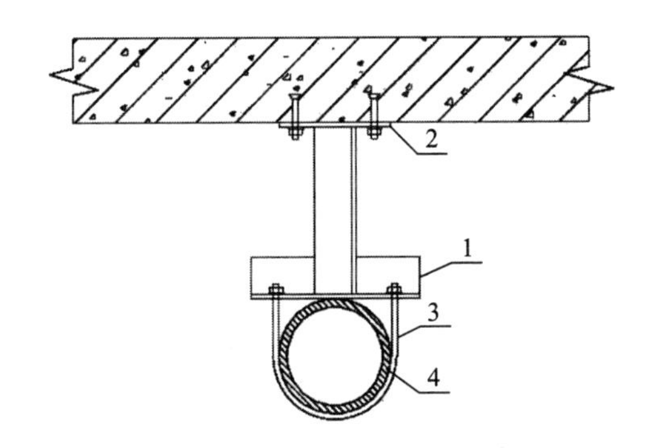

图 3-12　DN50～DN80 单管安装
1—角钢；2—连接板（8mm）；3—管码；4—管道

3) DN100～DN300 单管安装（图 3-13）

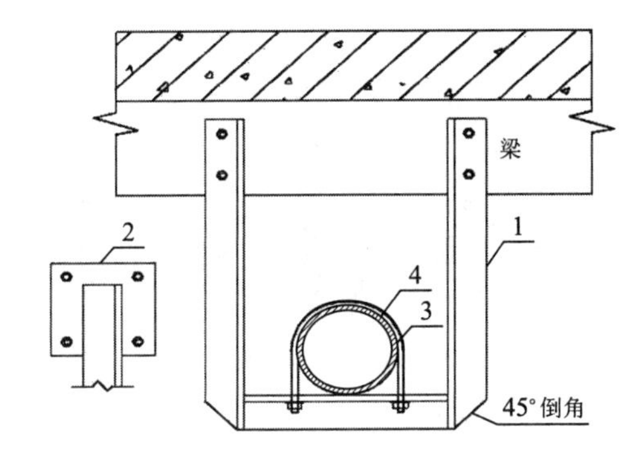

图 3-13　DN100～DN300 单管安装
1—角钢；2—连接板（10mm，为承重支架，使用 80mm 以上的角钢）；3—管码；4—管道

4）多管安装（图 3-14）

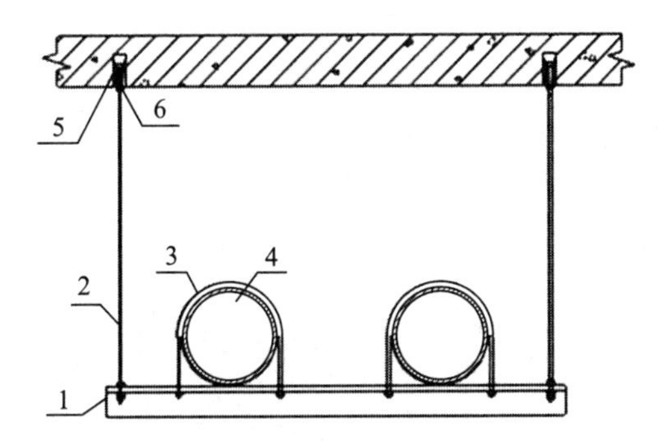

图 3-14　多管安装
1—支架横担；2—镀锌螺杆；3—管码；4—管道；5—顶爆螺栓；6—紧固螺栓

3. 支吊架检查及吊重测试

（1）支吊架的检查内容

1）支吊架和弹簧架杆有无松动和裂纹及其他不良现象。

2）固定支吊架的焊口和卡子底座有无裂纹和移位现象。

3）滑动支架和膨胀间隙应无杂物影响管道自由膨胀。

4）检查管道膨胀指示器，看其是否回到原来的位置上，如果没有应找出原因并采取措施处理。

5）对有缺陷的支吊架应修理，修理前应把弹簧位置、支吊架长度等做好记录，修完后使其恢复原状，拆开支吊架前应用手拉导链或其他方法把管道固定好，以防下沉或移动，在更换支吊架零件时应使用原材料，以免错用钢材造成不良后果。

（2）支吊架吊重测试，根据现场实际情况，按照设计、规范相关要求，进行吊重测试，如图 3-15 所示。

图 3-15　支吊架吊重测试

4. 管道安装实例

（1）垂直安装（图 3-16）

图 3-16　垂直安装图示

管道安装前，支架上下采用铁丝作垂直吊线，保证立管垂直度。

（2）水平安装（图 3-17）

图 3-17　水平安装图示

在施工前须在混凝土结构下弹出控制线，保证支架在同一直线上。

3.4.4　抗震支架安装

抗震支架是限制附属机电工程设施产生位移，控制设施振动，并将荷载传递至承载结构上的各类组件或装置，如图 3-18 所示。

抗震支架在地震中应对建筑机电工程设施给予可靠的保护，承受来自任意水平方向的地震作用，《建筑机电工程抗震设计规范》GB 50981—2014 规定，抗震支架结构应根据其承受的荷载进行验算，所有构件应该采用成品构件，连接紧固件构件应便于安装，保温管道的抗震支架限位应按照管道保温后的尺寸设计，且不应限制管道热胀冷缩产生的位移。

图 3-18 抗震支架施工案例

经抗震加固后的建筑给水排水、消防、供暖、通风、空调、燃气、热力、电力等机电工程设施，在遭遇到本地区抗震设防烈度的地震发生时，可以达到减轻地震破坏，减少和尽可能防止次生灾害的发生，达到减少人员伤亡及财产损失的目的。

3.5 室内给水管道安装

3.5.1 薄壁不锈钢管

薄壁不锈钢管材，是指壁厚与外径之比不大于 6% 的不锈钢管道。

1. 管材成分

（1）薄壁不锈钢管牌号及成分见表 3-2、表 3-3。管材及配件如图 3-19 所示。

薄壁不锈钢管牌号　表 3-2

牌号（统一数字代号）		输送水中允许的氯化物含量≤（mg/L）	
新	旧	冷水≤ 40℃	热水＞ 40℃
06Cr19Ni10(S30408)	0Cr18Ni9(304 型)	200	50
022Cr19Ni10(S30403)	00Cr19Ni10(304L 型)	200	50
06Cr17Ni12Mo2(S31608)	0Cr17Ni12Mo2(316 型)	1000	250
022Cr17Ni12Mo2(S31603)	00Cr17Ni14Mo2(316L 型)	1000	250

薄壁不锈钢管化学成分（%）　　表 3-3

<table>
<tr><th>牌号（统一数字代号）</th><th>C</th><th>Si</th><th>Mn</th><th>P</th><th>S</th><th>Ni</th><th>Cr</th><th>Mo</th><th>其他元素</th></tr>
<tr><td>06Cr19Ni10（S30408）</td><td>≤ 0.08</td><td rowspan="4">≤ 1</td><td rowspan="4">≤ 2</td><td rowspan="4">≤ 0.045</td><td rowspan="4">≤ 0.03</td><td>8～11</td><td rowspan="2">18～20</td><td>—</td><td>—</td></tr>
<tr><td>022Cr19Ni10（S30403）</td><td>≤ 0.03</td><td>8～12</td><td>—</td><td>—</td></tr>
<tr><td>06Cr17Ni12Mo2（S31608）</td><td>≤ 0.08</td><td rowspan="2">10～14</td><td rowspan="2">16～18</td><td rowspan="2">2～3</td><td>—</td></tr>
<tr><td>022Cr17Ni12Mo2（S31603）</td><td>≤ 0.03</td><td>—</td></tr>
</table>

注：摘自《不锈钢和耐热钢 牌号及化学成分》GB/T 20878—2007 和《供水用不锈钢焊接钢管》YB/T 4204—2020。

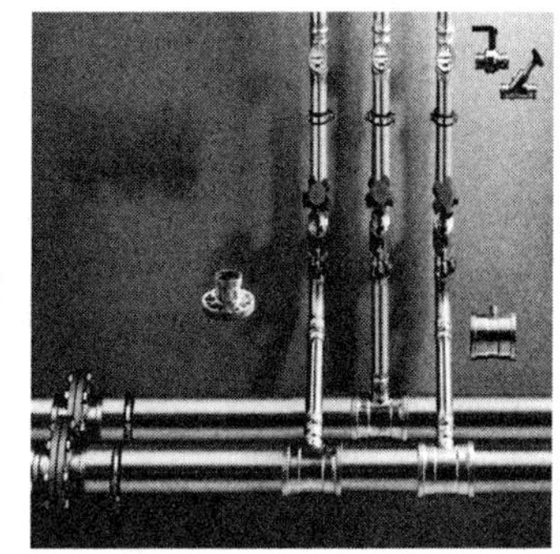

图 3-19　管材及配件

（2）建筑给水薄壁不锈钢管材和管件含铬（Cr）量均在 12% 以上，并按需要添加其他金属元素所形成的奥氏体晶体结构性质的铁合金。添加镍（Ni）可提高材料的延展性和韧性，使加工易成型，宜弯曲。减少碳（C）含量，可提高材料的焊接性能。添加钼（Mo）或锰（Mn）等含量，可提高材料的耐点蚀和耐腐蚀的性能。

（3）薄壁不锈钢管管材中铬与氧气、氧化剂反应后，产生钝化作用，在表面形成一层薄而坚韧的致密钝化膜 Cr_2O_3，起抗腐蚀的保护覆膜作用。

（4）不锈钢管材、管件若经去杂、酸洗、钝化工艺处理后，可使生成的 Cr_2O_3 的厚度增加，致密的均匀性增强；不锈钢管经抛光、管件经精光工艺，不仅能消除表面缺陷，还使钝化膜更为细腻、致密，以减少点腐蚀的概率。同时，管件精光后内壁光洁、摩阻小，进一步提高管材的水力性能，节约消耗。

（5）不锈钢管具有强度高、抗腐蚀性能强、韧性好、抗振动冲击和抗震性能优、低温不变脆、输水过程中可确保输水水质的纯净，且经久耐用，可再生用作装潢材料。

薄壁不锈钢管的管径应采用外径壁厚（x）的方法表示，采用公称直径时应给出对应的外径、壁厚，如 *DN*50 管道的外径对应有 50.8mm、46.6mm、59mm，壁厚有 1.2mm、1.5mm 等规格。

总之，不锈钢管安全可靠、卫生环保、经济适用，管道的薄壁化以及新型可靠、简单方便的连接方法的开发成功，使其具有更多其他管材不可替代的优点，工程中应用会越来越多，越来越普及。

2. 施工方法

（1）管道连接方式

管道连接方式主要有挤压式、螺纹式、法兰式、氩弧焊式、滚压式和沟槽式等，见表 3-4。

管道常用的连接方式 表 3-4

<table>
<tr><th colspan="2">连接方式</th><th>工程尺寸范围（DN）</th><th>系统工作压力≤（MPa）</th><th colspan="2">连接方式</th><th>工程尺寸范围（DN）</th><th>系统工作压力≤（MPa）</th></tr>
<tr><td rowspan="6">挤压式</td><td>卡压六角式</td><td>10~100</td><td>1.6</td><td rowspan="6">法兰式</td><td>卡凸式</td><td>40~200</td><td>1.6</td></tr>
<tr><td>卡压梅花式</td><td>15~100</td><td>1.6</td><td>凸环式</td><td>40~300</td><td>1.6</td></tr>
<tr><td>内插卡压式</td><td>15~50</td><td>1.6</td><td>锁扩式</td><td>50~250</td><td>1.6</td></tr>
<tr><td>双压单封式</td><td>10~100</td><td>1.6</td><td>端面式</td><td>40~300</td><td>1.6</td></tr>
<tr><td>双压双封式</td><td>15~100</td><td>1.6</td><td>活套式</td><td>65~300</td><td>1.6</td></tr>
<tr><td>环压式</td><td>10~100</td><td>1.6</td><td>卡箍式</td><td>15~100</td><td>1.0</td></tr>
</table>

续表

连接方式		工程尺寸范围（*DN*）	系统工作压力≤（MPa）	连接方式		工程尺寸范围（*DN*）	系统工作压力≤（MPa）
螺纹式	卡凸式	15～32	1.6	氩弧焊式	承插式	15～100	1.6
	凸环式	15～32	1.6		对焊式	125～300	1.6
	卡环式	15～32	1.6	沟槽式		125～300	1.6
	锁扩式	15～40	1.6	—	—	—	—
	端面式	15～32	1.6	—	—	—	—
	活接式	15～100	1.6	—	—	—	—

（2）*薄壁不锈钢连接方式*

在薄壁不锈钢给水管材的代表性连接方式有：卡凸式连接、卡压式连接、环压式连接和承插氩弧焊式连接。

1）卡凸式连接：卡凸式连接法属于压缩式连接技术的一种改良方式。其特征为：以专用扩管工具在薄壁不锈钢管端的适当位置，由内壁向外（径向）辊压使管子形成一道凸缘环,然后将管插进带有承插口锥台形聚四氟乙烯密封圈和锁紧螺母的管件中，拧紧锁紧螺母时，靠凸缘环推进压缩锥台形聚四氟乙烯密封圈而起密封作用。管件的设计和镀锌管的管件设计原理基本一致，大大避免了工程设计、预算、施工上的繁琐工序，更有利于推广应用。卡凸式连接法为活性连接方式，具有迅速装配、方便日后的改动或维护、对施工人员技术要求不高、连接稳定、不受安装环境影响、施工工作效率高、安装成本低、无电无声无明火操作等技术优势。有卡凸式薄壁不锈钢管、不锈钢卡凸式管件。

2）卡压式连接：卡压式连接是以带有密封圈的承口管件连接管道，用专用工具压紧管口而起密封和紧固作用的一种连接方式。基本组成是端部 U 形槽内装有 O 形密封圈的特殊形状的管接件，如图 3-20 所示。组装时，将不锈钢水管插入管件中，用专用封压工具封压，封压部分的管件、管子被挤压成六角形，从而形成足够的连接强度，同时由于密封圈的压缩变形而产生密封作用。管件成本低，适合于民用市场的推广，明装工程安装简单，施工速度快。

图 3-20 管道卡压设备

3）环压式连接：环压式连接是卡压式连接的一种变化，其压接原理与卡压式基本相同。卡压式钳压后断面是六边形，是一种弯曲变形，环压式连接压接后直径发生改变，是一种缩径变形，其抗拉拔力更强。卡压管件有一个带 U 形凹槽的承口内置 O 形密封圈，而环压管件为安装过程中装入的、不收口的阶梯承口圆柱形密封圈，从密封面来看卡压是线密封。环压是一个面的密封，安全系数更高。

4）承插氩弧焊式连接：承插氩弧焊式连接吸收了环压式、卡压式等机械连接、铜管与塑料管管件有承口插入的简便优点，同时吸取了传统的不锈钢氩弧焊接方式，避免了不锈钢和橡胶圈不同寿命（后者会过早失效）的棘手问题。不锈钢材料应具有与建筑相同的寿命，但由于机械连接里面是依靠橡胶作为密封材料，橡胶材料寿命短于不锈钢材料，因此，橡胶材料的更换是无法避免的。而坡边承口熔接式是不锈钢管与件直接熔"死"，没有其他辅助材料在里面，因此才可以真正达到"免维护，免更换"的目的。

不锈钢管的连接方式多样，常见的管件类型有压缩式、压紧式、活接式、推进式、推螺纹式、承插焊接式、活接式法兰连接、焊接式及焊接与传统连接相结合的派生系列连接方式，如图 3-21 所示。这些连接方式，根据其原理不同，其适用范围也有所不同，但大多数均安装方便、牢固可靠。连接采用的密封圈或密封垫材质，大多选用符合国家标准要求的硅橡胶、丁腈橡胶和三元乙丙橡胶等，免除了用户的后顾之忧。

图3-21　施工案例

2003年9月25日中国工程建设标准化协会发布了《建筑给水薄壁不锈钢管管道工程技术规程》（CECS153—2003）。其中规定，薄壁不锈钢管应采用卡压式、环压式、承插焊接式、螺纹式等方式连接。一般不宜和其他材料的管材、管件、附件相接；若相接应采取防电化学腐蚀的措施（如转换接头等）。在引入管、折角进户管件、支管接出处，与阀门、水表、水嘴等连接，应采用螺纹转换接头或法兰连接，严禁在薄壁不锈钢水管上套丝。嵌墙敷设的管道宜采用覆塑薄壁不锈钢管，管道不得采用卡套式等螺纹连接方式。热水系统中采用时，采用S30408材质时，管道及管件均应要求管道做热处理（固熔），应给出采用的密封元件的材质要求，一般采用氯化丁基橡胶或三元乙丙橡胶，给水系统也可以采用硅橡胶。

3.5.2 铜管

1. 铜管管材

铜管又称紫铜管，有色金属管的一种，是压制的和拉制的无缝管。铜管具备良好的导电性和导热性，是电子产品的导电配件以及散热配件的主要材料，并且成为现代承包商在所有住宅商品房的自来水管道、供热、制冷管道安装的首选。铜管抗腐蚀性能强，不易氧化，且与一些液态物质不易起化学反应，容易摵弯造型。

给水管道宜采用硬铜管（管径小于等于 25mm 时可采用半硬铜管）。嵌墙敷设宜采用覆塑铜管，一般采用硬钎焊接。引入管、折角进户管件、支管接出及仪表接口处应采用卡套式或法兰连接。管径小于 25mm 的明装支管可采用软钎焊接、卡套连接、封压连接。管道与供水设备连接时宜采用卡套式或法兰连接。铜管管道的下游不宜使用钢管等金属管。与钢制设备连接，应采用铜合金配件（如黄铜制品）。管材及配件如图 3-22 所示。

图 3-22 管材及配件

2. 施工工艺流程

管道安装施工前就要制定好科学的工艺流程，以保证施工过程达标。常用铜管安装施工步骤：铜管调直→切割→管道预制→管道安装→管道试压→保温→管道冲洗→系统通水，见图 3-23。

图 3-23　施工案例

3. 施工详细步骤

（1）铜管调直

1）铜管的调直应先将管内充沙，然后用调直器进行调直；也可将充砂铜管放在平板或工作台上，并在其上铺放木垫板，再用橡皮锤、木锤或方木沿管身轻轻敲击，逐段调直。

2）调直过程中注意用力不能过大，不得使管子表面产生锤痕、凹坑、划痕或粗糙的痕迹。调直后应将管内的残砂等清理干净。

（2）切割

1）铜管采用钢锯、砂轮锯切割，但不得采用氧 - 乙炔焰切割。切割时，应防止操作不当而使管道变形，管道切口的端面应与管道轴线垂直，切口处的毛刺等应清理干净。

2）铜管坡口加工采用锉刀或坡口机，但不得采用氧 - 乙炔焰来切割加工。夹持铜管的台虎钳钳口两侧应垫以木板衬垫，以防夹伤管子。

（3）管道预制

1）按加工图尺寸、采用的连接方式，计算管段长度（包括插入管件长度和管件所占长度）进行铜管切割下料。

2）管道施工时有条件进行地面预制的管道，在不影响现场安装的前提下，尽可能将铜管、三通、弯头、异径管等管件预制成所需的完整管段后，再进行安装；安装补偿器时，宜将补偿器先与相邻管道连接预制成管段再安装；应尽可能预制成适当长度的管段后再进行安装；多根管道平行敷设时，应尽量使管道整齐美观。

（4）支架、管道的安装

1）根据管道走向、长度、管件及补偿装置的位置，设置相应的固定支架及一般普通支架，卡架型号应与管材配套，确保卡架安装平整、牢固，固定支架、坐标位置必须准确、合理，确保补偿效果。当采用钢支架时，管道与支架间加设 3mm 厚石棉橡胶垫或者其他垫片。铜管活动支架间距见表 3-5。

铜管活动支架间距　　表 3–5

公称内径（mm）		15	20	25	32	40	50	65	80	100	125	150	200
间距（m）	垂直管道	1.8	2.4	2.4	3.0	3.0	3.0	3.5	3.5	3.5	3.5	4.0	4.0
	水平管道	1.2	18	1.8	2.4	2.4	2.4	3.0	3.0	3.0	3.0	3.5	3.5

2）预制好管段，采用连接管件，通过选定的安装方式，将管段按设计要求连接成完整管路，并固定在支、吊架上，成为完整的管道体系。铜管安装后，应符合设计要求及施工规范标准要求，并保证管道横平竖直。

（5）铜管焊接

1）确认管材、管件的规格尺寸是否满足连接要求。

2）根据设计图纸现场实测配管长度准确下料。采用旋转式切管器或每厘米不少于 13 齿的钢锯或电锯垂直切割，切割后应去除管口内外毛刺并整圆。

3）钎焊强度小，一般焊口采用搭接形式。搭接长度为管壁厚度的 6~8 倍，管道的外径 D 小于等于 28mm 时，搭接长度为（1.2~1.5）D（mm）。

4）焊接前应对焊接处铜管外壁和管件内壁用细砂纸、钢毛刷或含其他磨料的布砂纸擦磨，去除表面氧化物。

5）焊接过程中，焊枪应根据管径大小选用得当，连接处的承口及焊条应加热均匀。焊接时，不得出现过热现象，焊料渗满焊缝后应立即停止加热，并保持静止，自然冷却。

6）铜管与铜合金管件或铜合金管件与铜合金管件间焊接时，应在铜合金管件焊接处使用助焊剂，并在焊接完成后，清除管道外壁的残余熔剂。

7）覆塑铜管焊接时应剥出长度不小于 200mm 裸铜管，并在两端缠绕湿布，焊接完成后复原覆塑层。

8）焊后的管件，必须在 8h 内进行清洗，除去残留的熔剂和熔渣。常用煮沸含 10%～15% 的明矾水溶液或含 10% 柠檬酸水溶液涂刷接头处，然后用水冲洗擦干。

9）焊接安装时应尽量避免倒立焊。

（6）铜管焊接操作要点

将铜管外表面、焊接管件内外表面的氧化膜及油污、杂物清理干净。在管外表面、管件内表面均匀涂刷钎剂后，将铜管插入管件中至底端，并适当旋转，以保持均匀的间隙，清除多余钎剂。根据铜管接头的规格选择相应的焊枪。使用中性火焰加热被焊铜管接头承口部分。用气焊火焰对接头处均匀加热直到 750~850℃时，用钎料接触被加热的接头处，用管接头处高温熔化钎料，钎料迅速熔化并沿接头缝隙流向接头内，可边加热边添加钎料至焊缝填满。[点火后将火焰强度调至距枪管口 30~35mm，焰心距施焊件承口约 12～15mm，均匀加热整个承口（此前插口已经装配好），约 30～40s 后，承口表面颜色开始发白，靠近火焰区域开始出现“湿润”感觉，将火焰强度调整至距枪管口 25～30 mm，在焊口内熔入少量钎料，当钎料在焊缝形成区迅速向两侧摊开，形成白亮且清晰的熔池时，迅速将钎料与施焊区接配，使其熔化并渗入装配间隙中形成焊缝。添加钎料时，焊枪应随同钎料在熔池周围前后摆动，以促使钎料流动并充满整个焊接区域] 切勿将火焰直接加热钎料。停止加温后，使接头在静止状态冷却结晶，完成焊接后，将接头处残渣用热水清洗干净，可喷涂清漆保护。

（7）法兰连接

管道与阀门等连接时使用松套法兰，铜法兰之间的密封垫片采用 4 mm石棉橡胶板。

（8）水压试验

1）暗装及嵌装管道安装要求符合安装规定后，方可进行试压。

2）试验压力为管道系统工作压力的 1.5 倍，但不得小于 0.6MPa。

3）水压试验之前，对试压管道应采取安全有效的固定和保护措施。供试验的接头部位应明露。

4）水压试验合格后可进行后道工序土建施工。

5）水压试验应按以下步骤进行：

①将试压管段末端封堵，缓慢注水，注水过程中，同时将管内气体排出。

②管道系统充满水后，进行水密性检查。

③对系统加压宜采用手动泵缓慢升压，升压时间不应小于 10min。

④升至规定的试验压力后，停止加压，观测 10min，压力降低应不大于 0.02MPa。

⑤降到工作压力后进行检查，应不渗不漏。

⑥管道系统试压后，发现有渗漏水或压力下降超过规定值时，应检查管路，排除漏水原因后，再按以上规定重新试压，直至符合要求。

⑦在冬季温度低于 5℃的环境下进行水压试验、通水能力检验时，应采取防冻措施。

（9）管道保温

管道系统水压试验合格后进行保温，冷水管道防结露采用 20 mm 厚橡塑保温管壳。热水管道保温厚度参照表 3-6。

热水管道保温厚度 表 3-6

公称内径（mm）	15	20	25	32	40	50	65	80	100	125	150	200
保温管厚度（mm）	25	25	30	30	30	30	35	35	35	35	40	40

（10）系统管道冲洗

1）管道在试压合格后，应用清水冲洗，直到将污浊物冲净为止。冲洗前，应对系统内部的仪表加以保护，并将有碍冲洗工作的孔板、喷嘴、滤网、节流阀及止回阀等部件拆除，妥善保管，待冲洗后复位。

2）生活饮用水管道在使用前应对管道消毒，消毒完后再用饮用水冲洗管道，并经有关部门取样检验水质未被污染，方可使用。

4. 施工后检测

1）保证项目

①管道、部件、焊接材料的型号、规格、质量必须符合设计要求和规范规定。

检查方法：检查合格证、验收或试验记录。

②阀门的规格、型号和强度、严密性试验及需要做解体检验的阀门，必须符合设计要求和规范规定。

③水压试验和严密性试验，在规定时间内必须符合设计要求和规范规定。

检查方法：按系统检查分段试验记录。按系统全检。

④焊缝表面不得有裂纹、烧穿、结瘤和严重的夹渣、气孔等缺陷。有特殊要求的焊口，必须符合规定。

检查方法：用放大镜观察检查。有特殊要求的焊口，检查试验记录。按系统的接口数抽查 10%，但不少于 5 个。

⑤管口翻边表面不得有皱折、裂纹和刮伤等缺陷。

检查方法：观察检查。按系统的接口数抽查 10%，但不少于 5 个。

⑥弯管表面不得有裂纹、分层、凹坑和过烧等缺陷。

检查方法：按系统抽查 10%，但不少于 3 件。

⑦焊缝机械性能检验：焊接接头的机械性能必须符合相关规定。

检查方法：检查试验记录。

⑧管道系统的清洗必须按设计要求和规范规定进行清洗。

检查方法：检查清洗记录。按系统全部检查。

2）基本项目

①支、吊、托架的安装位置正确、平正、牢固。支架同管道之间应用石棉板、软金属垫或木垫隔开，且接触紧密。活动支架的活动面与支承面接触良好，移动灵活。吊架的吊杆应垂直，丝扣完整。锈蚀、污垢应清除干净，油漆均匀，无漏涂，附着良好。

检查方法：手拉动和观察检查。按系统内支、吊托架件数抽查 10%，但不少于 3 件。

②管道坡度应符合设计要求和规范规定。

检查方法：检查测量记录或用水准仪（水平尺）检查。按系统每 50m 直线管段抽查 2 段，不足 50m 抽查 1 段。有隔墙的，可以以隔墙分段。

③补偿器安装：Ⅱ型补偿器的两臂应平直，不应扭曲，外圆弧均匀。水平管道安

装时，坡度应与管道一致。波形及填料或补偿器安装的方向应正确。

检查方法：观察和用水平尺检查。按系统全部检查。

④阀门安装位置、方向应正确，连接牢固、紧密。操作机构灵活、准确。有特殊要求的阀门应符合有关规定。

检查方法：观察和做启闭检查或检查调试记录。按系统内阀门的类型各抽查 10%，但均不应少于 2 个。有特殊要求的阀门应全部检查。

⑤法兰连接：对接应紧密、平行、同轴，与管道中心线垂直。螺栓受力应均匀，并露出螺母 2～3mm，垫片安装正确。

检查方法：用扳手试拧、观察和用尺检查。按系统内法兰类型各抽查 10%，但不应少于 3 处，有特殊要求的法兰应全部检查。

5. 成品保护

（1）中断施工时，管口一定要临时封闭；密封安装时，要注意检查管内有无异物。

（2）弯管工作在螺纹加工后进行，应对螺纹密封面采取保护措施。

（3）安装在墙上、混凝土柱上的支架，宜在建筑工程施工时配合预留洞或预埋铁件，不宜任意打洞，以免损坏建筑物。

（4）管道在安装时，应防止管道表面被砂石或其他硬物划伤。

（5）未交工验收前，施工单位要专门组织成品保护人员，24 h 时有人值班。并且要随时关锁施工所在的建筑物。

（6）管道、管件在施工中应注意妥善保管，不得混淆和损坏。应避免与碳素钢接触。

6. 应注意的质量问题

（1）铜管的切割、坡口加工只能用冷加工的方法进行。

（2）管子内外表面应光洁、清洁、不应有针孔、裂纹、皱皮、分层、粗糙、拉道、夹渣、气泡等缺陷。

（3）铜管的椭圆度，不应超过外径的允许偏差。管子端部应平整无毛刺。管子内外表面不得有超过外径和壁厚允许偏差的局部凹坑、划伤、压入物、碰伤等缺陷。

3.5.3　PP-R 给水管

1. 管材介绍

PP-R 给水管，又称三型聚丙烯管、无规共聚聚丙烯管或 PP-R 管。PP-R 是由 (PP 和 PE) 气相法合成的无规共聚聚丙烯，其结构特点是 PE 分子无规则地链接在 PP 分子当中，分子量从 30 万～80 万不等。采用无规共聚聚丙烯经挤出成为 PP-R 管材，注塑成为管件，它是 20 世纪 80 年代末 90 年代初开发应用的塑料管道产品，是公认的绿色环保产品，如图 3-24 所示。

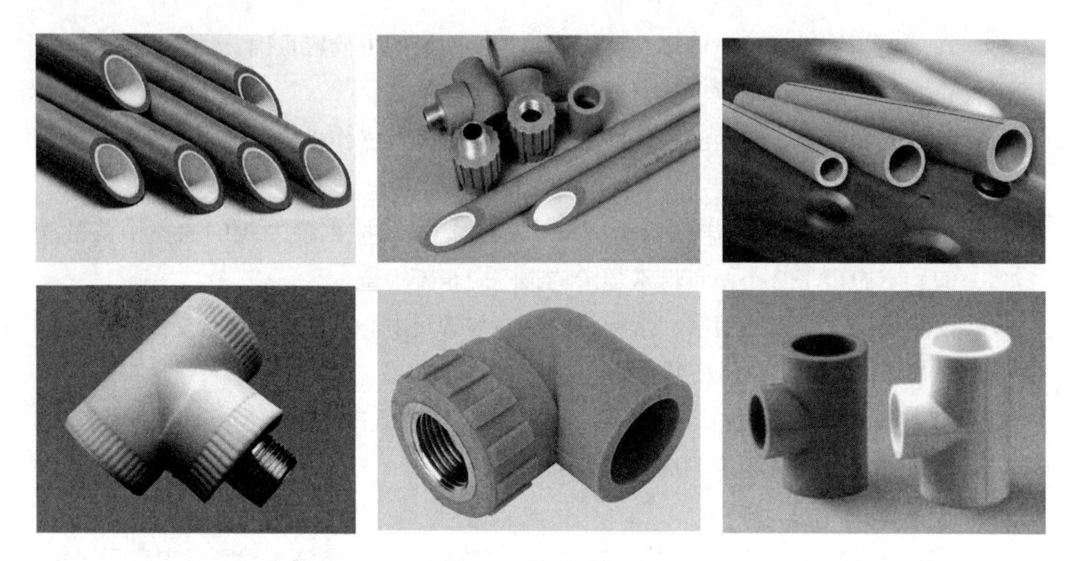

图 3-24 管材及配件

与传统的铸铁管、镀锌钢管、水泥管等管道相比，PP-R 管具有节能节材、环保、轻质高强、耐腐蚀、内壁光滑不结垢、施工和维修简便、使用寿命长等优点。PP-R 管是性价比较高的管材，是家装水管改造的首选材料，被广泛应用于建筑给水排水、城乡给水排水、城市燃气、电力和光缆护套、工业流体输送、农业灌溉等建筑业、市政、工业和农业领域。

一般不会再漏水，可靠度极高。但这并不是说 PP-R 水管是没有缺陷的水管，耐高温性、耐压性稍差些，长期工作温度不能超过 70℃；每段长度有限，且不能弯曲施工，如果管道铺设距离长或者转角处多，在施工中就要用到大量接头；管材便宜但配件价格相对较高。

近几年来，市场上的 PP-R 塑料管材出现了不少质量问题，在很大程度上制约了 PP-R 管材的良性发展。市面上销售的 PP-R 管主要有白色、灰色、绿色和咖喱色，这主要是添加的色母料不同造成的。一般建议购买白色的 PP-R 管，因为极少数利欲熏心的厂家会使用回收料生产 PP-R 管，通过添加色母料来掩盖原料不纯造成的瑕疵。

（1）分类

管径 PP-R 管的管径（外径）大小为 20～160mm，家装主要采用 20mm、25mm 两种，其中 20mm 用到的更多些。如果经济允许，建议用外径为 25mm 的 PP-R 管，尤其是进水的冷水管，因为现代家庭居住高度集中、用水器越来越多，同时用水的概率很高，这样会尽可能减小水压低、水流量小的困扰。

PP-R 管承受压力计算：举例来讲，PP-R 管 25×2.3 1.25MPa 表示 PP-R 管外径 25mm，管壁厚 2.3mm，属于 S5 级系列管材，在常温下承受压力 12.5kg（1.0MPa=10.0kg）。

国际标准中，聚丙烯冷热水管分为PP-H、PP-B、PP-R3种。3种PP管区别在于PP-H、PP-B和PP-R管材的刚度依次递减，冲击强度依次递增；管材抗冲击性能PP-R>PP-B>PP-H，管材热变形温度PP-H>PP-B>PP-R，管材刚性PP-H>PP-B>PP-R，管材常温爆破温度PP-H>PP-B和PP-R，管材耐化学腐蚀性PP-H>PP-B和PP-R。相对于其他PP管材，PP-R管材的突出优点是既改善了PP-H的低温脆性，又在较高温度下（60℃）具有良好的耐长期水压能力，特别是用于热水管使用时，长期强度均优于PP-H、PP-B。

由于聚丙烯是典型的结晶性聚合物，其熔体黏度对温度较为敏感，因此加工温度控制在PP-R管材的挤出成型加工中非常重要。成型温度一般控制在210～260℃，挤出温度过高，会导致物料口口模处积存，从而引起原料降解，使管材制品性能下降。

（2）规格参数（见表3-7）

管道规格参数　　表3-7

公称外径 DE(mm)	平均外径		S5	S4	S3.2	S2.5	S2
	DE_{min}(mm)	DE_{max}(mm)	公称壁厚 EN(mm)				
12	12.0	12.3	—	—	—	2.0	2.4
16	16.0	16.3	—	2.0	2.2	2.7	3.3
20	20.0	20.3	2.0	2.3	2.8	3.4	4.1
25	25.0	25.3	2.3	2.8	3.5	4.2	5.1
32	32.0	32.3	2.9	3.6	4.4	5.4	6.5
40	40.0	40.4	3.7	4.5	5.5	6.7	8.1
50	50.0	50.5	4.6	5.6	6.9	8.3	10.1
63	63.0	63.6	5.8	7.1	8.6	10.5	12.7
75	75.0	75.7	6.8	8.4	10.3	12.5	15.1
90	90.0	90.9	8.2	10.1	12.3	15.0	18.1
110	110.0	111.0	10.0	12.3	15.1	18.3	22.1
125	125.0	126.2	11.4	14.0	17.7	20.8	25.1
140	140.0	141.3	12.7	15.7	19.2	23.3	28.1
160	160.0	161.5	14.6	17.9	21.9	26.6	32.1

（3）管材特点

PP-R管的主要特点如下：

1）质量轻：20℃时密度为 0.90g/cm^3，重量仅为钢管的 1/9，紫铜管的 1/10，重量轻，大大降低施工强度。

2）耐热性能好：导热性低，具有良好的保温性能，用于热水系统时，一般无需额外保温材料。瞬间使用温度为 95℃，长期使用时，温度可达 75℃，是最理想的室内冷热水管道。PP-R 管的维卡软化点 131.5℃。最高工作温度可达 95℃，可满足建筑给水排水规范中热水系统的使用要求。

3）耐腐蚀性能：非极性材料，对水中的所有离子和建筑物的化学物质均不起化学作用，不会生锈和腐蚀。

4）安装方便，连接可靠：PP-R 管具有良好的焊接性能，管材、管件可采用热熔和电熔连接，安装方便，接头可靠，其连接部位的强度大于管材本身的强度。

5）管道连接牢固：具有良好的热熔性能，热熔连接将同种材料的管材和管件连接成一个完美整体，杜绝了漏水隐患。

6）管道阻力小：光滑的管道内壁使得沿程阻力比金属管道小，能耗更低。

7）无毒、卫生：PP-R 管的原料分子只有碳、氢元素，没有有害有毒的元素存在，卫生可靠，不仅用于冷热水管道，还可用于纯净饮用水系统。

8）保温节能：PP-R 管导热系数为 0.21W/（m·K），仅为钢管的 1/200。

9）使用寿命长：PP-R 管在工作温度 70℃，工作压力（P.N）1.0MPa 条件下，使用寿命可达 50 年以上（前提是管材必须是 S3.2 和 S2.5 系列以上）；常温下（20℃）使用寿命可达 100 年以上。

10）物料可回收利用：PP-R 管废料经清洁、破碎后回收利用于管材、管件生产。回收料用量不超过总量 10%，不影响产品质量。

2.PP-R 管连接技术

（1）冷热管材选择

1）注意管道总体使用系数 C（即安全系数）的确定：一般场合，且长期连续使温度低于 70℃，可选 C=1.25；在重要场合，且长期连续使用温度高于等于 70℃，并有可能较长时间在更高温度运行，可选 C=1.5。

2）用于冷水（≤ 40℃）系统，选用工作压力（PN）1.0～1.6MPa 的管材、管件；用于热水系统选用 PN 大于等于 2.0MPa 管材、管件。

3）管件的 SDR 应不大于管材的 SDR，即管件的壁厚应不小于同规格管材壁厚。

（2）焊接工具

1）PP-R 管安装工具包括热熔工具和切割工具，如压力调节器、电熔、加热装置、切割机，也有成套的集成工具。

2）热熔接工具的加热功率选择：外径小于等于 63mm 外径的管材使用热功率为 700～800W，管外径大于等于 75mm 的管材使用 1200～1500W。

（3）焊接操作

1）PP-R 管材管件用热熔的方式进行连接的时候，不要在上面直接套丝，和金属管道连接可以用法兰连接，和用水器进行连接的时候一定要用有金属嵌件的管件；

2）在进行施工的时候一定要用可靠的热熔工具（图 3-25），这样可以保证热熔的质量；

3）要用专门的建材来剪管材，切口的地方要平滑，没有毛刺；

4）在对管材管件焊接的地方进行清洁的时候，不要让沙子、灰尘这些影响接头的质量，用和要进行焊接的管材大小相匹配的加热头定在热熔器上面，把电源通上，让加热头达到最合适的温度；

5）可以用铅笔在管材上面记一下熔接的深度；

6）把管材和管件放到熔接器里面，根据要求的时间来加热；

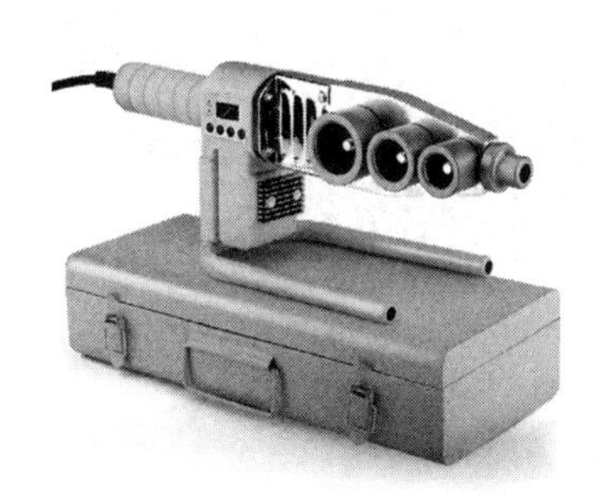

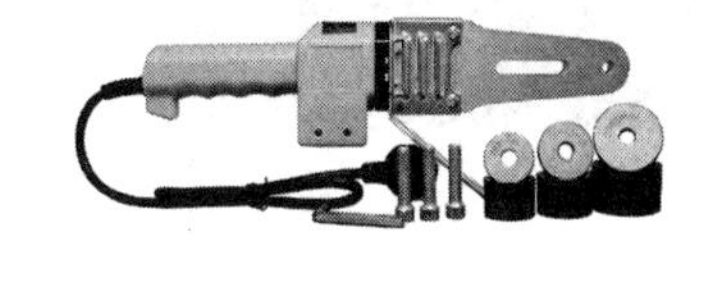

图 3-25　管道热熔设备

7）加热好后，马上把管材和管件拿出来，并连接起来，当管材和管件连接配合的时候，要是它们的位置有误，可以在一定的时间里做出微小的调整，不过扭转的角度不能够超过 5°；

8）连接好了以后，一定要用手牢牢地拿着管道和管件，让它们有充足的时间冷却，冷却到一定的程度后就可以放开手了，再安装下面的管道。

（4）打压步骤

1）在管道连接安装 24h 后，对管道应采取安全有效的固定和保护措施，但接头明露；

2）将试压管道末端封堵，缓慢注水，同时将管道内气体排除；

3）充满水后，进行水密性检查；

4）加压宜用手动泵缓慢加压，升压时间不得小于 10min；

5）升至试验压力（试验压力为管道系统工作压力的 1.5 倍，但不得小于 0.6MPa。）停止加压，稳压 1h，观察接头部位是否有漏水现象；

6）稳压 1h，补压至试验压力值，15min 内压力下降不超过 0.05MPa 为合格。

（5）安装注意事项（图 3-26）

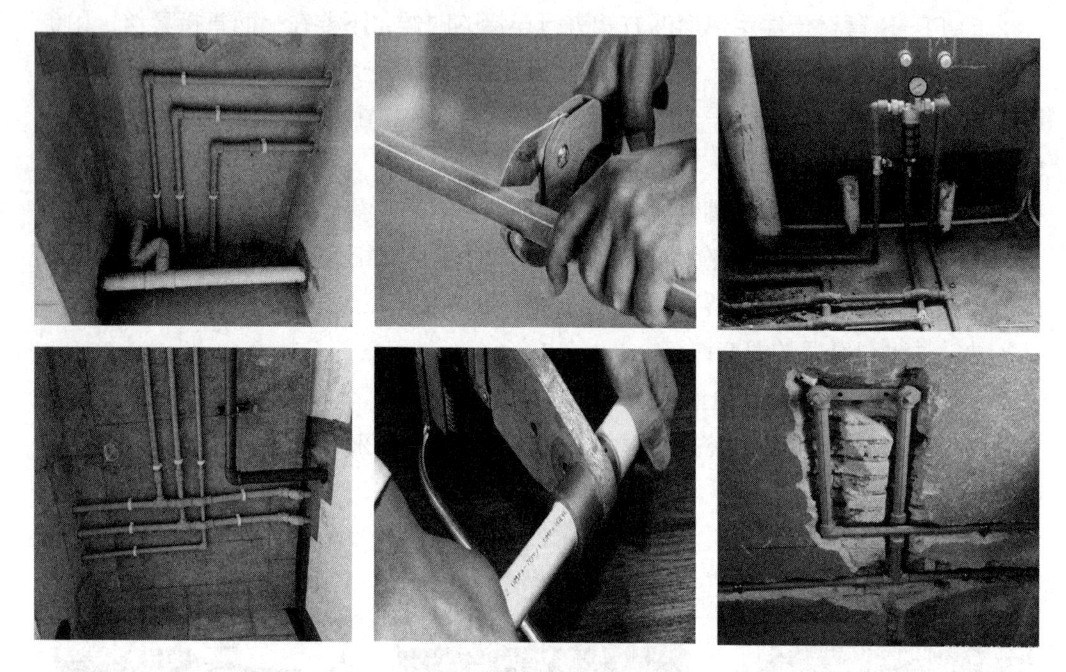

图 3-26 施工案例

1）管材和管件连接表面必须保持干燥、清洁、无油。

2）切割管材必须使端面垂直于管轴线。管材切割一般使用管子剪或管道切割机，必要时可使用锋利的钢锯，但切割管材断面应除去毛边和毛刺。

3）应保持电熔管件与管材的熔合部位不受潮。

4）热熔工具接通电源，达到工作温度绿色指示灯亮后方能开始操作。

5）加热时，无旋转地把管端导入加热套内，插入所标志的深度，同时，无旋转地把管件推到加热头上，达到规定标志处。加热时间应按熔接工具使用说明书中执行。

6）达到加热时间后，立即把管材与管件从加热模具上同时取下，迅速无旋转地直线均匀插入所标记深度，使接头处形成均匀凸缘。

7）规定的时间内，刚熔接好的接头还可校正，但不得旋转。

8）熔接弯头或三通时，按设计图纸要求，应注意其方向，在管件和管材的直线方向上，用辅助标志标出位置。

9）电熔连接的标准加热时间应由生产厂家提供，并应随环境温度的不同而加以调整。

10）管道安装时不得弯曲，穿墙或楼板时，不宜强制校正，当与其他金属管道铺设时净距应大于 100mm，且聚丙烯管道应在金属管道的内侧。

11）室内明装管道，应在土建粉饰完毕后进行，安装前应配合土建正确预留孔洞，尺寸宜较管外径大 50mm。管道穿越楼板时，应设置钢套管，套管高出楼（地）面 50mm。

12）管道在穿基础墙时，应设置金属套管使安装更有保障。

13）暗敷在地坪面层下和墙体内的管道，做好水压试验和隐蔽工程验收与记录工作。

14）管道穿越楼板、屋面时，应采取严格的防水措施，穿越点两侧应设固定支架。

15）安装完毕后，必须做通水试压试验。

（6）安装建议

一般在水电改造中，原有的水管都会更换，家装公司和商家建议装修者在安装 PP-R 管时全部选用热水管，即使是流经冷水的地方也用热水管。原因是热水管的各项技术参数要高于冷水管，且价格相差不大，所以水路改造都用热水管。

（7）使用注意事项

1）PP-R 管较金属管硬度低、刚性差，在搬运、施工中应加以保护，避免不适当外力造成机械损伤。在暗敷后要标出管道位置，以免二次装修破坏管道；

2）PP-R 管在 5℃以下存在一定低温脆性，冬期施工要当心，切管时要用锋利刀具缓慢切割。对已安装的管道不能重压、敲击，必要时对易受外力部位覆盖保护物；

3）PP-R 管长期受紫外线照射易老化降解，安装在户外或阳光直射处必须包扎深色防护层；

4）PP-R 管除了与金属管或用水器连接使用带螺纹嵌件等机械连接方式外，其余均应采用热熔连接，使管道一体化，无渗漏点；

5）PP-R 管的线膨胀系数较大 [0.15 mm/(m・℃)]，在明装或非直埋暗敷布管时必须采取防止管道膨胀变形的技术措施；

6）管道安装后在封管（直埋）及覆盖装饰层（非直埋暗敷）前必须试压。冷水管试压压力为系统工作压力的 1.5 倍，但不得小于 0.6MPa；热水管试验压力为工作压力的 2 倍，但不得小于 1.5MPa 试压时间与方法技术规程规定；

7）PP-R 管明敷或非直埋暗敷布管时，必须按规定安装支、吊架。

（8）应用领域

1）建筑物的冷热水系统，包括集中供热系统；

2）建筑物内的供暖系统，包括地板、壁板及辐射供暖系统；

3）可直接饮用的纯净水供水系统；

4）中央（集中）空调系统；

5）输送或排放化学介质等工业用管道系统。

3.5.4 镀锌钢管及钢塑管

1. 管材

镀锌钢管（镀锌钢管与钢塑管施工工艺差不多，下面以镀锌钢管为例进行介绍。）镀锌钢管是熔融金属（锌）与铁基体（钢管）反应产生表面合金层覆盖的钢管，如图3-27所示。热镀锌是先将钢管进行酸洗，去除钢管表面的氧化铁，然后通过氯化铵或氯化锌水溶液或氯化铵和氯化锌混合水溶液槽中进行清洗，最后送入热浸镀槽中。镀锌可增加钢管的抗腐蚀能力，延长使用寿命。

图 3-27 管材及配件

（1）特点：热镀锌具有镀层均匀、附着力强、耐腐蚀能力强、使用寿命长的优点。热镀锌钢管基体与熔融的镀液发生复杂的物理、化学反应，形成耐腐蚀的结构紧密的锌一铁合金层。

（2）产品应用：热镀锌钢管广泛应用于建筑、机械、煤矿、化工、铁道车辆、汽车工业、公路、桥梁、集装箱、体育设施、农业机械、石油机械、探矿机械等制造工业。除用作输水、煤气、油等一般低压力流体的管线用管外，还用作石油工业特别是海洋油田的油井管、输油管，化工焦化设备的油加热器、冷凝冷却器、煤馏洗油交换器用管，以及栈桥管桩、矿山坑道的支撑架用管等。

（3）使用维护

主要是进行除锈：首先利用溶剂清洗钢材表面，把表面的有机物去除；然后使用工具除锈（钢丝刷），去除松动或倾斜的铁锈，焊渣等。此外，还可以使用酸洗方式除锈。

2. 连接方式

热镀锌钢管的连接方式主要有螺纹，卡箍，焊接等（图 3-28、图 3-29）。

图 3-28　管道加工设备

图 3-29　施工案例

（1）滚槽方式连接

1）滚槽焊缝开裂：将管口压槽部分的内壁焊筋磨平，减少滚槽阻力；调整钢管与滚槽设备的轴心，并要求钢管与滚槽设备水平；调整压槽速度，压槽成型时长不能超过规定，均匀、缓慢施力。

2）滚槽钢管断裂：将钢管管口压槽部分内壁焊筋磨平，减少滚槽阻力；调整钢管与滚槽设备的轴心，要求钢管与滚槽设备水平；调整压槽速度，压槽速度不能超过规定，均匀、缓慢施力；检查滚槽设备的支撑辊与压力辊的宽度和型号，是否存在两辊尺寸不相匹配而造成咬合现象；用游标卡尺检查钢管的沟槽是否符合规定。

3）滚槽机滚压成型的沟槽应符合下列要求：

① 管端至沟槽段的表面应平整无凹凸、无滚痕。

②沟槽圆心应与管壁同心，沟槽宽度、深度应符合要求，并检查卡箍件型号是否正确。

③ 在橡胶密封圈上涂抹润滑剂并检查橡胶密封圈是否有损伤，润滑剂不得采用油润滑剂。

（2）焊接式连接

1）镀锌钢管管口对接后不在一条直线和钢管存在斜口的问题，建议将钢管管头截掉一小段儿后再进行加工。

2）镀锌钢管管口对接后出现两支管口对接不严现象，导致焊口薄厚不均匀；钢管由于本身原因或运输磕碰，造成管口椭圆，建议将钢管管头截掉一小段儿后再进行加工。

3）镀锌钢管管口对接后，管口部位出现砂眼。

4）焊接时由于技术原因造成焊接质量不符合要求，重新调整，再焊接，直到焊接符合要求。

5）管口存在锌瘤，造成焊接困难和砂眼问题，对锌瘤过大、过多的管道应进行简单的锌瘤去除处理。

（3）车丝式连接

1）丝扣：管箍与丝扣不能完全接触、松动，截掉乱扣部分，重新车丝安装。

2）钢管丝扣与管箍丝扣不吻合，不能连接，应更换管箍或调整设备重新车丝。

3）钢管车丝前的检查：测量钢管的壁厚是否能够达到车丝管标准厚度要求。

3.5.5 给水管道抢修

给水管道抢修的现状在经济建设高速发展与城市化脚步不断加快的形势之下，城市用水的需求也在逐步地加大，供水管网的规模也在慢慢变大，供水管网运行情况的优劣和市民自己的利益有着直接关系，爆管漏水情况不仅使得诸多水资源流失，还会加大供水管网发生漏损，更为关键的是还会关系工业生产和居民生活的正常用水。

爆管漏水现象高发：给水管道的爆管漏水现象时有发生，由于部分管道老旧，加上管道运行压力及管道外的静、动荷载过高，管道基础发生不均匀沉降导致管道接口脱出或管道断裂，部分管道施工质量差，野蛮施工造成人为挖爆管道等决定了给水管道抢修工作的临时性与紧急性。给水管道抢修工作开展得越早，效率越高，爆管漏水所造成的经济损失等不良影响就越低。

给水管道的抢修有以下方法：

（1）常规抢维修方法

1）法兰连接：切断损坏的管段，并及时将两端铣平，取喷塑法兰与注塑法兰片，并将套上喷塑法兰片的注塑法兰头，通过热熔的方式运用对接机来焊接到两端，将焊接好的套上喷塑法兰片与注塑法兰头的替换管和套法兰片的断管法兰实施有效的对接，锁紧螺栓；或者是运用直径相同管道的法兰头套上下相同规格钢制法兰片并将其焊接到两端，中部则运用预制钢制法兰短管连接，锁紧螺栓。

2）电熔套筒熔接：切除损坏的具体部位，并安装电熔套筒，之后运用电熔焊机进行熔接；或者是将损坏的切除，并运用新管进行代替，运用两个电熔套筒进行衔接，如图3-30所示。其通常适合用在400mm以下的管道。以上方法施工复杂，对环境条件要求苛刻，必须开挖出较大的工作面，熔接焊接部位洁净，并保证熔焊过程中没有水迹、施工时间长。

（2）快速修复方法

传统的停水放空开挖抢维修操作复杂、时间长，并造成水量流失和水质二次污染。同时随着城市建设发展，在实际工程中限于环境条件或停水等原因，很难大面积开挖或使用大型焊接设备，要求尽可能不切断管材的情况越来越多。通过不断摸索和实践，总结了以下管道快速修复方法：

1）对于焊口开裂或伤一个洞（小于管材直径的1/3）：将快速接头的两本体上下对合在漏水处，锁紧螺栓即可。

2）当管材出现破损一个洞且周围有裂隙、长缝或较深的划痕等面积较大，这些缺陷超出了快速接头最大覆盖长度或可能在运行中延伸到快速接头的外面时：①将缺陷部位及周围管道表面清理干净，刮除氧化层，并适当打出小坡口。②开启塑料焊枪自预热并对缺陷部位热风预热，再焊接。

3）加强抢修时间控制，提高阀门定检频率将“到场时间、止水时间、修复时间”作为重要指标进行考核，要求维修人员接到抢修通知1h内赶到现场，阀门组的人员迅速关闭阀门止水，维修人员24 h内不间断抢修。在供水管网之中，阀门尤为关键，在具体实施管道抢修的过程之中，要及时将阀门进行关闭以及打开，这样一来，就会很容易导致阀门发生松动的现象。阀门组之中的人员要及时检查阀门，定期针对阀门维修的具体情况一一记录下来，检修的工作通常涵盖井内积水排除、阀门井内淤泥清理以及润滑等，一旦出现任何的问题都得要及时汇报并予以处理。总之，给水管道抢修工作是一项注重效率、安全的工作，应从人员、设备、管理、时间控制方面着手提高给水管道抢修的效率，降低不安全因素，提高供水管网抢修现场管理规范。

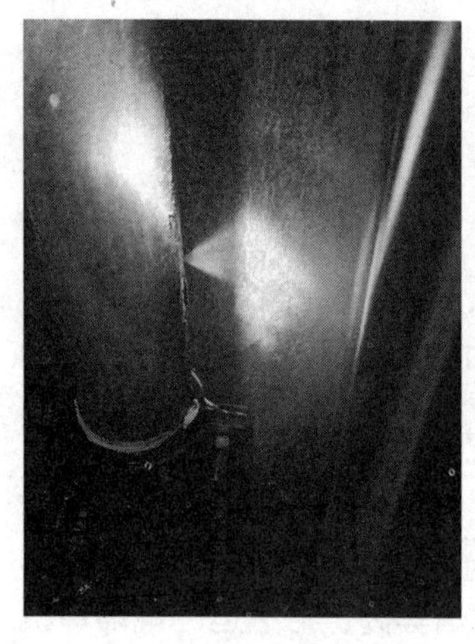

图 3-30 施工案例

3.6 室内排水管道安装

3.6.1 室内柔性接口排水铸铁管

1. 定义

“柔性接口排水铸铁管”一般是指“建筑排水柔性接口铸铁管”，用于建筑物室内、外排水和排污管道系统的，以柔性接头连接的灰口铸铁管材及配套管件的统称。其连接可采用承插式和卡箍式两种柔性接头，如图 3-31、图 3-32 所示。

2. 特点

（1）强度高，刚性大。耐火性能好，适用介质温度高。

（2）噪声低，寿命长。抗震性能好，可回收。

（3）施工快捷，检修方便。卡箍式接口型管材利用率高，便于管道清通。

3. 分类

（1）按接口方式分：法兰承插式接口、卡箍式接口；

（2）按执行标准不同可分；①《排水用柔性接口铸铁管、管件及附件》GB/T 12772—2016 A 型、W 型；②《建筑排水用卡箍式铸铁管及管件》CJ/T 177—2002 I 型；③《建筑排水用柔性接口承插式铸铁管及管件》CJ/T 178—2013 RC 型。

4. 适用范围

适用于新建、扩建和改建的民用和工业建筑室内、外管径为 *DN*50~*DN*300、内压不大于 0.3MPa 的承插式和卡箍式连接的灰口铸铁管及其配套管件的生活排水管道、雨水管道、无侵蚀作用的工业生产废水管道和雨水管。

5. 技术性能要求

尺寸重量及允许偏差：《排水用柔性接口铸铁管、管件及附件》GB/T 12772—

2016 要求：接口形式及尺寸，直管按其接口形式分为 A 型柔性接口和 W 型无承口（管箍式）两种。

图 3–31　管材及配件

图 3–32　施工案例

6. 产品标准

（1）《排水用柔性接口铸铁管、管件及附件》GB/T 12772—2016；

（2）《建筑排水用卡箍式铸铁管及管件》CJ/T 177—2002；

（3）《建筑排水用柔性接口承插式铸铁管及管件》CJ/T 178—2013；

（4）《建筑排水柔性接口铸铁管管道工程技术规程》T/CECS 168—2021。

7. 设计选用要点

（1）建筑排水柔性接口铸铁管管道系统宜在下列情况和场所中采用：1）要求管道系统使用年限与建筑物使用年限相当时；2）高层和超高层建筑；3）对噪声有要求时；4）要求管道系统具有适应建筑物较大横向和竖向变位能力时；5）管道系统易受人为损坏的场所（如拘留所、精神病院病房等）；6）防火等级要求较高的场所。

（2）法兰承插式柔性接口排水铸铁管宜在下列情况时采用：1）要求管道系统

接口具有较大转角和伸缩变形能力；2）对管道接口安装误差的要求相对较低时；3）对管道的稳定性要求较高时。

（3）卡箍式柔性接口排水铸铁管宜在下列情况时采用：1）安装要求的平面位置小，需设置在尺寸较小的管道井内或需要贴墙面安装时；2）对美观有要求时；3）需各层同步安装和快速施工时；4）需分期修建或有改建、扩建要求的建筑。

（4）管道系统不得承受任何卫生洁具或任何建筑结构荷载。

（5）柔性接口排水铸铁管宜明设，也可根据需要在管槽、管道井或吊顶内暗设及埋地敷设。

（6）柔性接口排水铸铁直管和管件的内、外表面在出厂前应涂覆防腐材料（如树脂漆、防锈漆、沥青漆等），涂层应均匀并粘结牢固。卡箍式柔性接口铸铁管的卡箍件材质应为不锈钢。法兰承插式柔性接口铸铁管的紧固件材质应为热镀锌碳素钢。当埋地敷设时，其接口紧固件应为不锈钢材质或采取相应防腐措施。

（7）建筑排水用柔性接口铸铁管如用于高层建筑雨水排水系统，应由生产厂家对管道接口做承压和拉伸破坏试验或采取必要的技术措施，使管材、管件及接口零部件满足系统承压及灌水试验要求。

（8）在单项建筑工程设计中，除全部采用柔性接口排水铸铁管的建筑排水系统外，设计人员可结合工程实际情况或根据需要部分采用柔性接口排水铸铁管。

（9）管材和管件内外表面应涂防腐涂料，涂料必须符合管道工程对内外介质的抗腐蚀要求和防火要求。

8. 施工、安装要点

（1）建筑排水柔性接口铸铁管管道工程采用的管材、管件和连接件，其材质、规格、尺寸和技术要求应符合现行国家标准或行业标准。

（2）在建筑物土建结构施工阶段，安装人员应配合做好排水管道穿越墙壁、池壁、楼板及混凝土梁等承重结构的预留洞、预埋件、预埋套管等预留工作。

（3）不得采用有损坏迹象的柔性接口排水铸铁直管、管件和接口零部件。对长期存放的产品，在使用前应进行外观检查，如发现异常应进行性能检测。

（4）柔性接口排水铸铁管管道系统安装时，应将直管和管件外壁上的标志设置在明显的位置。

（5）用于建筑排水管道工程的柔性接口铸铁管及其配套管件、连接件等必须采用同一产品型号和规格，且具有统一的配合公差。安装和固定管道用的支架（管卡）、托架和吊架宜由提供管材的生产厂配套供应。

（6）排水立管安装垂直度的允许偏差单位管长（1m）应不大于3mm，全长（5m以上）不应大于15mm。排水横管坡度应符合设计要求，严禁出现无坡、倒坡现象。

（7）铸铁直管需切割时，其切口端面应与直管轴线相垂直，并将切口处打磨光滑。

（8）建筑排水柔性接口卡箍式铸铁管与塑料管或钢管连接时，如两者外径相等，可采用标准卡箍和标准橡胶密封圈；如两者外径不等，应采用刚性接口转柔性接口专用过渡件或采用由生产厂家特制的异径非标卡箍和异径非标橡胶密封圈。

（9）当建筑排水立管沿墙角敷设时，用以紧固卡箍件和橡胶密封圈的螺栓位置（卡箍式）或用以固定法兰压盖和橡胶密封圈的螺栓孔位置（法兰承插式）应调整至墙角外侧，以便于拧紧螺栓。

（10）按照《排水用柔性接口铸铁管、管件及附件》GB/T 12772—2016 进行产品安装时，应正确放置橡胶圈断面。

（11）在管道系统施工安装过程中，管道不得作为拉攀、吊架、支架等使用。管道的开口部位应及时封堵。

（12）管道支吊架、穿地下室外墙的防水套管、预留洞等工程措施参考国家建筑标准设计图集《建筑生活排水柔性接口铸铁管道与钢塑复合管道安装》13S409 进行。

3.6.2 PVC-U 管

PVC-U 管道是以卫生级聚氯乙烯 (PVC) 树脂为主要原料，加入适量的稳定剂、润滑剂、填充剂、增色剂等经塑料挤出机挤出成型和注塑机注塑成型，通过冷却、固化、定型、检验、包装等工序生产的管材、管件，如图 3-33 所示。

1. 性能特点

PVC-U 管材物化性能优良，耐化学腐蚀，抗冲强度高，流体阻力小，较同口径铸铁管流量提高 30%，耐老化，使用寿命长，使用年限不低于 50 年，是建筑给水排水的理想材料；质轻耐用，安装方便，有力地加快了工程进度；相对于相同规格的铸铁管，可大大降低施工费用。

2. 性能指标（表 3-8）

PVC-U 管材标准要求　　表 3-8

项　目		标 准 要 求
拉伸屈服强度		≥ 40MPa
维卡软化温度		≥ 90℃
扁平试验		无破裂
落锤冲击试验		≤ 10%
外观		内外壁光滑、平整，不允许有气泡
规格尺寸	外径壁厚	符合《建筑排水用硬聚氯乙烯（PVC-U）管材》GB/T 5836.1—2018
同一截面壁厚偏差		≤ 14%
纵向回缩率		≤ 5%

3.PVC–U 管件优点

（1）重量为铸铁管的 1/5，易于运输和操作；

（2）耐腐蚀性强，可耐广泛的化学物品，包括强酸和强碱；不受腐蚀性土壤和各种饮用水的影响；不受细菌的侵害；抗白蚁、耐风化；

（3）管道及配件永不生锈，因而其内部不会发生侵蚀及收缩的变化；

（4）内壁光滑，比常规材料摩擦阻力小；

（5）建筑物外墙永远不会因管道生锈而污染；

（6）管道配件款式繁多、齐全，可适合各种设计及安装要求；

（7）安装方便，无须定期保养维修；采用胶水粘接，简易快捷，经济高效；

（8）无味、无毒。

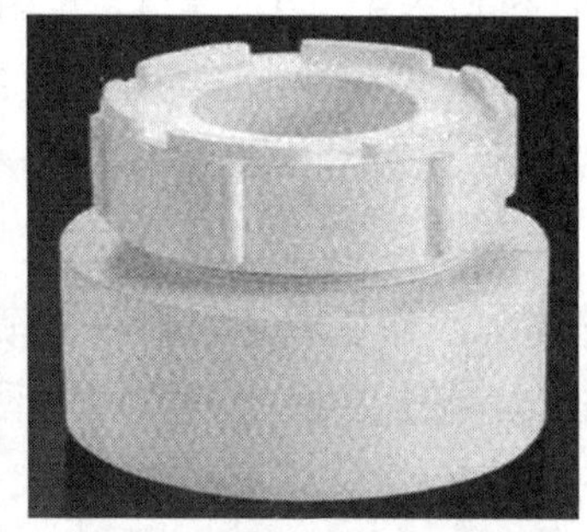
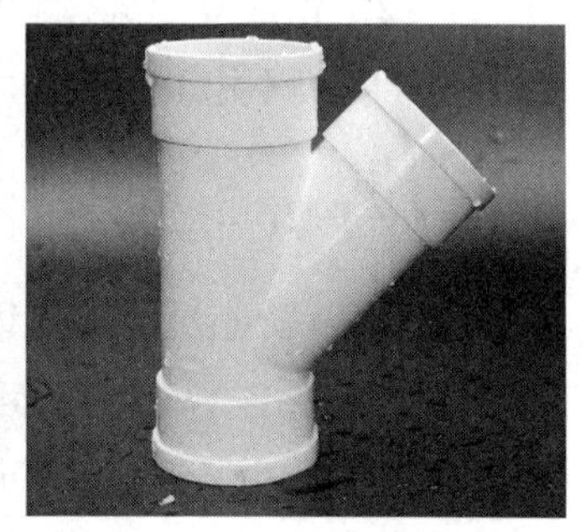
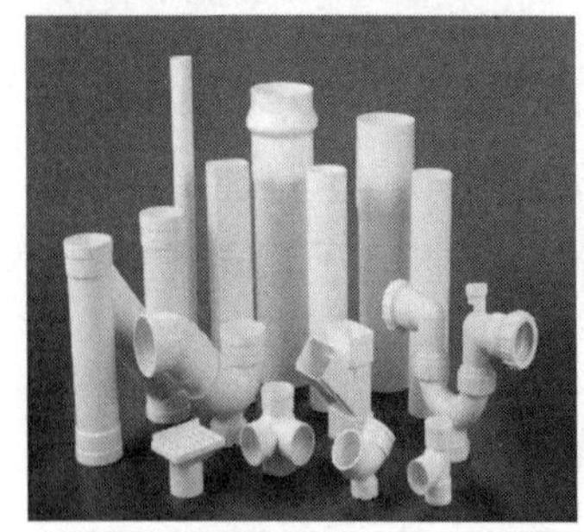
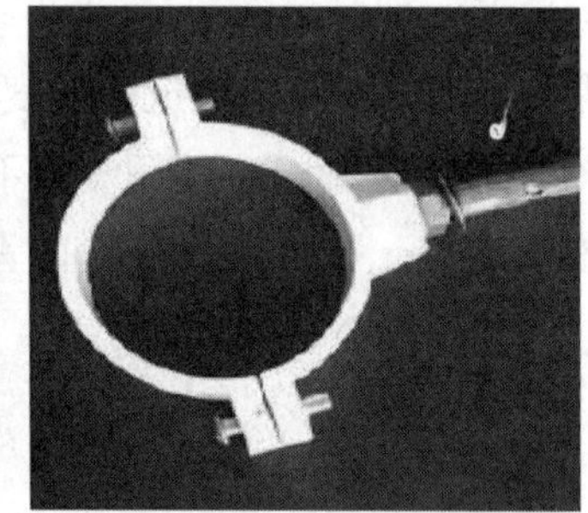
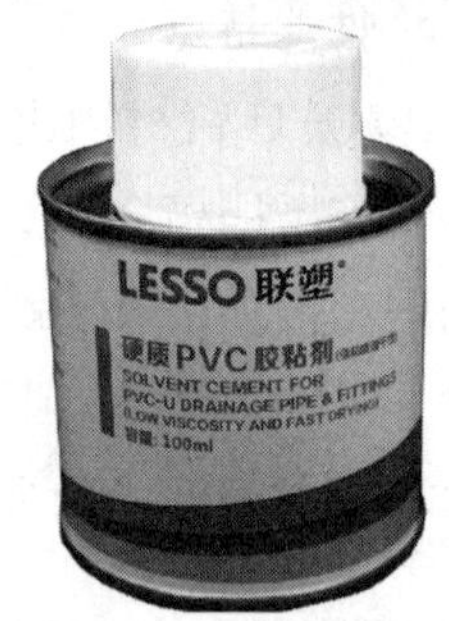

图 3–33 管材及配件

4. 施工安装 (图 3–34)

图 3–34 施工案例（一）

图 3-34　施工案例（二）

管道安装前，应了解建筑物的结构和构成，熟悉排水工程的设计图纸和施工方案及其与土建工程的配合措施。立管的横管均应按规定设置伸缩节及固定支架，管端插入伸缩节处预留的空隙为：夏季 5～10mm，冬季 15～20mm；管道支承件的间距，立管公称直径为 50mm 的应不大于 1.5m，公称直径为 75mm 及以上的应不大于 2m，横管固定支架间距应不大于表 3-9 的规定值。

横管固定支架间距（单位：mm）　　表 3-9

公称直径	50	75	110	160
间距	500	750	1100	1600

管道的配管及粘接工艺，必须按下列规定执行：

（1）锯管及坡口

锯管工具宜采用细齿锯、割刀和割管机等工具，切口应平整并垂直于管身，断面处不得有任何变形。

插口处可用中号板锉锉成 15°～30° 坡口，坡口厚度为管壁厚度的 1/3～1/2，长度一般不小于 3mm，坡口完成后应将残屑清除干净。

（2）管端插承口深度

配管时应将管材与管件试插一次，在其表面画出标记，管材插入承口深度不得小于表 3-10 规定值。

管材插入承口深度（单位：mm）　　表 3-10

管材公称直径	50	75	110	160
插入深度	25	40	48	58

（3）胶粘剂涂刷

用小刷子蘸取胶粘剂涂刷管材与管件的接合面，应轴向涂刷，动作迅速涂抹均匀，且涂刷的胶粘剂要适量，不得漏涂或涂抹过厚。冬期施工时尤须注意，应先涂承口后涂插口。

（4）承插接口的连接

承插口涂刷胶粘剂后，应立即找正方向将管子插入承口，使管端插入深度符合所画标记，并保证承插接口的直度和接口位置正确，还应保持2~3min，防止接口滑脱，预制管端节点间误差应不大于5mm。

（5）承插接口的养护

承插接口接插完毕后，应将挤出的胶粘剂用棉纱或干布蘸取清洁剂擦拭干净。根据胶粘剂的性能和气候条件静置接口固化为止。冬期或雨期施工时固化时间应适当延长。

PVC-U排水管连接与安装如下：

①PVC-U排水管规格尺寸见表3-11。

PVC-U排水管规格（单位：mm）　　表3-11

管径 D	50	75	110	160
壁厚 §	2.0	2.3	3.2	4.0
长度 L	4000或6000			

②PVC-U排水管连接方式，主要有密封胶圈、粘接以及法兰连接3种。

a.PVC-U排水管的管径大于等于100mm时管道一般采用胶圈接口；

b.PVC-U排水管的管径小于10 mm时管道则一般采用粘接接头，也有的采用活接头；

c.PVC-U排水管管道在跨越下水道或其他管道时，一般都使用金属管，这时塑料管与金属管采用法兰连接。阀门前后与管道的连接也都是采用法兰连接。

③安装注意事项

a.PVC-U排水管长度根据实测，并结合各连接管件的尺寸逐层确定。

b.PVC-U排水管锯管工具宜选用细齿锯、割刀和割管机等工具，断口应平整，断面处不得有任何变形。

c.PVC-U排水管待粘接的插口部分可用中号板锉锉成15°~30°坡口，坡口长度一般不小于3 mm，坡口厚度宜为管壁厚度的1/3~1/2，坡口完成后，应将残屑清除干净。

d.PVC-U排水管的承插接口连接完后，应将挤出的胶粘剂用棉纱或干布蘸取少许丙酮等清洁剂擦洗干净，根据胶粘剂的性能和气候条件静置至接口固化为止。

e.PVC-U排水管在冬期施工时固化时间应适当延长。

3.6.3　排水管道立管与横管接驳

靠近排水立管底部的排水支管连接，应符合下列要求：

（1）排水立管最低排水横支管与立管连接处距排水立管管底垂直距离不得小于表 3-12 的规定：

排水横支管与立管连接处距离要求　　表 3-12

<table>
<tr><th rowspan="2">立管连接卫生器具的层数</th><th colspan="2">垂直距离（m）</th></tr>
<tr><th>仅设伸顶通气</th><th>设通气立管</th></tr>
<tr><td>≤ 4</td><td>0.45</td><td rowspan="3">按配件最小安装尺寸确定</td></tr>
<tr><td>5～6</td><td>0.75</td></tr>
<tr><td>7～12</td><td>1.20</td></tr>
<tr><td>13～19</td><td>3.00</td><td>0.75</td></tr>
<tr><td>≥ 20</td><td>3.00</td><td>1.20</td></tr>
</table>

注：单根排水立管的排出管管径宜与排水立管的相同。

（2）排水支管连接在排出管或排水横干管上时，连接点距立管底部下游水平距离不得小于 1.5m；

（3）横支管接入横干管竖直转向管段时，连接点应距转向处以下不得小于 0.6m；

（4）下列情况下，底层排水支管应单独排至室外检查井或采取有效的防反压措施：

1）当靠近排水立管底部的排水支管的连接不能满足本条第（1）、（2）款的要求时；

2）在距排水立管底部 1.5m 距离之内的排出管、排水横管有 90° 水平转弯管段时。

防反压措施需恰当。根据日本 50m 高的测试塔和在中国 12 层测试平台，对符合国标《建筑排水用硬聚氯乙烯 (PVC-U) 管材》GB/T 5836.1—2018 的平壁管材排水立管装置进行长流水和瞬间排水测试显示，立管底部、排出管放大管径后对底部正压改善甚微，盲目放大排出管的管径适得其反，降低流速，减小管道内水流充满度，污物易淤积而造成堵塞。

排水支管用于室内排水的水平管道与水平管道、水平管道与立管的连接时，应采用 45° 三通或 45° 四通和 90° 斜三通或 90° 斜四通，封堵止水环，做好支撑体系及支吊架，如图 3-35 所示。

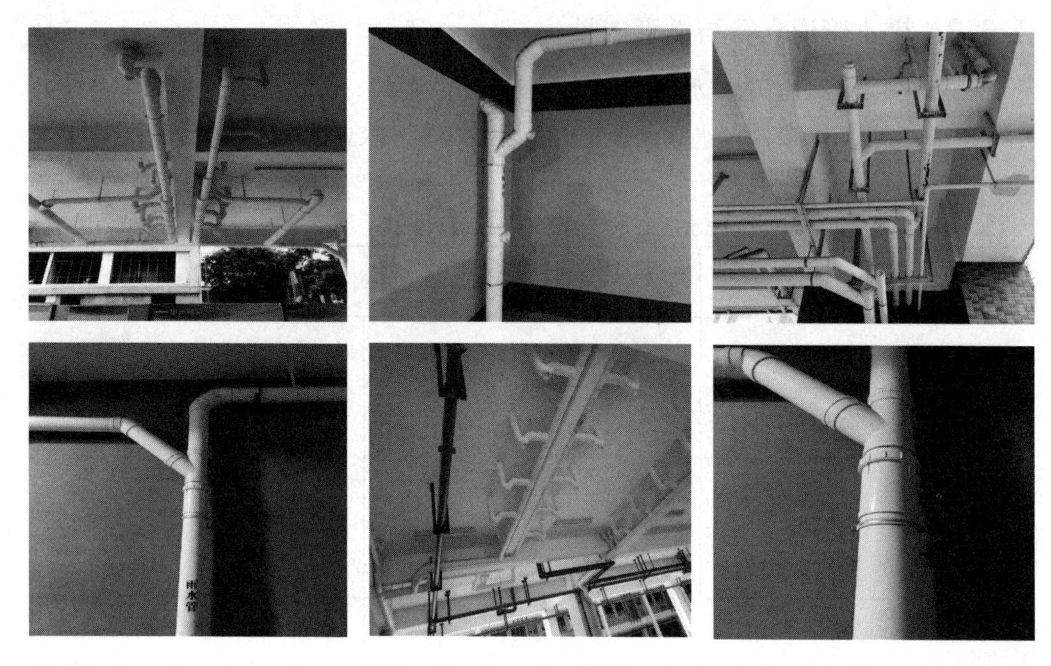

图 3-35　施工案例

3.6.4　卫生间排水管安装

下沉式卫生间一般会设置二次排水，在防水做好后，进行闭水试验，不漏水、渗水后，再进行下道工序施工。

1. 卫生间的排水管安装（图 3-36）

（1）首先需要确定排水管的具体走向，还有安装的位置，要将卫生间的排污口、排水管相连接，连接的过程中一定要注意紧密性。

（2）接下来将预留的排水管周边清除干净，应将临时的管道堵住，同时检查管道里面有没有什么其他的异物。

（3）然后在下水管道上面抹上油灰，要将排水口放入排水管中，连接好。

（4）最后将排水管道中的多余垃圾全部清除干净，还要用试水压泵进行试水，看一下水流是否顺畅，做一下打压测试，达到没有问题、压力正常的情况即可，最后清理现场。

2. 卫生间安装排水管道注意事项

（1）卫生间装排水管道的时候需要选对材料，一般来说排水管道要选择 PVC 管，它的抗压能力比较强，而且耐腐蚀，比较适合卫生间的排水管道安装。

（2）排水管道的直径也非常重要，一般来说采取 75mm 或者 50mm 的管道。安装之前还需要检查一下管道以及连接配件有没有破损或者有裂纹的问题，而且安装之前，还需要考虑好墙砖的厚度。

（3）设置卫生间排水管道的时候，要注意排水的坡度，因为要有利于污水及时排出，不能造成堵塞的现象。

（4）设置好卫生间的排水管道之后，还需要进行打压测试，确保压力正常，不出现漏水或者有异味的现象，才能够收工。

以上内容介绍的是卫生间排水管道具体的安装方法以及安装的注意事项，而卫生间的排水工作非常重要，如果安装不合理，后期会带来堵塞、反水等问题。

图 3-36　施工案例

3.7　屋面给水排水管道安装

3.7.1　屋面管道支架安装

按照要求：连接板必须在天面隔热层施工前置于保护层上，禁止用膨胀螺栓固定，水泥墩顶层表面需有 5% 的泄水坡度，如图 3-37 所示。

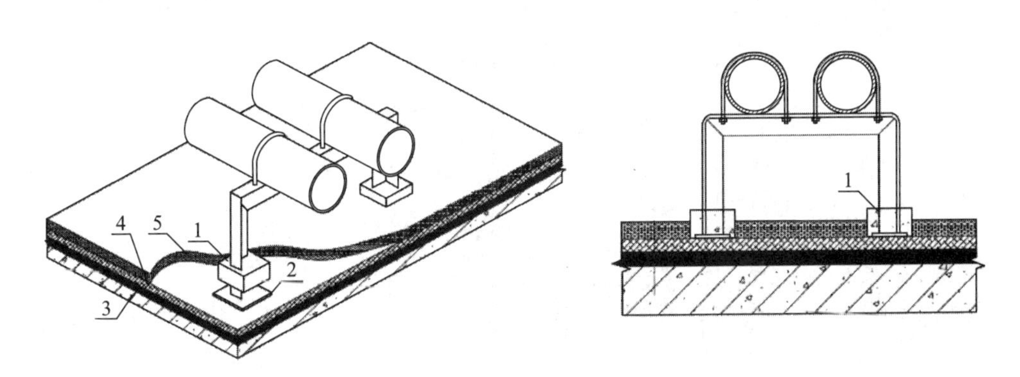

图 3-37　屋面管道支架安装
1—方形护墩；2—钢板底板；3—天面防水层；4—隔热板；5—保护层

3.7.2 透气管出屋面安装

透气管施工基本要求如下：

套管周围在屋面混凝土找平层施工时，用水泥砂浆筑成锥形阻水圈。管道与套管间的环形缝隙应采用防水胶泥或无机填料嵌实。上人屋面透气管高度不小于 2m，不上人屋面透气管高度不小于 0.3m，且必须大于当地积雪高度；

屋面金属管道应在两端与预留接地点连接，卡箍连接的金属管道，还需要跨接线，并保持接地的连续性。

透气管出屋面安装图示及实例如图 3-38、图 3-39 所示。

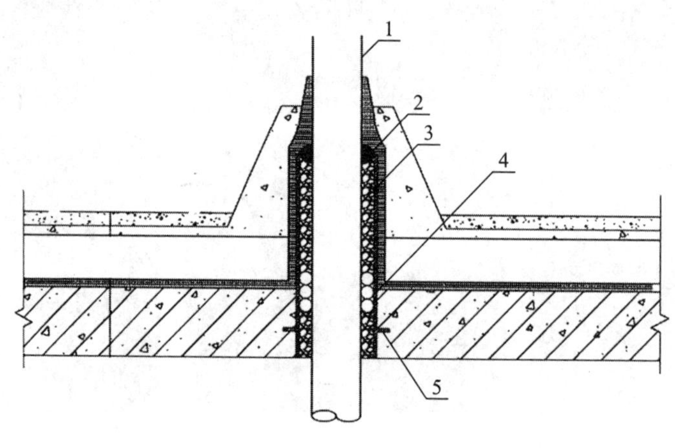

图 3-38　透气管出屋面安装图示
1—UPVC 排水管；2—油膏；3—膨胀水泥打口；4—油麻打口；5—防水套管

图 3-39　透气管出屋面施工案例

3.7.3　屋面虹吸雨水排放系统

屋面虹吸雨水排放系统的原理：利用屋面与地面高差产生的能量，在屋面积水达到一定高度时，使得管道内不进入空气，以满管流状态（即虹吸状态）排水时产生负压，管道内形成抽吸作用将雨水迅速排掉。

实现：屋面虹吸雨水排放系统（简称虹吸排水）是利用伯努利方程进行排水管道内压力计算，通过管道、管配件的管径变化从而改变排水管道内的压力变化，形成满管流，在压力的作用下快速排水的系统（图 3-40）。

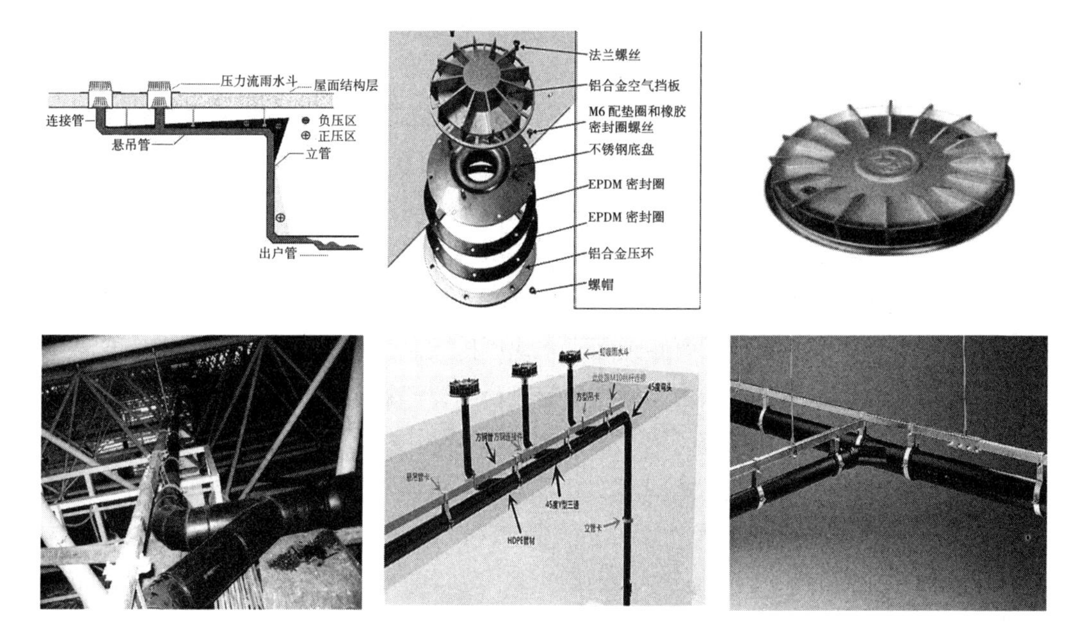

图 3-40　施工案例

1993 年，虹吸排水系统首次运用到新加坡，这是建筑给水排水的一个工程里程碑，为亚洲的屋面雨水排放系统带来新的革命。

虹吸屋面雨水排放系统采用特殊设计的雨水斗，使雨水在很浅的天沟水深下，即可在管道中形成满流状态。利用建筑物的高度和落水具有的势能，在管道中造成局部真空，使雨水斗及水平管内的水流获得附加的压力而形成虹吸现象。利用虹吸作用，极大地加快水在排水管内的流速，快速排放屋面雨水。

1. 虹吸排水与重力排水的比较

（1）传统重力式雨水排放系统是利用雨水本身重力作用，由屋面雨水斗经过排水系统自流排放。水流夹带空气进入整个雨水排放系统，空气约占管道 30%～70% 空间，且排水悬吊管必须具备一定坡度。虹吸式雨水排放系统通过特制雨水斗能有效阻隔空气进入，通过全系统压力平衡计算，大大减少了雨水进入排水系统时夹带的空气量，最终达到气与水分离的效果，在管内形成满管流。利用建筑物高度与地面落差势能形成虹吸作用，屋面雨水快速排干。

重力流排水系统是雨水由天面天沟汇集后经过雨水斗下接的立管靠重力自流排出。这种系统管线并不能被水完全充满。水沿立管管壁流下时，一般情况下只占立管断面的一部分，甚至小部分为水，一部分为空气。重力流排水系统是传统的屋面排水方式。具有设计施工简易，运行安全可靠的特点，其缺点是管道设置相对较多，占据空间位置较多。

重力流雨水系统，需要控制系统的流量在所设计的重力流态范围之内。否则，超流量的雨水进入系统，流态会超越重力无压流，剧烈的压力波动会对系统造成破坏，发生诸如立管损坏、室内检查井冒水等安全事故。

（2）虹吸式雨水排放系统：在降雨初期，利用重力原理进行排水。当降雨量加大，屋面上的水位达到一定高度时，雨水斗会自动隔绝空气，从而产生虹吸，系统也转变为高效的排放系统，抽吸雨水向下排放。对大型屋面可“分区排水”，整个屋面排水系统可由数个子系统组成，每个子系统一个天沟，这样天沟可避开伸缩缝。

系统的设计是当天沟内雨水达到一定深度时，首先是尾管充满水达到虹吸条件，继而使整个系统产生虹吸，即可使天面雨水快速排放。因虹吸排水流速很大，要通过消能井再排入市政雨水排水系统。而当雨量较小时，该虹吸系统也只有作为重力流系统使用。这样，虹吸排水系统可用比重力流排水系统小得多的管线能排出几十年一遇的暴雨雨水。在相同排水量的情况下，虹吸排水系统所需的斗前水深要小于重力流系统。比如，计算表明排水量为 40L/s 时，用直径 300mm 的重力流雨水管，其斗前水深 100mm，而直径 100mm 的虹吸雨水管，其斗前水深仅需 85mm，这对屋面的建筑和结构设计都非常有利。虹吸系统所用管径不仅比重力流小，而且可比重力流“少”。即一个横管，一个立管，可以上接十余个雨水斗，而重力流系统则要多根立管。

另外虹吸系统的横管可以水平安装，而重力流系统其横管必须有不小于 0.005 的坡度，将使横管末端降低，从而影响使用空间或影响建筑结构处理。虹吸系统的立管因数量少，可利用楼梯间、立柱旁等处敷设，不占用更多的使用空间，横管也可以敷设在非敏感的公共走廊等处。总之，给建筑设计一个有利的条件。

2. 虹吸排水系统的优势

（1）雨水斗在屋面上布点灵活，更能适应现代建筑的艺术造型，很容易满足不规则屋面的雨水排放。

（2）单斗大排量，屋面开孔少，减少屋面漏水概率，减轻屋面防水压力。

（3）落水管的数量少和直径小，满足了现代建筑的美观要求以及大型标志性建筑，各种大跨度屋面及高层建筑群楼的雨水排放。

（4）系统安全性高，管道走向可以根据需要设置，在不影响建筑功能及使用空间的同时满足现代大型购物广场、超市、厂房、仓库及各种网架结构金属屋面的雨水排放。

（5）在设计流量下，系统中满管流无空气旋涡，排水高效且噪声小，更能完美配合现代影院、剧场、会展中心、图书馆、学校医院的声学要求。

（6）管路设计同时满足正负压要求，能保证通过高层，超高层建筑全程管路满水实验检验验收，且能避免负压失控确保系统正常运行。

（7）由于管路直径小、总长度小和系统安装简便所带来的管道成本和安装费用减少，管道安装无特殊要求。

由于虹吸排水系统具有快速把屋面雨水排放、安装简便、适应现代建筑造型等优点，已经被广泛地运用到建筑工程中。国家体育场（鸟巢）、北京首都国际机场T3航站楼、中央电视台新址、上海科技馆、广州白云国际机场航站楼等大面积建筑的屋面排水已经采用虹吸排水系统。在未来，将有更多的建筑物采用虹吸排水系统。

3.8　给水排水管道封堵

1. 管道封堵选型（图3-41、图3-42）

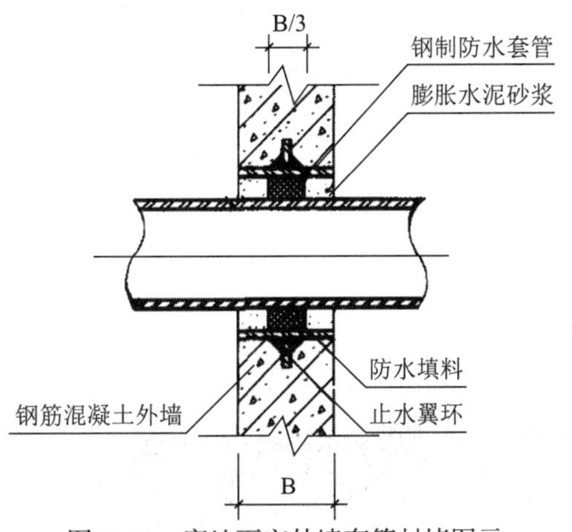

图3-41　穿地下室外墙套管封堵图示

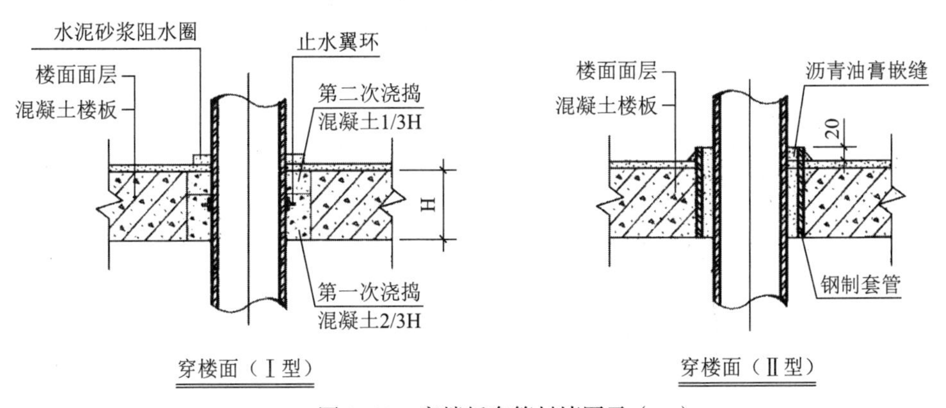

图3-42　穿楼板套管封堵图示（一）

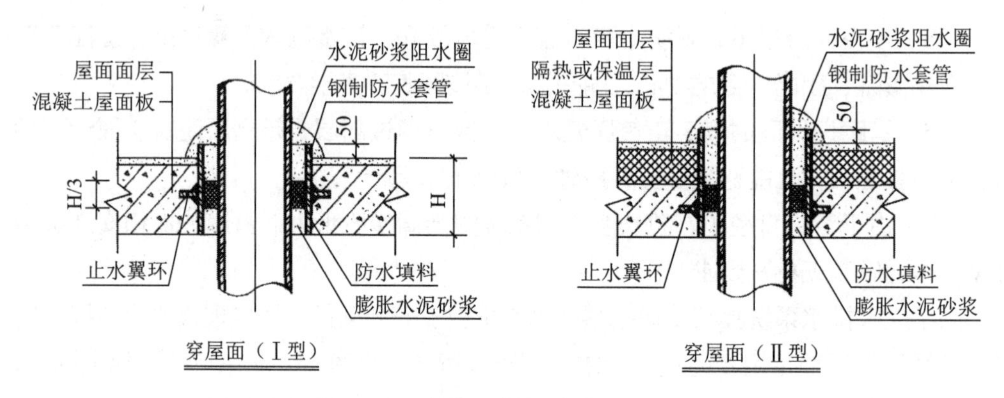

图 3–42　穿楼板套管封堵图示（二）

2. 管道封堵实例（图 3–43）

（1）穿板封堵要点

要求：套管与管道对中，环缝一致，填料平整，标色分明。一般使用遇水膨胀止水条、聚丙乙烯板、沥青麻丝等材料进行封堵，或采用防水胶泥或无机填料嵌实等。

（2）穿墙封堵要点

管道穿墙封堵必须按照下列要求进行：

1）穿墙管道事先采用钢筋点焊固定预留套管。

2）套管内部不能有接头，管道支架、阀门、接头等应该距离套管 200mm 以上。

3）明装与装饰要求高的创优工程，套管外应设装饰盖，起到防火与美观的作用。

图 3–43　管道穿墙、板封堵施工案例

3.9　室内给水功能配件施工

3.9.1　阀门

1. 概述

阀门诞生在蒸汽机发明之后，为了满足石油、化工、电站、冶金、船舶、核能、宇航等方面的更高要求，人们研发出高性能的阀门，工作温度从超低温－269℃到高温1200℃，甚至高达3430℃；工作压力从超真空1.33×10^{-8}Pa(10^{-10}mmHg)到超高压1460MPa；阀门通径从1mm到6000mm，甚至达到9750mm。阀门材料从铸铁、碳素钢，发展到钛合金等，生产出高强耐腐蚀钢、低温钢和耐热钢阀门。阀门的驱动方式从手动发展到电动、气动、液动，直至程控、数控、遥控等。阀门的加工从普通机床到流水线、自动线。

阀门是流体输送系统中的控制部件，具有截止、调节、导流、防止逆流、稳压、分流或溢流泄压等功能。用于流体控制系统的阀门，从最简单的截止阀到极为复杂的自控系统中所用的各种阀门，其品种和规格相当繁多，如图3-44～图3-72所示。阀门可用于控制空气、水、蒸汽、各种腐蚀性介质、泥浆、油品、液态金属和放射性介质等各种类型流体的流动。阀门根据材质还分为铸铁阀门、铸钢阀门、不锈钢阀门（304、316等）、铬钼钢阀门、铬钼钒钢阀门、双相钢阀门、塑料阀门、非标定制等阀门材质。

图3-44　闸阀

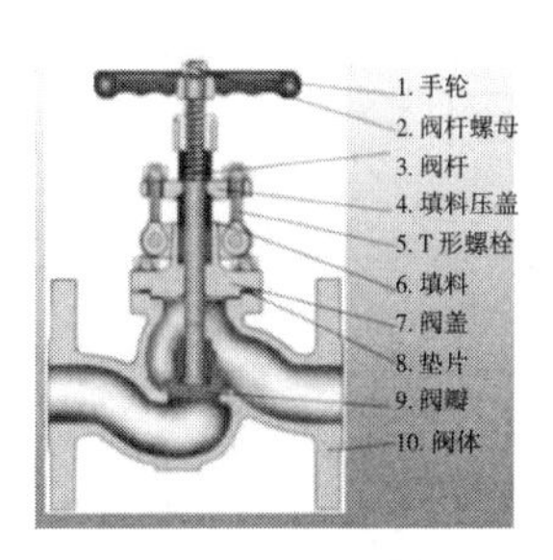

图3-45　截止阀

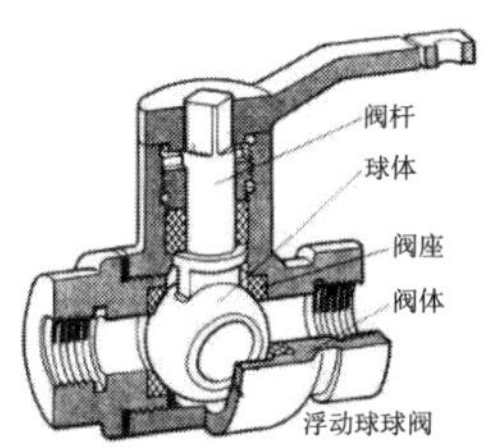

图3-46　球阀

图3-47　蝶阀

图3-48　排气阀

图3-49　疏水阀

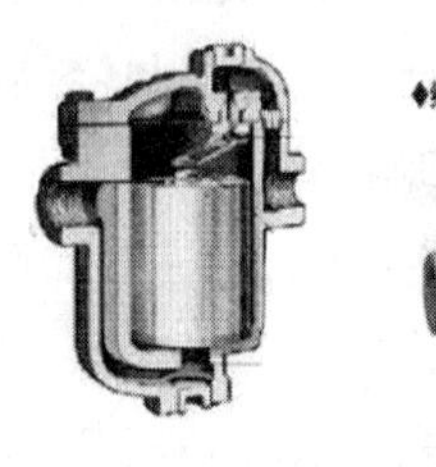
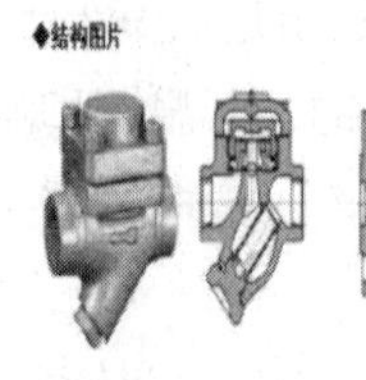

图 3-50　疏水阀

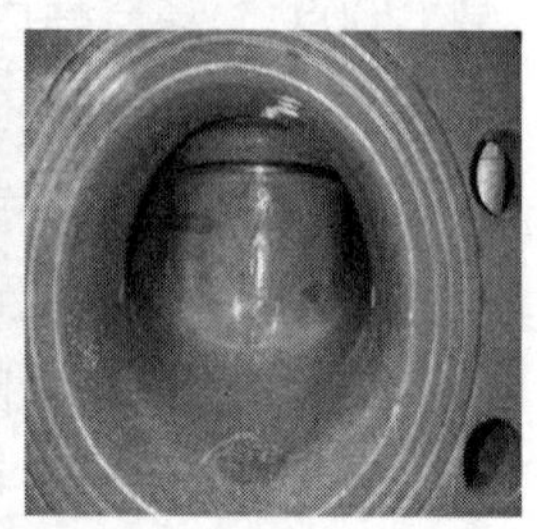

图 3-51　缓冲式止回阀

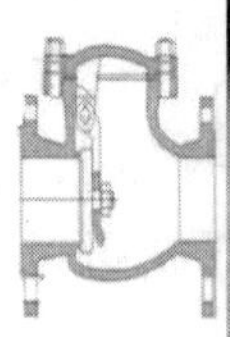

图 3-52　止回阀

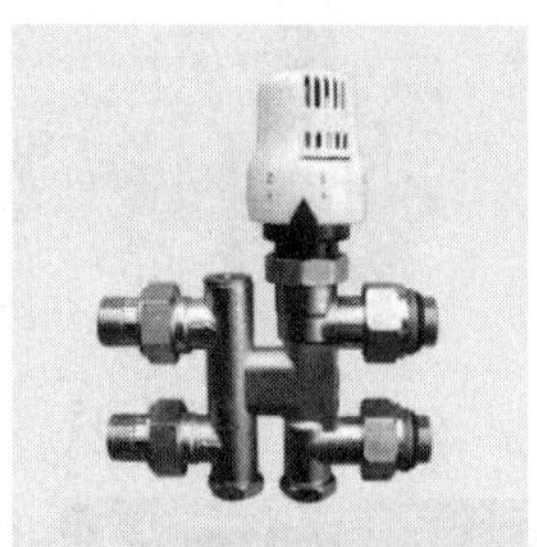

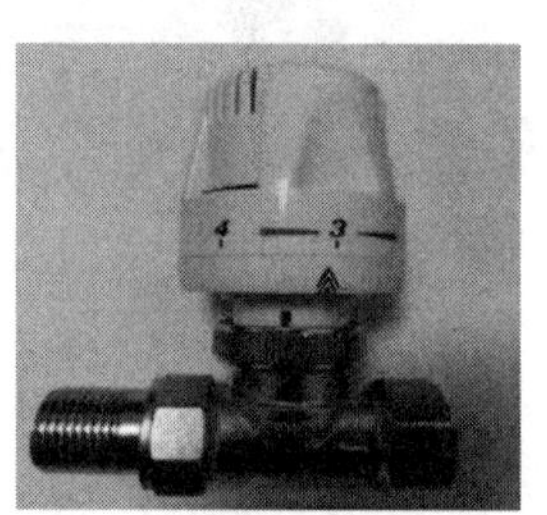

图 3-53　恒温阀

图 3-54　减压阀

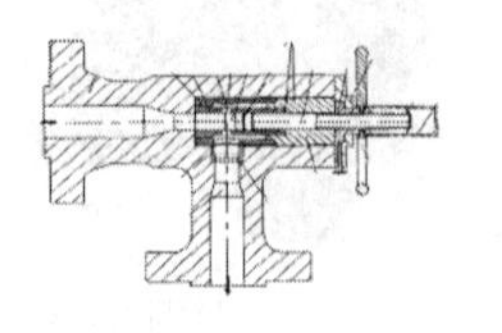

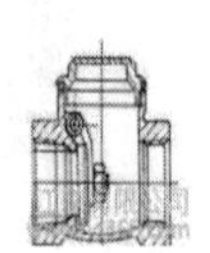

图 3-55　节流阀

图 3-56　消声阀

图 3-57　消声阀

图 3-58　安全阀

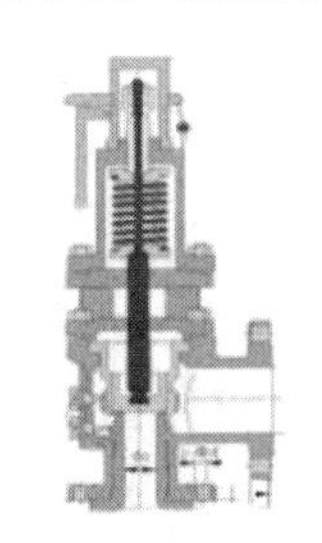

图 3-59　安全阀

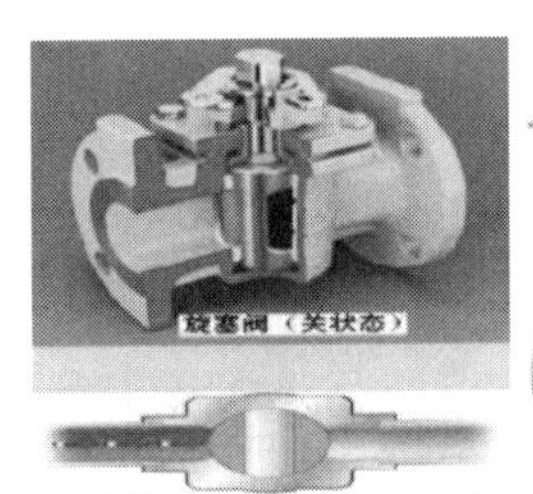

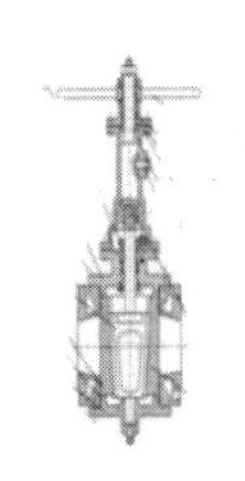

图 3-60　旋塞阀

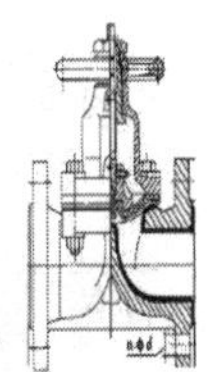

图 3-61　隔膜阀

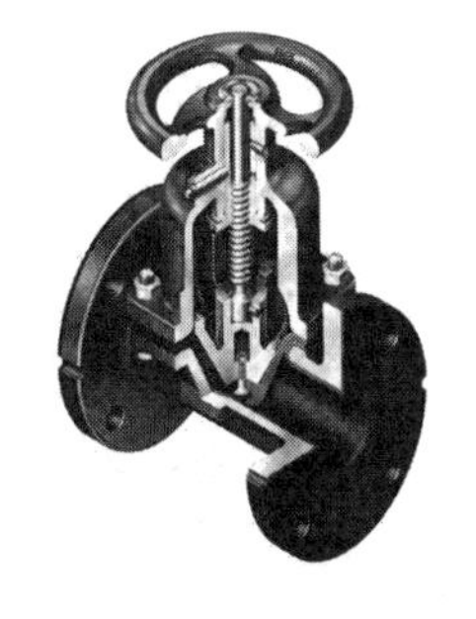

图 3-62　隔膜阀

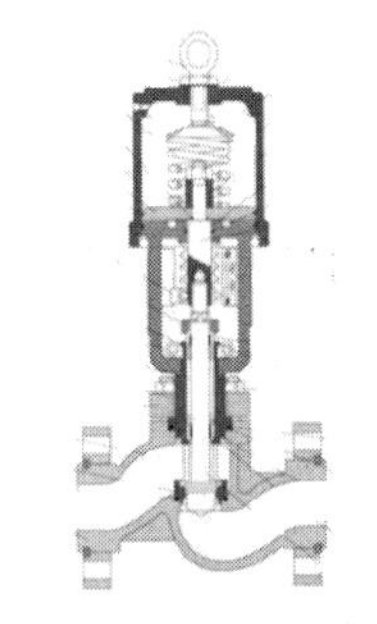

图 3-63　调节阀

图 3-64　调节阀

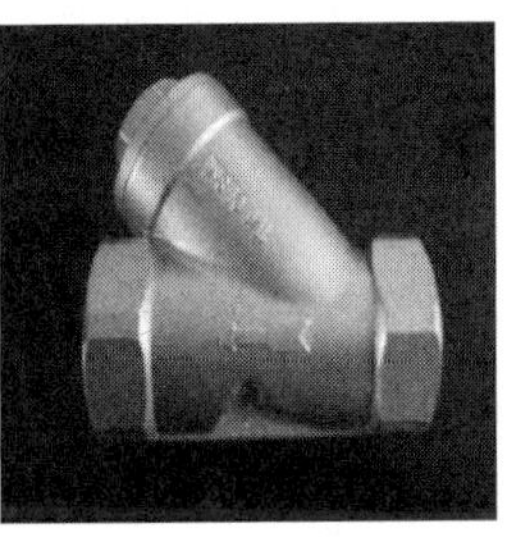

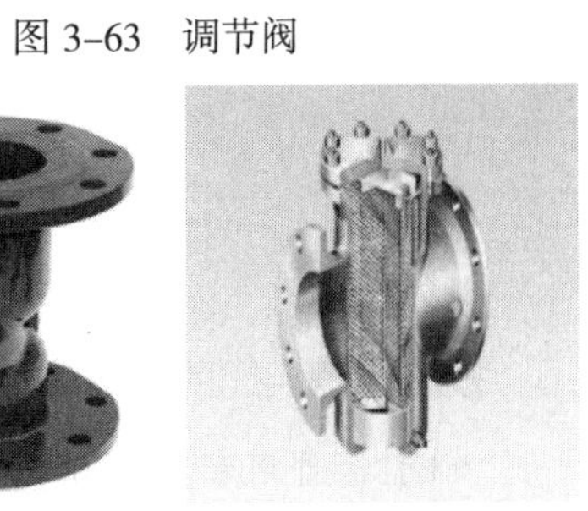

图 3-65　过滤器

图 3–66 分配阀

图 3–67 气动阀

图 3–68 气动阀

图 3–69 电动阀

图 3–70 电动阀

图 3–71 多功能阀

图 3–72 多功能阀

2. 分类

根据阀门启闭的方式，可进行多种分类，常用的分类如下：

（1）按作用和用途分类

1）截断阀：又称闭路阀，其作用是接通或截断管路中的介质。截断阀类包括闸阀、截止阀、旋塞阀、球阀、蝶阀和隔膜等。

2）止回阀：又称单向阀，其作用是防止管路中的介质倒流。水泵吸水管的底阀属于止回阀类。

3）安全阀： 作用是防止管路或装置中的介质压力超过规定数值，达到安全保护的目的。

4）调节阀：包括调节阀、节流阀和减压阀，其作用是调节介质的压力、流量等参数。

5）分流阀：包括各种分配阀和疏水阀等，其作用是分配、分离或混合管路中的介质。

按照阀门在管路中的作用可分成多种类型，工业和民用工程中的通用阀门可分成11类，即闸阀、截止阀、旋塞阀、球阀、蝶阀、隔膜阀、止回阀、节流阀、安全阀、减压阀和疏水阀。其他特殊阀门，如仪表用阀、液压控制管路系统用阀，各种化工机械设备本体用阀等，在建筑给水排水工程中很少使用，不在本书介绍范围内。

（2）按公称压力分类

1）真空阀：指工作压力低于标准大气压的阀门。

2）低压阀：指公称压力 $PN \leqslant 1.6$MPa 的阀门。

3）中压阀：指公称压力 PN 为 2.5、4.0、6.4MPa 的阀门。

4）高压阀：指公称压力 PN 为 10～80MPa 的阀门。

5）超高压阀：指公称压力 $PN \geqslant 100$MPa 的阀门。

（3）按工作温度分类

1）超低温阀：用于介质工作温度 $t < -100$℃的阀门。

2）低温阀：用于介质工作温度 $-100℃ \leqslant t \leqslant -40℃$的阀门。

3）常温阀：用于介质工作温度 $-40℃ \leqslant t \leqslant 120℃$的阀门。

4）中温阀：用于介质工作温度 120℃。

5）高温阀：用于介质工作温度 $t > 450$℃的阀门。

（4）按驱动方式分类

1）自动阀：指不需要外力驱动，而是依靠介质自身的能量来驱动的阀门，如安全阀、减压阀、疏水阀、止回阀、自动调节阀等。

2）动力驱动阀：指利用各种动力源进行驱动的阀门，主要有：借助电力驱动的电动阀；借助压缩空气驱动的气动阀、借助油等液体压力驱动的液动阀。此外，还有以上几种驱动方式组合的阀门，如气－电动阀等。

3）手动阀：手动阀借助手轮、手柄、杠杆、链轮，由人力来操纵阀门动作。当阀门启闭力矩较大时，可在手轮和阀杆之间设置齿轮或蜗轮减速器。必要时，也可以利用万向接头及传动轴进行远距离操作。

（5）按公称通径分类

1) 小通径阀门：公称通径 $DN \leqslant 40$mm 的阀门。

2) 中通径阀门：公称通径 DN 为 50～300mm 的阀门。

3) 大通径阀门：公称阀门 DN 为 350～1200mm 的阀门。

4) 特大通径阀门：公称通径 $DN \geqslant 1400$mm 的阀门。

（6）按结构特征分类

1) 截门形：启闭件（阀瓣）由阀杆带动沿着阀座中心线做升降运动。

2) 旋塞形：启闭件（闸阀）由阀杆带动沿着垂直于阀座中心线做升降运动。

3) 旋塞阀：启闭件（锥塞或球）围绕自身中心线旋转。

4) 旋启阀：启闭件（阀瓣）围绕座外的轴旋转。

5) 蝶形：启闭件（圆盘）围绕阀座内的固定轴旋转。

6) 滑阀形 / 型：启闭件在垂直于通道的方向滑动。

（7）按连接方法分类

1) 螺纹连接阀门：阀体带有内螺纹或外螺纹，与管道螺纹连接。

2) 法兰连接阀门：阀体带有法兰，与管道法兰连接。

3) 焊接连接阀门：阀体带有焊接坡口，与管道焊接连接。

4) 卡箍连接阀门：阀体带有夹口，与管道夹箍连接。

5) 卡套连接阀门：与管道采用卡套连接。

6) 对夹连接阀门：用螺栓直接将阀门及两头管道穿夹在一起的连接形式。

（8）按阀体材料分类

1) 金属材料阀门：其阀体等零件由金属材料制成，如铸铁阀、碳钢阀、合金阀、铜合金阀、铝合金阀、铅合金阀、钛合金阀、蒙乃尔合金阀等。

2) 非金属材料阀门：阀体等由非金属材料制成，如塑料阀、陶阀、搪阀、玻璃钢阀等。

3) 金属阀体衬里阀门：阀体外形为金属，内部凡与介质接触的主要表面均为衬里，如衬胶阀、衬塑料阀、衬陶阀等。

3. 主要阀门

（1）闸阀

闸阀也叫闸板阀，是一种广泛使用的阀门。它的闭合原理是闸板密封面与阀座密封面高度光洁、平整一致、相互贴合，可阻止介质流过，并依靠顶模、弹簧或闸板的模型来增强密封效果。它在管路中主要起切断作用。优点是流体阻力小，启闭省劲，可以在介质双向流动的情况下使用，没有方向性，全开时密封面不易冲蚀，结构长度短，不仅适合做小阀门，而且适合做大阀门。闸阀按阀杆螺纹分两类：明杆式、暗杆式。按构造也分两类：一是平行，二是模式。

（2）截止阀

截止阀也叫截门，是使用最广泛的一种阀门，其优点是开闭过程中密封面之间摩擦力小，比较耐用，开启高度不大，制造容易，维修方便，不仅适用于中低压，而且适用于高压。它的闭合原理是依靠阀杆压力，使阀瓣密封面与阀座密封面紧密贴合，阻止介质流通。截止阀只许介质单向流动，安装时有方向性。结构长度大于闸阀，同时流体阻力大，长期运行时，密封可靠性不强。截止阀分为 3 类：直通式、直角式及直流式斜截止阀。

（3）蝶阀

蝶阀也叫蝴蝶阀，顾名思义，它的关键性部件好似蝴蝶迎风，自由回旋。蝶阀的阀瓣是可以围绕阀座内中轴旋转的圆盘，旋角的大小就是阀门的开闭度。蝶阀轻巧，比其他阀门节省材料，结构简单，流体阻力小，操作省力，开闭迅速，同时具有切断和节流作用。蝶阀可以做成很大口径。因为蝶阀比闸阀经济，且调节性好，所以成为闸阀的最好代用阀门。目前，蝶阀广泛应用于热水管路中。

（4）球阀

球阀主体为球形，中间设有一个穿过球心的管状通道，通过旋转阀体来打开或关闭通道。球阀开关轻便，体积小，结构简单，可以做成大口径阀门，密封可靠，维修方便，密封面与球面常在闭合状态，不易被介质冲蚀，在各行业得到广泛的应用。球阀分成浮动球式、固定球式两种类型。

（5）旋塞阀

旋塞阀也叫旋塞、考克、转心门，是依靠旋塞体绕阀体中心线旋转，以达到开启与关闭的目的。它的作用是切断、分田和改变介质流向。结构简单，外形尺寸小，操作时只需旋转 90°，流体阻力不大。缺点是开关费力，密封面容易磨损，高温时容易卡住，不适宜于调节流量。旋塞阀种类很多，主要有直通式、三通式和四通式。

（6）止回阀

止回阀名称很多，如单向阀、单流门等。它是依靠流体本身的力量自动启闭的阀门，作用是阻止介质倒流。按结构可分两类：1）升降式：阀瓣沿着阀体垂直中心线移动，有卧式（装于水平管道，阀体外形与截止阀相似）、立式（装于垂直管道）两种；2）旋启式：阀瓣围绕座外的销轴旋转，有单瓣、双瓣和多瓣之分，但原理是相同的。水泵吸水管的吸水底阀是止回阀的变形，结构与上述两类止回阀相同，但下端是开敞的，以便水进入。

（7）减压阀

减压阀是将介质压力降低到一定数值的自动阀门，一般阀后压力要小于阀前压力的 50%。减压阀种类很多，主要有活塞式、弹簧薄膜式两种。活塞式减压阀是通过活塞的作用进行减压的阀门。弹簧薄膜式减压阀，是依靠弹簧和薄膜来进行压力平衡的。

（8）疏水阀

疏水阀也叫汽水阀、疏水器、回水盒、回水门等。它的作用是自动排泄不断产生凝结水，而不让蒸汽出来。疏水阀种类很多，有浮筒式、浮球式、钟形浮子式、脉冲式、热动力式、热膨胀式。常用的有以下3种：

1）浮筒式疏水阀，由阀门、轴杆、导管、浮筒和外壳等构件组成。当设备或管道中的凝结水在蒸汽压力推动下进入疏水阀，逐渐增多至接近灌满浮筒时，由于浮筒的重量超过了浮力而向下沉落，使节流阀开启。这样使得筒内的凝结水在蒸汽压力的作用下经导管和阀门排出。当浮筒内的凝结水接近排完时，由于浮筒的重量减轻而向上浮起，使节流阀关闭，浮筒内又开始积存凝结水。周期性地工作，既可自动排出凝结水，又能阻止蒸汽外溢。

2）钟形浮子式疏水阀，又称吊桶式疏水阀（主要由调节阀、吊桶、外壳和过滤装置等构件组成）。疏水阀内的吊桶被倒置，开始时处于下降位置，调节阀是开启的。当设备或管道中的冷空气和凝结水在蒸汽压力推动下进入疏水阀，随即由调节阀排出。一方面，当蒸汽与没有排出的少量空气逐渐充满吊桶内部容积，同时凝结水不断积存，吊桶因产生浮力而上升，使调节阀关闭，停止排出凝结水。另一方面，吊桶内部的蒸汽和空气有一小部分从桶顶部的小孔排出，而大部分散热后凝成液体，从而使吊桶浮力逐渐减小而下落，使调节阀开启，凝结水又排出。这样周期性地工作，既可自动排出凝结水，又能阻止蒸汽外溢。

3）热动力式疏水阀，当设备或管道中的凝结水流入阻气排水阀后，变压室内的蒸汽随之冷凝而降低压力，阀片下面受力大于上面，将阀片顶起。因为凝结水比蒸汽的黏度大、流速低，所以阀片与阀底间不易造成负压，同时凝结水不易通过阀片与外壳之间的间隙流入变压室，使阀片保持开启状态，凝结水流经环形槽排出。当设备或管道中的蒸汽流入疏水阀后，因为蒸汽比凝结水的黏度小、流速高，所以阀片与阀座间容易造成负压，同时部分蒸汽流入变压室，故使阀片上面的受力大于下面的受力，使阀片迅速关闭。这样周期性地工作，既可自动排出凝结水，又能阻止蒸汽外溢。

4. 给水管道的下列部位应设置阀门：

（1）居住小区给水管道从市政给水管道的引入管段上；

（2）居住小区室外环状管网的节点处，应按分隔要求设置；环状管段过长时，宜设置分段阀门；

（3）从居住小区给水干管上接出的支管起端或接户管起端；

（4）室内入户管、水表前和各分支立管；

（5）室内给水管道向住户、公用卫生间等接出的配水管起端；

（6）水池、水箱、加压泵房、加热器、减压阀、倒流防止器等处应按安装要求配置。

5. 给水管道上使用的阀门，应根据使用要求按下列原则选型：

（1）需调节流量、水压时，宜采用调节阀、截止阀；

（2）要求水流阻力小的部位（如水泵吸水管上）宜采用闸板阀、球阀、半球阀；

（3）安装空间小的场所，宜采用蝶阀、球阀；

（4）水流需双向流动的管段上，不得使用截止阀；

（5）口径大于等于 *DN*150 的水泵，出水管上可采用多功能水泵控制阀。

6. 减压阀的设置应符合下列要求：

（1）减压阀的公称直径宜与其相连接的管道管径相一致；

（2）减压阀前应设阀门和过滤器；需要拆卸阀体才能检修的减压阀，应设管道伸缩器或软接头，支管减压阀可设置管道活接头；检修时阀后水会倒流时，阀后应设阀门；

（3）干管减压阀节点处的前后应装设压力表，支管减压阀节点后应装设压力表；

（4）比例式减压阀、立式可调式减压阀宜垂直安装，其他可调式减压阀应水平安装；

（5）设置减压阀的部位，应便于管道过滤器的排污和减压阀的检修，地面宜有排水设施。

3.9.2　给水水泵安装

建筑给水泵包括：生活给水水泵、消防水泵等。

1. 水泵基础设置（图 3-73）

图 3-73　施工案例

生活水泵房、消防水泵房基础边宜宽出设备底座 100～150mm，水泵基础高度宜设置为 200mm，并沿水泵周边设置宽度不小于 200mm 宽的排水沟。

2. 泵房落地支架护墩（图 3–74）

图 3–74　泵房落地支架护墩图示及实物

施工要求：1）与地面连接板需用膨胀螺栓固定；2）水泥墩顶层表面需有 5% 的泄水坡度并刷漆；3）图 3–74 为一条管道的做法，多条管道时参照此做法。

3. 水泵安装

（1）卧式水泵安装（图 3–75）

图 3–75　卧式水泵安装

卧式泵适应场合范围广，重心低，稳定性好，但是占地面积大，建筑投入大，体积大，重量重。

（2）立式水泵安装（图 3-76）

图 3-76　立式水泵安装

立式泵占地面积小，建筑投入小，安装方便，但是重心低，不适合无固定场所等。

施工要点：

1）立式水泵底座下应设槽钢基础，扩大立式水泵基础接触面积，增加水泵平稳牢固性；槽钢基础与水泵底座螺栓刚性连接。

2）立式水泵不得采用弹簧减振器；大型立式水泵最好采用稳定性好的橡胶减振垫；多台立式泵可采取组合机组安装，增加水泵的整体稳定性。

（3）管道弯头辅助支座安装及案例（图 3-77、图 3-78）

安装要求：柱管法兰盘距离地面完成面小于等于 1.0m，管道直径为 *DN*100～*DN*150 时，柱管为 *DN*50；管道直径为 *DN*200～*DN*250 时，柱管为 *DN*65；当设计另有减振要求时，需另考虑设置减振等。

（4）水泵安装实例（图 3-79～图 3-81）

施工要点：①水泵的进出口应设软接头；②水泵都需接地；③设备配管合理，附件成排成线，固定支架位置正确。

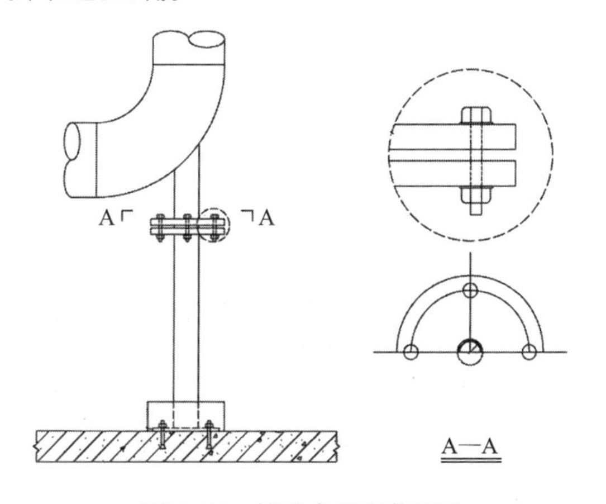

图 3-77　辅助支座安装图示

图 3-78 辅助支座安装案例

图 3-79 立式水泵　　图 3-80 卧式水泵　　图 3-81 水泵接地施工案例

3.9.3 生活水箱防虫罩

防虫罩的主要作用是防止蛇虫鼠等及其他杂物进入，主要设置在水箱的透气管、溢流管等位置，如图 3-82 所示。

图 3-82 施工案例

3.9.4　消除水锤

水锤又称水击。水（或其他液体）输送过程中，由于阀门突然开启或关闭、水泵突然停止、骤然启闭导叶等原因，使流速发生突然变化，同时压强产生大幅度波动的现象。

1. 水锤现象

在有压力管路中，由于某种外界原因（如阀门突然关闭、水泵机组突然停车）使水的流速突然发生变化，从而引起水击，这种水力现象称为水击或水锤。

水锤是在突然停电或者在阀门关闭太快时，由于压力水流的惯性，产生水流冲击波，就像锤子敲打一样，所以叫水锤。水流冲击波来回产生的力，有时会很大，从而破坏阀门和水泵。

电动水泵全电压起动时，在不到 1s 的时间内，即可从静止状态加速到额定转速，管道内的流量则从零增加到额定流量。由于流体具有动量和一定程度的可压缩性，所以，流量的急剧变化将在管道内引起压强过高或过低的冲击，以及出现“空化”现象。压力的冲击将使管壁受力而产生噪声，犹如锤子敲击管子一般，称为“水锤效应”。

水锤效应只和水本身的惯性有关系，和水泵没有关系。

2. 危害

水锤效应有极大的破坏性：压强过高，将引起管子的破裂，反之，压强过低又会导致管子的瘪塌，还会损坏阀门和固定件。当切断电源而停机时，泵水系统的势能将克服电动机的惯性而命令系统急剧地停止，这也同样会引起压力的冲击和水锤效应。

3. 水锤的预防措施

（1）开关阀门过快引起的水锤：延长开阀和关阀时间；离心泵和混凝泵应在阀门半闭 15%～30% 时而不是全关时停泵。

（2）泵引起的水锤

1） 排除管道内的空气，使管道内充满水后再开启水泵，凡是长距离输水管道的高起部位都应设自动排气阀。

2）停泵水锤主要因出水管止回阀关闭过快引起，因此取消止回阀可以消除停水泵水锤的危害，并且可以减少水头损失，节约电耗；经过一些大城市的实验，认为一级泵房可以取消，二级泵房不宜取消；取消止回阀时应进行停水锤压力计算，为减少和消除水锤，常在大口径管道上安装微阻缓冲式止回阀。采用缓冲式止回阀、微闭蝶阀安装在大口径的水泵出水管上，可有效地消除停泵水锤，但因阀门动作时有一定的水量倒流，吸水井须有溢流管。紧靠止回阀并在其下游安装水锤消除器。

4. 水锤消除

为了消除水锤效应的严重后果，在管路中需要受到一系列缓冲措施和设备。

水锤消除器的内部有一密闭的容气腔，下端为一活塞，当冲击波传入水锤消除器时，水击波作用于活塞上，活塞将往容气腔方向运动。活塞运动的行程与容气腔内的气体压力、水击波大小有关，活塞在一定压力的气体和不规则水击双重作用下，做上下运动，形成一个动态的平衡，这样就有效地消除了不规则的水击波振荡。

水锤消除器能在无需阻止流体流动的情况下，有效地消除各类流体在传输系统可能产生的水外锤和浪涌发生的不规则水击波震荡，从而消除具有破坏性的冲击波，起到保护之目的。

3.9.5 排气阀

排气阀应用于独立生活给水系统、供暖系统、集中供热系统、供暖锅炉、中央空调、地板供暖及太阳能供暖系统等管道排气，如图 3-83 所示。

1. 给水管道的排气装置设置应符合下列规定：

（1）间歇性使用的给水管网，其管网末端和最高点应设置自动排气阀；

（2）给水管网有明显起伏积聚空气的管段，宜在该段的峰点设自动排气阀或手动阀门排气；

（3）给水加压装置直接供水时，其配水管网的最高点应设自动排气阀；

（4）减压阀后管网最高点应设自动排气阀。

2. 功能

因为水中通常都溶有一定的空气，且空气的溶解度随着温度的升高而减少，因此，在水循环过程中空气逐渐从水中分离出来，并逐渐聚集形成大的气泡甚至气柱，影响水流。因为有水的补充，所以经常有气体产生。排气阀分为暖气式、微量式、快速式、复合式等。

图 3-83 施工案例及实物（一）

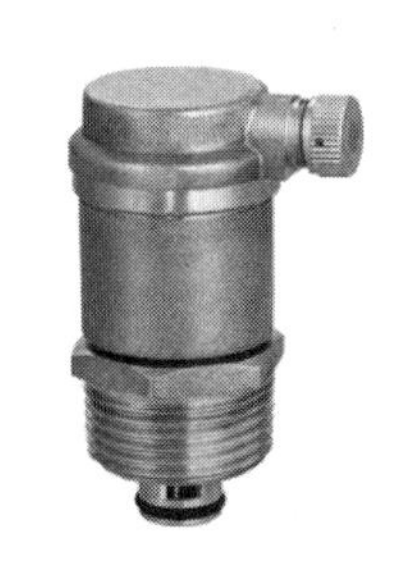

图 3-83　施工案例及实物（二）

当系统中有气体溢出时，气体会顺着管道向上爬，最终聚集在系统的最高点，而排气阀一般都安装在系统最高点，当气体进入排气阀阀腔聚集在排气阀的上部，随着阀内气体的增多，压力上升，当气体压力大于系统压力时，气体会使腔内水面下降，浮筒随水位一起下降，打开排气口；气体排尽后，水位上升，浮筒也随之上升，关闭排气口。同样的道理，当系统中产生负压，阀腔中水面下降，排气口打开，由于此时外界大气压力比系统压力大，所以大气会通过排气口进入系统，防止负压的危害。如拧紧排气阀阀体上的阀帽，排气阀停止排气，通常情况下，阀帽应该处于开启状态。排气阀也可以与隔断阀配套使用，便于检修。

当管内开始注水时，塞头停留在开启位置，进行大量排气。当空气排完时，阀内积水，浮球被浮起，传动塞头至关闭位置，停止大量排气。当管内水正常输送时，如有少量空气聚集在阀内到相当程度，阀内水位下降，浮球随之下降，此时空气由小孔排出，当抽水机停止，管内水流空时或遇管内产生负压时，塞头迅速开启，吸入空气，确保管线安全。

3. 性能要求

（1）排气阀应有较大的排气量，当管道空管充水时可在极短的时间内实现快速排气恢复至正常供水能力。

（2）排气阀在管内有负压产生时，活塞应该可以迅速开启，快速大量吸入外界空气，以保证管线不会因负压而产生损害。且在工作压力下能够将管道中集结的微量空气排出。

（3）排气阀应有比较高的空气关闭压力，在活塞关闭前的较短时间内，应有足够能力将管道内的空气排放完毕，提高输水效率。

（4）排气阀的水关闭压力应不大于 0.02MPa，在较低的水压下就可以关闭排气阀，从而避免水的大量涌出。

（5）排气阀应采用不锈钢浮球（浮桶）作启闭件。

（6）排气阀阀体上应设有防冲击保护内筒，以防大量排气后高速水流直接冲击浮球（浮桶）而造成浮球（浮桶）的过早损伤。

（7）对于 *DN* ≥ 100 的排气阀采用分体结构，由大量排气阀和自动排气阀组成，以适应管道压力的使用要求。自动排气阀应采用复杠杆机构，使浮球浮力得以大幅度放大，且关闭水位低，水中杂质不易接触密封面，排气口不会被堵塞，其抗堵塞性能可大大提高。同时在高压情况下，由于复杠杆的加力作用，使浮球能和水位同步下降，启闭件不会像传统阀门被高压吸住，从而正常排气。

（8）对于高流速、频繁启动水泵、口径 *DN* ≥ 100 的工况，为减缓水流冲击，排气阀应加装缓冲塞阀。缓冲塞阀应可以防止大量喷水但不影响大量排气，使输水效率不会受到影响，并有效防止水锤发生。

4. 主要技术参数

排气阀的公称压力为 *PN*10，密封试验压力为 1.1MPa，强度试验压力为 1.5MPa，排气阀的水关闭压力应小于等于 0.02MPa，排气阀的空气关闭压力应大于等于 0.07MPa。压力试验应符合标准《工业阀门 压力试验》GB/T 13927—2022 的规定，连接法兰应符合标准《整体铸铁法兰》GB/T 17241.6—2008 的规定，最高工作压力可达 1.0MPa，最高工作温度（水）约 110℃。

5. 分类

（1）暖气式

地暖（地热）是一套系统，从地暖盘管到分水器的固定安装以及自动排气阀门管件的连接有着严格的工艺要求，在冬季供暖时，开启地暖用户首先需要排气，那么排气就需要用到排气阀。暖气排气阀是一种安装于系统最高点，用来释放供热系统和供水管道中产生的气穴的阀门。

（2）微量式

在一般情况下，水中约含 2VOL% 的溶解空气，在输水过程中，这些空气由水中不断地释放出来，聚集在管线的高点处，形成空气袋使输水变得困难，系统的输水能力可因此下降约 5%～15%。此微量排气阀主要功能就是排除这 2VOL% 的溶解空气，并适合装置于高层建筑、厂区内配管、小型泵站用以保护或改善系统的输水效率及节约能源。

单杆式微量排气阀，为一类似椭圆形阀体，内部所有零件包括浮球、杠杆、杠架、阀座等均为 304 不锈钢，内部使用标准排气孔径 1.6mm，适合用于最高达 *PN*25 工作压力环境。

主要规格：

公称通径：*DN*15～*DN*25

公称压力：*PN*10、*PN*16、*PN*25

（3）快速式

排气阀（大口径排气阀）应用于独立供暖系统、集中供热系统、供暖锅炉、中央空调、地板供暖及太阳能供暖系统等管道排气。因为水中通常溶有一定的空气，而且空气的溶解度随着温度的升高而减小，这样水在循环的过程中气体逐渐从水中分离出来，并逐渐聚在一起形成大的气泡甚至气柱，因为有水的补充，所以经常有气体产生，会及时排出。

（4）复合式

本阀为圆桶状阀体，其内部主要含有一组不锈钢球、杆及塞。本阀装设于泵浦出水口处或送配水管线中，用以大量排除管中集结之空气，或于管线较高处集结之微量空气排放至大气中，以提高管线及抽水机使用效率，且于管内一旦有负压产生时，此阀迅速吸入外界空气，以保护管线因负压所产生之毁损。

3.9.6　真空破坏器

真空破坏器：一种能自动消除给水管道内真空、有效防止虹吸倒流的装置，分为大气型、压力型和软管型，其中大气型又分为管顶式和直通式，如图 3-84 所示。

给水管道内回流污染对水质影响甚大，严重时甚至危及生命。

图 3-84　真空破坏器

1. 工作原理

真空破坏器也称真空破坏阀、破真空阀、防负压阀。它用于自动消除给水管道内真空，有效防止虹吸回流，消除回流污染。现在供水规范规定必须设置真空破坏器。常用真空破坏器有大气型，压力型和软管型，其中大气型又分为管顶式和直通式。大气型真空破坏器可在给水管内压力小于大气压时导入大气消除真空，达到平衡后自动关闭，有利于系统保护。

2. 技术参数

最大工作压力：1.6MPa，最高工作温度：110℃，最小密封压力：0.02MPa，规格：

G1/2 英寸外螺纹（G1/2 英寸的螺纹是二分之一寸圆柱管螺纹，即 12.7mm。），阀体：青铜，O型圈：丁晴O型圈。

3. 不同类型适用

（1）大气型真空破坏器，适用于其下游管道上不设置可关断阀门且出口无回压可能的场所。宜选用单进气型真空破坏器。

（2）压力型真空破坏器，适用于下游设置了可关断阀门的管道。宜选用出口止回型真空破坏器，或采用单进气型真空破坏器与下游管道止回阀配合形式。立管顶部宜选用单进气型真空破坏器和排气阀组合型。

（3）软管型真空破坏器，适用于下游专门连接软管且可能产生虹吸回流和低背压回流的场所，应选用进口止回型真空破坏器。

4. 安装条件

真空破坏器仅适用于防止虹吸回流场所，主要有以下情况：

（1）从小区或建筑物内的生活饮用水管道上直接接出下列管道时，应在这些用水管道上设置真空破坏器。

（2）当游泳池、水上游乐池、按摩池、水景池、循环冷却水集水池等的充水或补水管道出口与溢流水位之间的空气间隙小于出口管径 2.5 倍时，需在充（补）水管道上安装。

（3）不含有化学药剂的绿地喷灌系统，当喷头为地下式或自动升降式时，在其引水管起端安装破真空阀。

（4）消防（软管）卷盘。

（5）出口接软管的冲洗水嘴与给水管道的连接处。

（6）在供水立管顶端应设置真空破坏器和排气阀。

5. 安装说明

（1）真空破坏器的进气口应向下。

（2）真空破坏器应安装在管道的顶端，大气型真空破坏器应高出出水口最高溢流水位 150mm 以上；压力型真空破坏器应高出出水口最高溢流水位 300mm 以上。

（3）软管型真空破坏器安装高度应设置在距地面 1000mm 以上；用于固定器具的（澡盆或洗衣机），应高出其最高溢流水位 150mm 以上。

（4）有冻结可能时，其进水管的最低位置宜设置放空泄水阀。

（5）设有排气阀时，真空破坏器应设置在排气阀的下侧。

（6）在真空破坏器的设置场所应有可靠地面排水措施。

6. 应用效果

用作蒸汽换热设备保护，停汽后，由于设备内蒸汽冷凝，在设备内形成真空，易对设备及系统中某些元件造成损坏，该阀在设备内真空达到某一数值时，自动打开，导入空气，消除设备内真空，从而对设备和系统起到保护作用，在设备正常工作时，它关闭严密，不允许有流体泄漏，也可将真空控制在一定范围，当真空压力上升至某一数值时会自动打开导入空气，真空下降至某一数值时会自动关闭导气口使真空控制在一定的范围。

3.9.7 倒流防止器

倒流防止器是针对我国目前的供水管网（尤其是生活饮用水管道）回流污染严重，又无有效防止回流污染装置的问题而研制的一种新型水力控制装置，是一种严格限定管道中的压力水只能单向流动新型水力控制组合装置，如图 3-85 所示（《双止回阀倒流防止器》CJ/T 160—2010）。

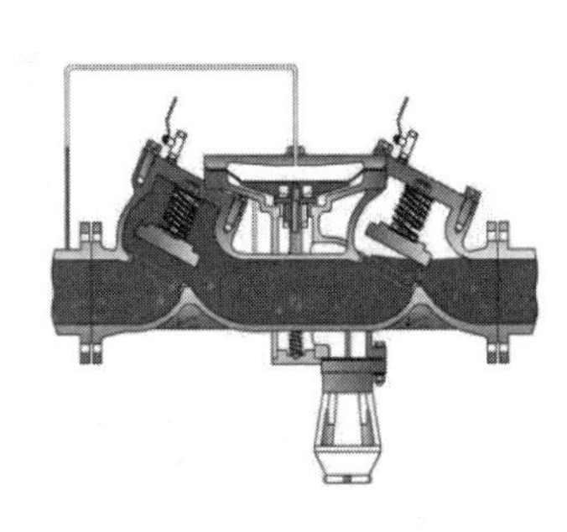

图 3-85　倒流防止器

1. 工作原理

倒流防止器由两个隔开的止回阀和一个液压传动的泄水阀组成。由于止回阀的局部水头损失，中间腔内的压力始终低于入水口的压力。这个压差驱使泄水阀处于关闭状态，管路正常供水。在压力异常时（即出口端压力高于中间腔），即使两个止回阀都不能反向密封，安全泄水阀也能自动开启将倒流水泄空，并形成空气隔断，保证上游供水卫生安全。

一般地，这种阀门适用于清水或物理、化学性质类似清水且不允许介质倒流的管道系统中。例如：

（1）生活饮用水管道与接出的用于非生活饮用水（消防、生产、灌溉、环保、洒水等）管道的交叉处。

（2）市政自来水接入用户靠近用户水表的出水处。

（3）水淹没供水管出流口时的管道上。

（4）串联了加压泵或多类增压设备的生活饮用水管道上的吸水管道上。

（5）各类建筑的生活饮用水管网和生产中认为不允许介质倒流的管道中。

2. 安装与调试

（1）正式安装之前，应彻底冲洗所有管道。

（2）倒流防止器应安装在水平位置，应方便调试和维修，并能及时发现水的泄放或故障的产生，安装后倒流防止器的阀体不应承受管道的重量，并注意避免冻坏和人为破坏。

（3）倒流防止器两端宜安装维修闸阀，进口前宜安装过滤器，而且至少应有一端装有可挠性接头。然而，对于只在紧急情况下才使用的管路上（例如消防系统管道），应考虑过滤器的网眼被杂质堵塞而引起紧急情况下供水中断的可能性。

（4）泄水阀的排水口不应直接与排水管道固定连接，而应通过漏水斗排放到地面上的排水沟，漏水斗下端面与地面距离不应小于 300mm。

3.9.8 过滤器

过滤器：是输送介质管道上不可缺少的一种装置，通常安装在减压阀、泄压阀、倒流防止器、自动水位控制阀、温度调节阀等阀件的进口端设备，如图 3-86 所示。过滤器内有一段滤筒，其杂质随水经过过滤器，杂质会被阻挡在滤筒内，当需要清洗时，只要将可拆卸的滤筒取出，处理后重新装入即可，因此，使用维护极为方便。

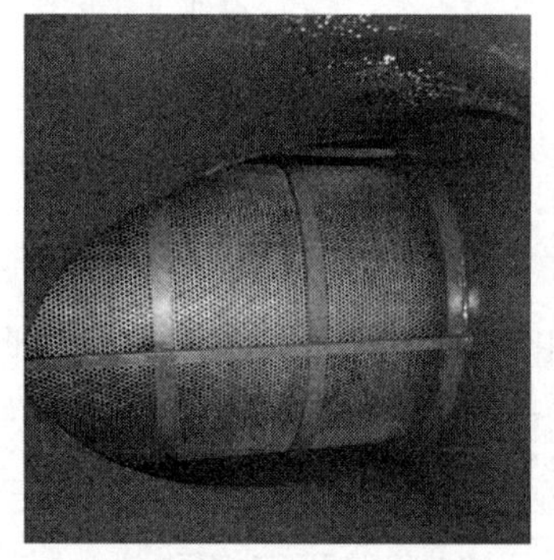

图 3-86 过滤器实物

给水管道的下列部位应设置管道过滤器：

（1）减压阀、持压泄压阀、倒流防止器、自动水位控制阀、温度调节阀等阀件前应设置过滤器；

（2）水加热器的进水管上，换热装置的循环冷却水进水管上宜设置过滤器；

（3）过滤器的滤网应采用耐腐蚀材料，滤网网孔尺寸应按使用要求确定。

3.9.9 回流污染（倒流污染）

回流：给水管道内负压引起卫生器具、受水容器中的水或液体混合物倒流入生活给水系统的现象。

1. 释义

造成生活饮用水管内水回流的原因可分为虹吸回流、背压回流两种。因为回流现象的产生而造成生活饮用水系统的水质劣化，称之为回流污染，也称倒流污染。

虹吸回流指的是给水管道内负压引起卫生器具、受水容器中的水或液体混合物倒流入生活给水系统的现象，是由于供水系统供水端压力降低或产生负压（真空或部分真空）而引起的回流。如由于附近管网救火、爆管、修理造成的供水中断。背压回流是由于供水系统的下游压力变化，用水端的水压高于供水端的水压，出现大于上游压力而引起的回流，可能出现在热水或压力供水等系统中，如锅炉的供水压力低于锅炉的运行压力时，锅炉内的水会回流入供水管道。

2. 防止措施

防止回流污染产生的技术措施一般可采用空气隔断、倒流防止器、真空破坏器等措施和装置。

《建筑给水排水设计标准》GB 50015—2019 规定：生活饮用水水池（箱）进水管口的最低点高出溢流边缘的空气间隙应等于进水管管径，但最小不应小于 25mm，最大可不大于 150mm。当进水管从最高水位以上进入水池（箱），管口为淹没出流时应采取真空破坏器等防虹吸回流措施（注：不存在虹吸回流的低位生活饮用水贮水池，其进水管不受本条限制，但进水管仍宜从最高水面以上进入水池）。

生活饮用水水池（箱）补水时的防止回流污染要求是：空气间隙仍以高出溢流边缘的高度来控制。对于管径小于 25mm 的进水管，空气间隙不能小于 25mm；对于管径在 25～150mm 的进水管，空气间隙等于管径；管径大于 150mm 的进水管，空气间隙可取 150mm，这是经过测算的，当进水管径为 350mm 时，喇叭口上的溢流水深约为 149mm。而建筑给水水池（箱）进水管管径大于 200mm 者已少见。生活饮用水水池（箱）进水管采用淹没出流的目的是降低进水的噪声，但如果进水管没有采取相应防止虹吸回流产生的技术措施，就要在进水管顶安装真空破坏器。

3.9.10　管路补偿接头（管道伸缩节）

管路补偿接头又称管道伸缩节、钢制伸缩器、管道伸缩器、管道伸缩接头，设置在钢管上，如图 3-87、图 3-88 所示。管道伸缩节是泵、阀门、管道等设备与管道连接的新产品。通过全螺栓把它们连接成一个整体，并有一定的位移量，这样在安装和维修时就可以凭现场安装尺寸进行测试。工作时，可以把轴向推力传送到整个管道系统。这样不仅能提高工作效率，而且对泵、阀门等管道设备连接起到保护作用。（有些管道通过采用凹或凸的形状安装，对管道进行热胀冷缩补偿，也可以起到防止损坏管道作用。）

图 3-87　管路补偿接头

图 3-88　施工案例

管路补偿接头（管道伸缩节）在安装的时候首先需要注意以下几点：

（1）管道缩节在安装前应先检查其型号、规格及管道配置情况，需符合设计要求。

（2）对带内套筒的伸缩器应注意使内套筒子的方向与介质流动方向一致，铰链型伸缩器的铰链转动平面应与位移转动平面一致。

（3）需要进行"冷紧"的伸缩器，预变形所用的辅助构件应在管路安装完毕后方可拆除。

（4）严禁用伸缩器变形的方法来调整管道的安装超差，以免影响伸缩器的正常功能、降低使用寿命及增加管系、设备、支承构件的载荷。

（5）管道伸缩节在安装的过程中，不允许焊渣飞溅到波壳表面，不允许波壳受到其他机械损伤。

（6）管道伸缩节安装完毕后，应该尽快拆除伸缩器上用作安装运输的黄色辅助定位构件及紧固件，并按设计要求将限位装置调到规定位置，使管系在环境条件下有充分的补偿能力。

（7）管道伸缩节所有活动元件不得被外部构件卡死或限制其活动范围，应保证各活动部位的正常动作。

（8）水压试验时，应对装有伸缩器管路端部的固定管架进行加固，使管路不发生移动或转动。对用于气体介质的伸缩器及其连接管路，要注意充水时是否需要增设临时支架。

3.9.11　燃气热水器给水管道安装

塑料给水排水管应避免布置在热源附近；当不能避免，并导致管道表面受热温度大于 60℃时，应采取隔热措施。塑料给水排水立管与家用灶具边净距不得小于 0.4 m，建议采用不锈钢伸缩管连接燃气热水器与给水管，确保安全，如图 3-89 所示。

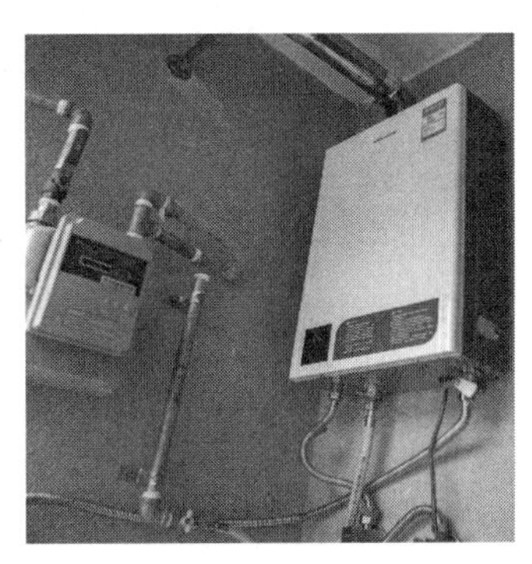

图 3-89　施工案例

3.9.12　给水水表安装

水表，是测量水流量的仪表，大多是水的累计流量测量，用于测量流经管道的单向水流总量，一般分为容积式水表和速度式水表两类，如图 3-90 所示。传统水表的内部结构从外向里可分为壳体、套筒、内芯三大件。选择水表规格时，应先估算通常情况下所使用流量的大小和流量范围，然后选择常用流量最接近该值的那种规格的水表作为首选。

按用途可分为热水表和常温水表（通常统称为水表）；按测量机构可分为旋翼式水表和水平螺翼式水表；按表头状态可分为湿式水表、液封式水表和干式水表。

图 3-90　水表安装案例

1. 水表种类

（1）LXS 型旋翼湿式水表：为直接式水表，外壳采用优质生铁铸造（亦可根据客户需要用黄铜铸造），内外均喷食品用具塑料涂层，可保证水的清洁卫生。内部机芯选用耐磨、耐腐、防垢的工程塑料制造。水表结构有半液封、全液封和不液封（E 型）三种。计数器的字轮可根据客户的需要制成液封式（F）或不液封式（E）两种。LXSG 型为干式结构，不受水质影响，可保持表度盘的永久清晰。此类水表的计量精度为 B 级，灵敏度高于标准规定，可防止水的流失。

（2）LXL 型水平螺翼式水表：用于计量大流量管道的水流总量，特别适合于供水主管道和大型厂矿用水量的需要。主要特点是流通能力大、体积小、结构紧凑、便于使用和维修。

（3）LXSY 型旋翼式单流液封水表：用途与 LXS 型相同。在构造上不同之处是其将指示机构用特殊液体封闭使水不能进入指示机构，水流压力是从旋翼的单侧作用于旋翼的。

（4）LXSG 型旋翼多流（磁传）干式水表：用途与 LXS 型相同，但构造结构上有独特之处，其叶轮测量机构与密封的指示机构的传动是通过磁性联轴节来实现的，用此指示机构与水隔离，避免了湿式水表指示机构被水锈蚀、玷污，从而保持指示机构长期清晰。

（5）热水表：结构与常温水表相同，如 LX-SR 热水表的结构与 LXS 型水表相同。但为了适合计量热水量的特殊需要，所有零件均由耐热材料制成。

（6）将非电量的电测量技术应用于水表，形成了远传水表，结构上通常是在减速机构后加入传感器，将其用电缆与数显仪表连接。

2. 水表型号与规格

型号用字母表示，规格用数字表示，代表公称口径。如：LXL-80 表示水平螺翼式公称口径为 80 水表。

3. 水表的主要技术参数

（1）水温：该参数规定了水表使用的最高温度，使用者应选用合适的型号规格来满足自己的需求，否则将导致水表对水流总量计量不准。

（2）工作压力：规定了水表的计量水体的最大压力。水压超过此限度，可能会使水表损坏或渗漏。

（3）流量系数：其包括公称口径、最大流量、公称流量、分界流量、最小流量、始动流量。使用者可根据需要选择公称口径和公称流量。始动流量反映了水表的灵敏度。

（4）示值误差。

（5）水表外形尺寸及重量：水表的外形尺寸包括安装时需了解的各种参数如长、

宽、高、连接螺纹等。另外尺寸和重量与包装运输有关。

4. 水表检验方法

水表的检验是按各生产企业的技术条件和 GB/T 778.1/2/3/4/5—2018 进行的。检验项目：外观检查（包括外形尺寸等）、水压试验、示值误差、流量测定和加速磨损试验。被试水表的数量最少为 3 只，有必要增加被试水表的数量时，最多可为 10 只。

5. 水表标志

表壳上凸铸出指示水流方向的箭头和水表公称口径。度盘上标出商标。在罩子的下面标出计量等级和制造编号。

6. 水表包装、储运

每个水表应有单独小包装，且能防止运输和搬运中的冲撞，水表应水平放置。水表是一种仪器，外包装上应有明显的“向上”“轻放”标记。水表应存放在环境温度为 5～40℃、空气中不含有腐蚀性介质的干燥场所。

7. 水表正确安装方法

（1）挑选准确的水表规格；

（2）水平安装，表面朝上，表壳上箭头方位与流水方位同样。新管道尽量把管道内的脏物清洗整洁再安装水表，以防导致水表故障；

（3）在水表的上下游应安装阀门，应用时要保证所有开启；

（4）水表上下游要安装必需的直管段或其他等效整流器，规定上下游直管段的长短不小于 300mm，下游直管段的长短不小于 5*D*，针对由弯头或离心水泵所造成的涡旋状况，务必在直管段前改装整流器；

（5）水表应安装在便于检修、查看和不受暴晒、污染、冻结的地方；安装螺翼式水表时，表前阀门应有 8～10 倍水表直径的直线管段，其他水表的前后应有不小于 300mm 的直线管段；室内分户水表外壳距墙表净空不得小于 30mm，表前后直线管段长度大于 300mm 时，其超出管段应械弯沿墙敷设；

（6）水表下游管道排水口高过水表 0.5m 之上，防止水表因管道内流水不够引起计量有误。

8. 水表安装方法注意事项

（1）在新铺装的管道上安装水表前，须将管道内的脏物清洗整洁，防止出现水表减缓或停走的现象；

（2）水表安装应让其表壳上的方位与管道里面的水的流入保持一致，水表设备的部位，应尽量有利于抄读和拆换，避免暴晒和严寒侵蚀的场地；

（3）水表表盘应往上，不可歪斜，假如歪斜会使水表翼轴间的摩阻增加，导致水表齿轮啮合歪斜使水表敏感度减少，水表会随歪斜视角的增加而越走越慢；

（4）户外水表安装方法要留意安装维护盒，这是由于野外作业自然环境与室内相差太多，水表长期性遭受日晒雨淋，传动齿轮长久处在高温情况，非常容易形变衰老，极大地危害水表的计量检定精准度。

水表井安装要求：装表前应排净管内杂物，以防堵塞，水表应水平安装，箭头方向与水流方向一致，横平竖直，标识统一等要求，尽量安装美观，方便抄表等，如图3-91、图3-92所示。

图3-91　室外水表安装案例

图3-92　室内水表安装案例

3.10　室内排水功能配件施工

3.10.1　存水弯

存水弯连接各类卫生器具（除坐式大便器外）与排水横支管或立管起水封作用的管件。防止下水道气体通过排水系统进入房间污染室内环境。

无存水弯的卫生器具和无水封的地漏与生活排水管道连接时，在排水口以下应设存水弯；存水弯和有水封地漏的水封高度不应小于 50mm。

1. 概况

存水弯是在卫生器具内部或器具排水管段上设置的一种内有水封的配件，是连接各类卫生器具（除坐式大便器外）与排水横支管或立管起水封作用的管件。其作用是利用一定高度的静水压来抵抗排水管内气压变化，隔绝和防止排水管所产生的腐臭、有害、可燃气体和小虫等通过卫生器具、地漏等进入室内而污染环境。存水弯中会保持一定的水，可以将下水道下面的空气隔绝，防止臭气进入室内。水封高度不小于 50mm，且要便于清通。

存水弯水封高度与管内气压变化、水蒸发率、水量损失、水中杂质的含量及密度有关，若水封高度越深，其防止有害物质穿透能力越强，但器具的排水流速会降低，自净能力减弱，污水中固体杂质容易沉积在存水弯的底部，堵塞管道，影响排水效果，同时存水弯水封增高，存水弯尺寸相应增大而影响卫生器具的安装；水封高度太小，管内压力波动，气体容易破坏水封的静水压力而进入室内，污染室内环境，且存水弯内水容易蒸发而干涸，同时排水噪声变大。根据排水系统室外地下化粪池等构筑物应满足满水后能承压 500Pa（50mm H_2O 水柱）的要求，以及一般情况 500Pa 压力下气体能及时排入大气中，同时考虑水封蒸发损失、自虹吸损失及管道内气压变化等因素，存水弯水封高度一般 50～100mm 比较合理。

常见形式分有管式存水弯、筒式存水弯、瓶式存水弯和碗式存水弯。材质多为铸铁与塑料。存水弯分 S 型存水弯和 P 型存水弯，很形象地说明存水弯的形状。水弯头里面总是积有一定的水，封闭下水道，阻挡下水管道里的臭味。存水弯头有各种形状，有 U 形、V 形、N 形，各种形状都应有利于排水，如图 3-93 所示。

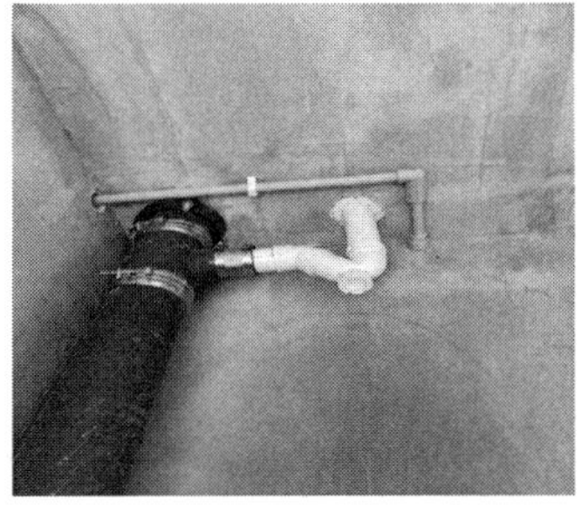

图 3-93　施工实例（一）

 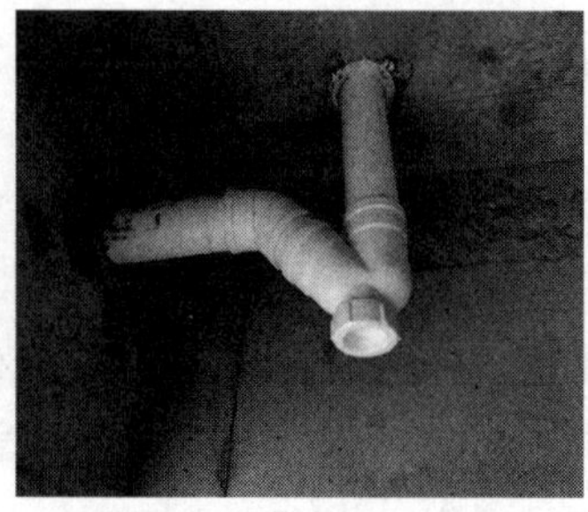 

图 3-93　施工实例（二）

2. 主要类型

（1）管式存水弯：利用排水管的几何形状形成存水弯，相对而言尺寸较大；

（2）P 型存水弯：体形小，污物不易停留，适用于排水横管距卫生器具出水口较近位置的连接；

（3）S 型存水弯：体形小，污物不易停留，但冲洗排水易引起自虹吸而破坏水封，适用于排水横管距卫生器具出水口较远位置的连接；

（4）U 型存水弯：其特点与 S 型存水弯基本相同；

（5）瓶式存水弯：本身也由管道组成，但排水管不连续，易于清通，外形较美观，一般用于洗涤盆等重要卫生器具排出管上；

（6）筒式存水弯：与管式存水弯相比，水封部分存水量多，水封不易被破坏，但沉积物不易清除；

（7）钟罩式存水弯：常用于地漏，其特点是可去掉钟罩代替清扫口，但钟罩内外侧污物易形成膜状物堵塞，需定期清扫，故一般的钟罩式存水弯已淘汰；

（8）间壁式存水弯：其体形较小，外形美观，易于安装。随着技术的进步，还有许多新型存水弯，如空气补入式、防自虹吸式等。

3. 水封破坏

（1）定义

水封破坏是指存水弯内水柱高度减少（水量损失），不足以抵抗排水管内压力波动，使管道内有害气体进入室内的现象。

（2）破坏原因

水封破坏的具体原因可归纳为两种，即静态原因、动态原因。

1）静态原因

蒸发作用：卫生器具长时间没使用，致使存水弯内水量蒸发，水量减少到水封破坏。

毛细管作用：卫生器具或受水器在使用过程中，在存水弯出口端积存有较长纤维和毛发，产生毛细作用，使水量损失，水柱高度降低，水封遭到破坏。

2) 动态原因

自虹吸：卫生器具排水时，存水弯内充满水形成虹吸，当排水结束后存水弯内的水封高度发生变化，特别是卫生器具底盘坡度较大呈漏斗状连接 S 型存水弯或较长排水横管连接 P 型存水弯时易发生自虹吸现象。

负压抽吸：当排水管道系统卫生器具大量排水时，系统内压力变化较大，当管中水流流过横支管段时形成抽吸现象，使水封破坏，该现象往往发生在立管中上部分。

正压喷溅：排水管道系统中卫生器具大量排水，立管水流高速下落，落体下端的空气受压，当立管水流进入排水横干管时，由于落体动能与势能转化，主管下部正压明显增大，使存水弯内水从卫生器具喷溅出，水封被破坏。

惯性晃动：排水管道内气压波动即使在正常范围内，存水弯的水由于惯性也会上下波动，使水量损失，损失量与存水弯形状有关。

（3）防止措施

1) 静态原因水量损失属于正常现象，日常使用过程中，注意防止水蒸发可适当增加水封高度，不常用的地漏可在地漏箅子上加盖板，使用时才打开，可减少水的蒸发速度，卫生器具下水口处设过滤网截污并经常清理可减少毛细管作用。

2) 动态原因水量损失防止，应从设计阶段充分考虑，设置必要的通气管，保证立管、横管空气畅通，使管道系统在污水排放时的压力变化尽量稳定，并接通大气压力，可保护卫生器具存水弯内存水，不致因压力波动而被抽吸或喷溅。选择适当管径，减少立管水流下落速度，又如改进存水弯，在排水横管处加止回阀，或加装清扫口组合式止回阀，可克服立管压力波动对横管的影响。

3.10.2 阻火圈

阻火圈是由金属材料制作外壳，内填充阻燃膨胀芯材，套在硬聚氯乙烯管道外壁，固定在楼板或墙体部位，火灾发生时芯材受热迅速膨胀，挤压 PVC-U 管道，在较短时间内封堵管道穿洞口，阻止火势沿洞口蔓延。阻火圈的安装应符合产品要求，安装时应紧贴楼板底面或墙体，并应采用膨胀螺栓固定，如图 3-94 所示。

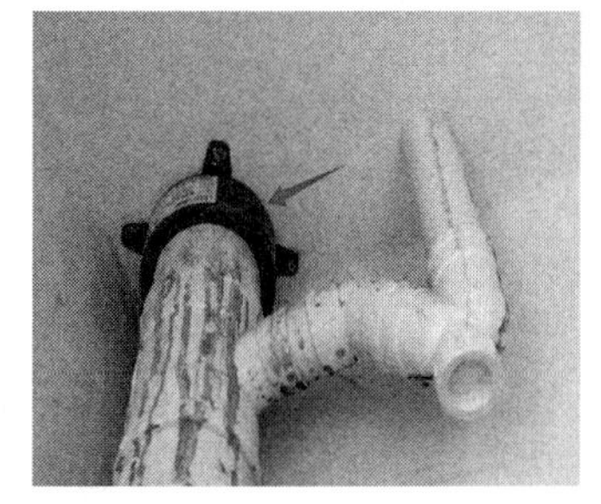

图 3-94 施工案例及实物

敷设在高层建筑室内的塑料排水管道当管径大于等于110mm时，应在下列位置设置阻火圈：1）明敷立管穿越楼层的贯穿部位；2）横管穿越防火分区的隔墙和防火墙的两侧；3）横管穿越管道井壁或管窿围护墙体的贯穿部位外侧等。

3.10.3 地漏

地漏是地面与排水管道系统连接的排水器具，是连接排水管道系统与室内地面的接口，是家里地面排水的安全装置，可以排除地面水、水渍、固体物、纤维物、毛发、易沉积物等。它的性能好坏直接影响室内空气的质量，对卫浴间的异味控制非常重要，如图3-95所示。

图3-95 施工实例及实物

1. 类型

地漏从功能上可分为直落式和防臭式。常用的种类有：

（1）传统水封式地漏：优点是只要其中有水就可防臭。

缺点：①水封高度不够50mm或者水封容积小，会因自然蒸发、管道负压或排风负压而减少甚至干涸，从而失去防臭功能，需要经常保持一定的储水量；②有些水封腔体和地漏框体不密封，臭气会绕过水封，从机械缝隙排入室内。

（2）偏心块式下翻板地漏：用一个密封垫片，一边用销子固定，加一个铅块，利用重力偏心原理来密封。这种结构刚开始是横式的，后来又演化出立式的、立式带水封的。排水时，垫片在水压作用下打开，排水结束后，垫片在铅块重力作用下闭合。

缺点：①垫片是机械结构，封闭不严；②销钉容易损坏；③翻板容易卡顿不复位。基本解决不了返味问题。

（3）弹簧式地漏：用弹簧拉伸密封芯下端的密封垫来密封。地漏内无水或水少时，密封垫被弹簧向上拉伸，封闭管道，当地漏内的水达到一定高度，水的重力超过弹簧弹力时，弹簧被水向下压迫，密封垫打开，自动排水。在弹簧没有失效之前，防臭效果好。

缺点：① 弹簧由硼铁制成，长期接触污水极易锈蚀，导致弹性减弱、失效，寿命不长；②弹簧容易缠绕毛发，影响垫片回弹；③垫片是机械结构，封闭不严。需要经常清洗或更换，否则根本起不到防臭效果。

（4）吸铁石式地漏：结构类似弹簧式，用两块磁铁的磁力吸合密封垫来密封。当水压大于磁力时，密封垫向下打开排水，排水结束，水压减小，小于磁力时，磁铁块吸合，密封垫向上拉升。防臭效果好。

缺点：① 由于地面污水中杂质多，如洗刷物品、刷地等污水中会含有一些铁质杂质吸附在吸铁石上，一段时间后，杂质层就会导致密封垫无法闭合，起不到防臭作用；② 磁力会逐渐减弱、消失，影响密封垫的上下开启闭合，容易失灵。

（5）重力式地漏：不需水封，不使用弹簧、磁铁等外力，利用水流自身重力和地漏内部浮球的平衡关系，自动开闭密封盖板。这种模式和弹簧式类似，只是把弹力转换成浮力带动机械拉力。防臭效果好。

缺点：①地漏芯内部有螺旋式机械件，长期在污水中工作会锈蚀或淤积泥沙，阻碍浮力球上下移动，影响排水、防臭、防菌；②密封盖板也会因为淤积毛发、泥沙，导致密封不严，影响防臭、防菌。

（6）新型水封地漏：水封地漏是目前市面上防臭效果最好的地漏，是利用储水腔体里的钟罩或套管装置，形成“N”形或“U”形储水弯道，依靠水封来隔绝排水管道内的臭气和病菌，实现防臭效果的地漏。国家标准规定水封高度不小于 50 mm。

优点：水封高度符合国家标准，水封容积大，防臭效果好；具有虹吸原理，排水快。

2. 材质

地漏的材质主要有铸铁、PVC、耐候性工程塑料 PP、锌合金、陶瓷、铸铝、不锈钢、黄铜、铜合金等材质。

（1）铸铁：价格便宜，容易生锈，不美观，生锈后易挂黏脏物，不易清理；

（2）PVC：价格便宜，易受温度影响发生变形，耐划伤和冲击性较差，不美观；

（3）耐候性工程塑料 PP：使用寿命长，与建筑同寿命；

（4）锌合金：价格便宜，极易腐蚀；

（5）陶瓷：价格便宜，耐腐蚀，不耐冲击；

（6）铸铝：价格适中，重量轻，较粗糙；

（7）不锈钢：价格适中，美观，耐用；

（8）铜合金：价格适中，实用型；

（9）黄铜：质重，高档，价格较高，表面可做电镀处理。

3. 功能

防臭气、防堵塞、防蟑螂、防病毒、防返水、防干涸。地漏应具备四性：排水快、防臭味、防堵塞、易清理。地漏只有漏的单一功能已经跟不上时代了。地漏不但要下水速度快，最重要的还是要防堵塞，否则清理频率高，则后患无穷。

4. 选用要点

（1）选用时应了解产品的水封深度是否达到50mm。侧墙式地漏、带网框地漏、密闭型地漏一般大多不带水封，应在地漏排出管配水封深度不小于50mm存水弯，部件可由地漏生产厂家配置，或由安装地漏的施工单位设置防溢地漏、多通道地漏（大多数带水封），选用时应根据厂家资料具体了解清楚。

（2）地漏箅子面高低可调节，调节高度不小于35mm，以确保地面装修完成后的地漏面标高和地面持平。地漏设防水翼环，是为了做好地漏安装在楼板时的防水要求。设在地下车库汽车通道或承受重荷载场所的地漏，其箅子强度应能满足相应荷载。

（3）带水封地漏构造要合理，流畅，排水中的杂物不易沉淀下来；各部分的过水断面面积宜大于排出管的截面积，且流道截面的最小净宽不宜小于10mm。

（4）应优先采用防臭地漏，不需要排水的地方可以不设置地漏。

据调查，钟罩式地漏，存在水封浅、扣碗易被扔掉之弊端，许多宾馆、旅馆、住宅等居住和公共建筑的卫生间内，地漏变成了通气孔，污水管道内的有害气体窜入室内，污染了室内环境卫生；自封地漏有磁铁、弹簧等原理的看似新颖，但是效果一般，因卫生间排水，水质差所以不能有效防臭，不推荐家庭使用。地漏的选择应优先采用防臭地漏。

5. 地漏安装要点

（1）修整排水预留孔，使其与买回的地漏完全吻合，因为房地产商在交房时排水的预留孔都比较大。其中，地漏箅子的开孔孔径应控制在6~8mm之间，可防止头发、污泥、沙粒等污物的进入；

（2）应该把握的是多通道地漏的进水口不宜过多。多通道地漏是近年来开发的产品，一个本体通常有3~4个进水口（承接洗面器、浴缸、洗衣机和地面排水），这种结构不仅影响地漏的排水量，而且也不符合实际的设计情况。所以多通道地漏的进水口不应过多，有两个（地面和浴缸或地面和洗衣机）完全可满足需要。

（3）连接口尺寸可按现行国家有关规定确定，选择采用合适的地漏连接方式（承插；螺纹；卡箍）。

6. 溢、渗水及其处理

（1）溢水原因分析：可能是地漏的过水断面不够流畅，污水不能迅速通过，或因地漏内部构造凸凹，挂住了毛发、纤维之类的污物等。

（2）溢水解决方法：地漏的高度是由排水系统的布管方式决定的。因此，与之配套选用的地漏高度最好分别为 200mm 以内及 120mm 以内，而且必须侧向排水。常用的暗装做法为卫生间结构楼板局部下沉布管和卫生间作垫层布管两种。为了满足卫生间净高及人体工学的要求，前者的下沉净空为 300mm，后者的垫层高度最高为 170mm。

（3）渗水解决方法：将地漏周围地砖打开，四周的水泥挖出 3cm 深，然后用“堵漏灵”封住，1h 后做闭水试验，观察其是否还渗水，如不渗则恢复原状。

3.10.4　天面雨水斗

雨水斗是设置在屋面雨水由天沟进入雨水管道的入口处的装置。在降雨过程中，利用雨水斗与出户管之间的高差所形成的压差，将屋面雨水经户外排出管排出，如图 3-96 所示。

图 3-96　实物及施工案例

雨水斗作用有：①雨水斗有整流格栅装置，能迅速排除屋面雨水，格栅具有整流作用，避免形成过大的旋涡，稳定斗前水位，减少掺气，迅速排除屋面雨水、雪水。②阻挡杂物，雨水斗的格栅能够阻挡较大的杂物，这样就不会导致下水道或者排水沟堵塞。③起到屋面的装饰性作用。

雨水斗分为 87 型、79 型、65 型，虹吸式雨水斗，堰流式雨水斗三大类。一般用 87 型（79 型、65 型进化版）和虹吸式雨水斗。

3.10.5 检查口

检查口带有可开启检查盖的配件，装设在排水立管及较长横管段上，作检查和清通之用。为了在管道发生堵塞的时候方便疏通，就需要设置检查口，如图 3-97 所示。

排水立管检查口中心高度距操作地面为 1.0m，朝向应便于检修，铸铁排水立管检查口之间的距离不宜大于 10m，塑料排水立管每 6 层设置一个检查口。

图 3-97 施工案例

生活排水管道应按下列规定设置检查口：

1. 排水立管上连接排水横支管的楼层应设检查口，且在建筑物底层必须设置；
2. 当立管水平拐弯或有乙字管时，在该层立管拐弯处和乙字管的上部应设检查口；
3. 检查口中心高度距操作地面宜为 1.0m，并应高于该层卫生器具上边缘 0.15m；当排水立管设有 H 管时，检查口应设置在 H 管件的上边；
4. 当地下室立管上设置检查口时，检查口应设置在立管底部之上；
5. 立管上检查口的检查盖应面向便于检查清扫的方向。

3.10.6　检查口装饰门

检查口如果被装饰墙面覆盖，检查口处必须预留门，以便检查、维修，检查口装饰门最好跟墙面颜色一致，又要方便开启，如图 3–98 所示。

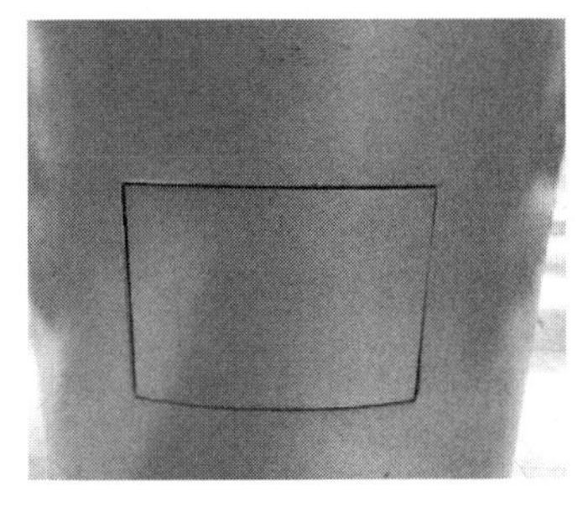

图 3–98　施工案例

3.10.7　清扫口

清扫口一般装于横管，尤其是各层横支管连接卫生器具较多时，横支管起点均应装置清扫口（有时可用地漏代替）。清扫口作用：装在排水横管上，管道被堵时打开清扫口，可以疏通管道，相当于管道尽头的堵头。某些时候可以用地漏代替，如图 3–99 所示。

图 3–99　施工案例

排水管上设置清扫口应符合下列规定：

1. 在排水横管上设清扫口，宜将清扫口设置在楼板或地坪上，且应与地面相平，清扫口中心与其端部相垂直的墙面的净距离不得小于 0.2m；楼板下排水横管起点的清扫口与其端部相垂直的墙面的距离不得小于 0.4m；

2. 排水横管起点设置堵头代替清扫口时，堵头与墙面应有不小于 0.4m 的距离；

3. 在管径小于 100mm 的排水管道上设置清扫口，其尺寸应与管道同径；管径大于等于 100mm 的排水管道上设置清扫口，应采用 100mm 直径清扫口；

4. 铸铁排水管道设置的清扫口，其材质应为铜质；塑料排水管道上设置的清扫口宜与管道相同材质；

5. 排水横管连接清扫口的连接管及管件应与清扫口同径，并采用 45° 斜三通和 45° 弯头或由两个 45° 弯头组合的管件；

6. 当排水横管悬吊在转换层或地下室顶板下设置清扫口有困难时，可用检查口替代；

7. 连接 2 个及 2 个以上的大便器或 3 个及 3 个以上卫生器具的铸铁排水横管上，宜设置清扫口；连接 4 个及 4 个以上的大便器的塑料排水横管上宜设置清扫口；

8. 水流转角小于 135° 的排水横管上应设清扫口；清扫口可采用带清扫口的转角配件替代；

9. 当排水立管底部或排出管上的清扫口至室外检查井中心的最大长度大于表 3-13 的规定时，应在排出管上设清扫口；

排水立管清扫口间距　　表 3-13

管径（mm）	50	75	100	100 以上
最大长度（m）	10	12	15	20

10. 排水横管的直线管段上清扫口之间的最大距离，应符合表 3-14 的规定。

排水横管检查口间距　　表 3-14

管径（mm）	距离（m）	
	生活废水	生活污水
50~75	10	8
100~150	15	10
200	25	20

3.10.8 检修口

检修口（检修孔、检查口、上人孔、检修门等）是一种在装修过程中留下的便于维修进入的孔洞。在中央空调管道、电线管、卫生间给水排水管等处都要设置技术人员进行检修吊顶内部管道、瓷砖、石膏板墙体的检修孔。检修口广泛应用于政府部门、机场、星级酒店、宾馆、写字楼、住宅楼、别墅、商铺等办公和家居场所，产品易运输、易施工、不易损坏、具有防火、环保等特点，深受广大用户喜爱。

检修口主要有以下类型：

（1）石膏双铝边检修口（孔）：是以高强石膏、玻璃增强纤维、铝合金为基材，倒模挤压而成的产品，具有高强度、高环保、高性价比，目前已成为国内市场主流检修口，在国际装饰行业中的首选使用产品，主要应用于政府部门、机场、星级酒店、别墅等高端场所，如图 3-100 所示。

产品特点有：①具有艺术性：检修口和吊顶材料形成一个完美的整体，不像其他材料检修口（孔）有明显的连接凸出影响美观，大大提高了装饰效果档次和品位。②高强度：采用高强石膏粉经特殊工艺处理后，产品表面光滑，永不变形，具有过硬的耐候性和耐久性。③环保、防火性：石膏和玻璃纤维为 A 级不燃材料，满足建筑消防安全的需要。④闭合性：交合处框盖均采用特殊型材，封闭性高，具有良好的装饰效果。⑤安装简便：安装方式和纸面石膏板吊顶方法相同。

图 3-100　施工案例

（2）铝合金检修口：是以铝合金型材、镀锌铁板、喷塑加工完成的检修口。检修口颜色分为亚光和亮光两款。应用最早、最普遍的明式检修口，也是装饰吊顶，主要用于写字楼、学校、政府机关、商铺等。

产品特点：①质量佳：材质为铝合金，重量轻，承载力强，不生锈，不易变形。②尺寸任意性：任何尺寸均可定制生产，不需高昂的磨具。③抗霉变：在高温坏境下，检修孔致密的材质使霉菌难以滋生，预防多孔吸声材料易发生霉菌滋生现象。④安装简便：易安装固定，安装一个只需 1～2min 即可。⑤高洁净度：能有效避免微观落尘的发生，是有洁净要求场所的理想选择。⑥使用方便：检修时开启简单，无需专用工具。

（3）铝合金复合检修口：是采用特殊铝型材经氧化等特殊工艺加工而成的检修口，美观程度和石膏双铝边检修口相同，但其闭合性更高，缝隙仅仅 1 mm，是目前最高端的检修口。应用环境：政府部门、高端商务楼、机场、星级酒店、别墅等高端场所。

产品特点：①尺寸任意性：此款检修口不受模具影响，以任何尺寸均可定制生产，不需高昂磨具费。②灵活性：可与不同的封面板材衔接，不受厚度影响，并适合凹槽造型。③质量佳：采用铝合金制造，重量轻，承载力强，不生锈，不易变形。④闭合性：交合处框盖均采用特殊型材，封闭性高，比石膏双铝边缝隙更小，可以忽略不计，具有良好的装饰效果和观感。⑤安装简便：边框型材四周已打孔处理，安装省心。

（4）铝合金复合下翻盖检修口：采用与铝合金复合检修口相同材质，但型材、配件特殊，经过复杂工艺加工而成。是高端检修口之一。应用环境：政府部门、高端商务楼、机场、星级酒店、别墅等高端场所。

产品特点：①方便：该款检修开启只需往上轻轻一推，即可下翻，极其方便。②灵活性：可与不同的封面板材衔接，不受厚度影响，并适合凹槽造型。③尺寸任意性：不受模具影响，任何尺寸均可定制生产，不需高昂磨具费。④质量佳：采用铝合金制造，重量轻，承载力强，不生锈，不易变形。⑤安装简便：厂商在边框型材四周已打孔处理，安装费省心。

（5）墙面检修口：是采用铝合金型材、镀锌板、不锈钢锁、连接件加工而成的检修口，颜色分为亚光和亮光两款。是新一代墙面检修口，用于墙面管道检修。应用环境：墙面管道、各种排水管道。

产品特点：①质量佳：采用铝合金制造，重量轻，承载力强，不生锈，不易变形。②抗霉变：在高温环境下，检修孔致密的材质使霉菌难以滋生，解除多孔吸声材料易发生霉菌滋生给您带来的烦恼。③安装简便：易安装固定，安装一个只需 2~3min 即可。④使用方便：检修时开启简单，无需专用工具。

3.10.9 通气管

1. 通气管定义

通气管为使排水系统内空气流通，压力稳定，防止水封破坏而设置的与大气相通的管道。部分通气管与排水管连接方式如图 3-101～图 3-103 所示，具体见《建筑给水排水设计标准》GB 50015—2019 第 4.7 条及条文说明。

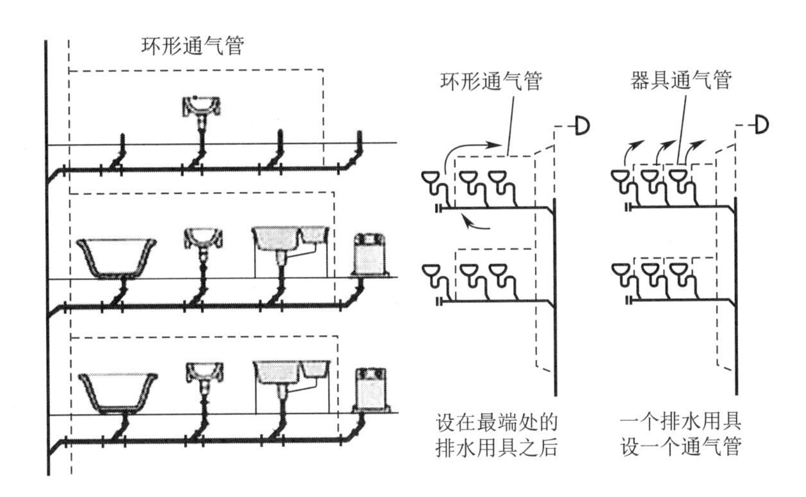

图 3-101　环形通气管、器具通气管等与排水管连接方式

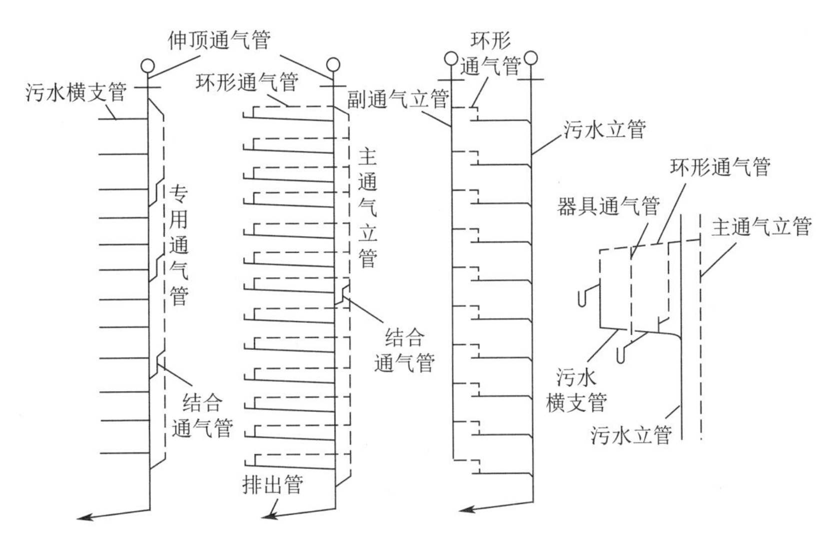

图 3-102　专用通气管、主副通气管、器具通气管等与排水管连接方式

2. 通气管类型

通气管排水通气管系统有伸顶通气管、主通气管、副通气管、结合通气管、环形通气管、器具通气管、汇合通气管及专用通气管等类型，分别用于不同的位置。

（1）伸顶通气管指排水立管与最上层排水横支管连接处向上垂直延伸至室外作通气用的管道。

（2）专用通气立管指仅与排水主管连接，为污水主管内空气流通而设置的垂直通气管道。

（3）主通气立管指连接环形通气管和排水立管，并为排水支管和排水主管空气流通而设置的垂直管道。

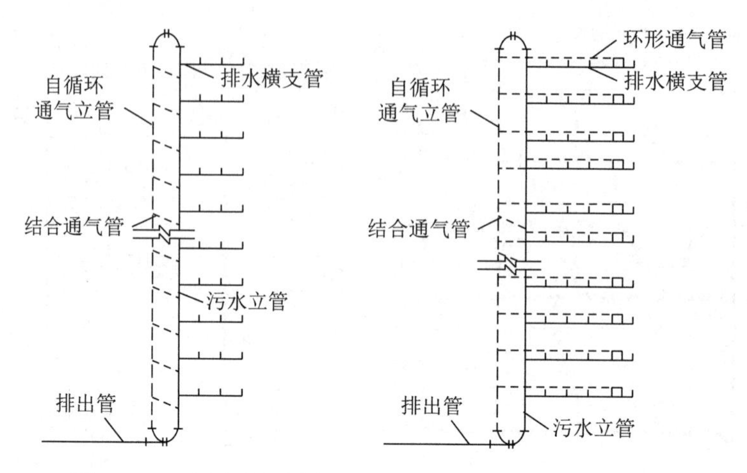

图 3-103 专用通气自循环、环形通气自循环模式连接方式

（4）副通气立管指仅与环形通气管连接，为使排水横支管空气流通而设置的通气管道。

（5）结合通气管指排水立管与通气立管的连接管段。

（6）环形通气管在多个卫生器具的排水横支管上，从最始端卫生器具的下游端接至通气立管的那一段通气管段。

（7）器具通气管指卫生器具存水弯出口端接至主通气管的管段。

特别介绍以下几种通气管：

（8）弯管型通气管

弯管型通气管为使排水系统内空气流通，压力稳定，防水封破坏而设置的与大气相通的管道。主要性能有：

1）将排水管道内的有毒有害气体排放出去，以满足卫生要求；

2）通气管向蓄水池、水箱及排水管道内补充新鲜空气，减轻金属管的腐蚀，延长使用寿命；

3）蓄水池、水箱应设置两根以上的通气管以提高排水系统的能力（例如，打点滴的时候，瓶口朝下液体要流出，必须插一根通气管，一端通大气，一端通液面与瓶底之间的空隙，防止管道内形成负压，保证排水通畅）防止死水形成，串味，减轻气压波动幅度，保护水封，防止水封破坏；

4）能快速将蓄水池及水箱内的水蒸气及有害气体排出，内置纱布纱网有效阻止病媒、昆虫和尘埃进入破坏水质。

使用说明：①通气管设计过滤（网、布）层气体平均流速为 0.75m/s。滤网布安装时应采用同等材料进行缝合，内罩可用无毒非金属材料制作；②通气管按覆土层厚度（H）有 0.0m、0.5m、1.0m 三种设计，0.0m 适用于南方地区，0.5m 适用于中部地区，1.0m 适用于寒冷地区；③焊接后的除锈、防腐要求根据客户设计要求制作；

④有条件地区可根据设计要求采用不锈钢材料制作，以达到更好的防腐并延长使用寿命。

（9）罩形通气管

罩型通气管为使排水系统内空气流通，压力稳定，防水封破坏而设置的与大气相通的管道。主要性能有四点：

1）将排水管道内的有毒有害气体排放出去，以满足卫生要求；

2）通气管向蓄水池、水箱及排水管道补充新鲜空气，减轻金属管的腐蚀，延长使用寿命；

3）蓄水池、水箱设置两根以上的通气管以提高排水系统的能力，防止死水形成，串味，减轻气压波动幅度，保护水封，防止水封破坏；

4）能快速地将蓄水池及水箱内的水蒸气及有害气体排出，内置纱布纱网能有效阻止病媒、昆虫和尘埃进入以破坏水质。

使用说明：①通气管设计气体流速为 5m/s，过滤（网、布）层气体平均流速为 0.75m/s，滤网布安装时应采用同等材料进行缝合，内罩可用无毒非金属材料制作；②通气管按覆土层厚度（H）0.0m、0.5m、1.0m 三种设计，0.0m 适用于南方地区，0.5m 适用于中部地区，1.0m 适用于寒冷地区；③焊接后的除锈、防腐要求根据客户设计要求制作；④有条件地区通风帽可根据设计要求采用玻璃钢或不锈钢材料制作，以达到更好的防腐并延长使用寿命。

3.10.10　H 型管

H 型管件是排水管与通气管连接用的管件，为了避免排水管中的空气排不出去而造成管道内有压力，影响污水的排放，H 型管则起到了排水管与通气管连接的作用，H 型管（共轭管）是用于连接通气立管和排水立管，形状如 H 且上下端口带承插口的管件，如图 3-104 所示。

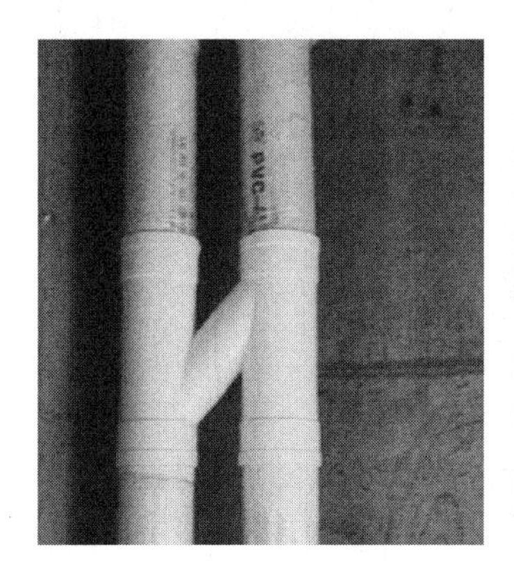
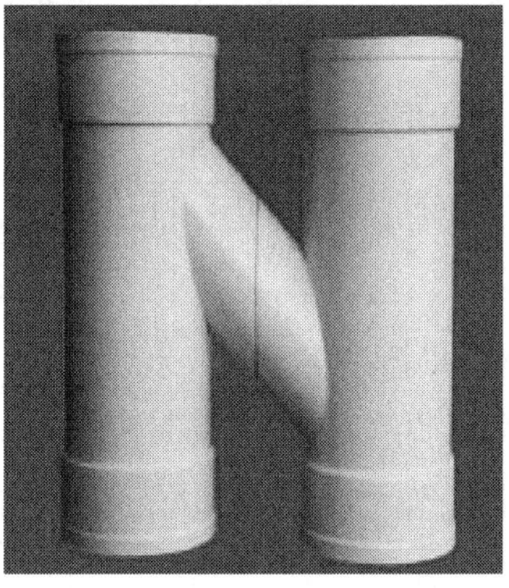
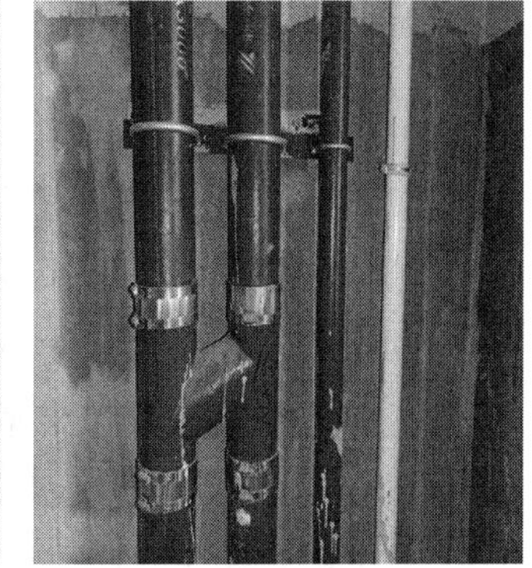

图 3-104　施工案例

3.10.11 伸缩节

伸缩节设置在塑料排水管道上，宜设置在汇合配件处。一般楼层高度小于 4m，一层设置一个伸缩节。层高超过 4m 的，就按照设计或计算进行设置。排水横管应设置专用伸缩节，如图 3-105 所示。（注意，当排水管道采用橡胶密封配件时，可不设伸缩节；室内、外埋地管道，可不设伸缩节。）

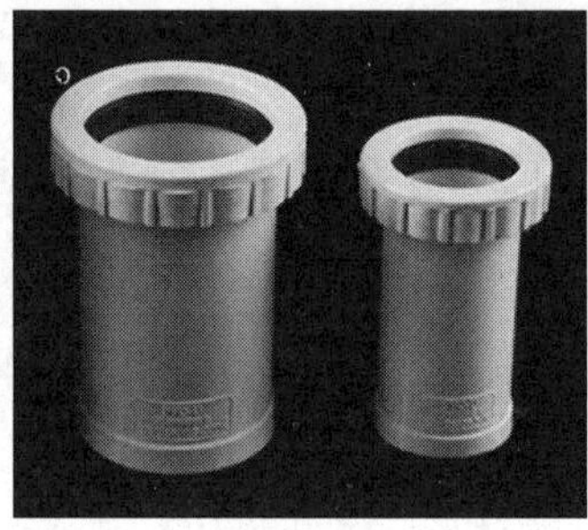

图 3-105 施工案例

3.10.12 消能装置

消能装置：在泄水建筑物和落差建筑物中，防止或减轻水流对建筑物及其下游河渠等的冲刷破坏而修建的工程设施，其目的就是为了消耗、分散水流的能量，如图 3-106 所示。

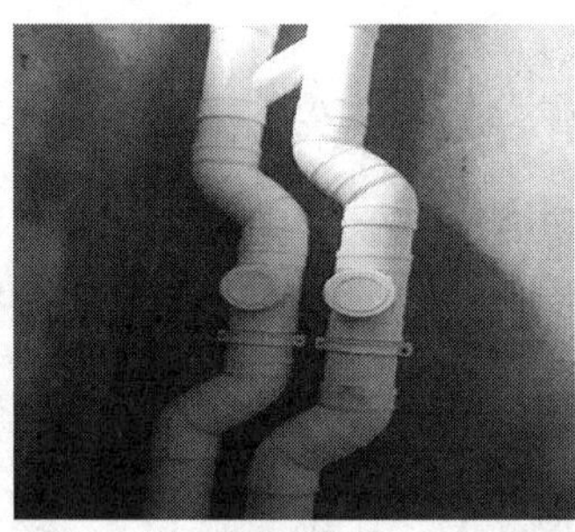

图 3-106 施工案例

建筑排水消能装置，在目前高层房屋建设时，广泛使用。一般每 6 层装一个消能装置，组合式的，4 个 45° 弯头，1 个立管，4 个短管，规格主要为 D110 PVC-U 管道。如果高层建筑设计采用的PVC-U 排水管，则一般是按照6~8 层设置一个简易消能器。

污水立管是否需要安装简易消能装置？现在对于污水立管的设计，基本都采用内螺纹消音管道来设计，不仅能起到消音作用，同时还能减少管道下水冲力，因此，完全没有必要安装消能装置。但超过 100m 的建筑则很有必要，因为不论什么管材都可能被磨损，每隔 5 层做个乙字弯。

雨水立管安装消能装置，是为了减缓水流速度，降低动态水流对立管底部的冲击，增加管路安全系数。

3.10.13　室内排水沟

室内排水沟是以砖或水泥块砌成的桥洞形地下排水沟，如图 3–107 所示。排水截面大于 30cm × 30cm（主沟更大），开设在渍水地段，在地面松土层 50cm 以下的难透水层中，两沟间距为 10～15m，沟底坡降为 1/200～1/100（各地方要求不同，但建议一个地方统一标准等）。

图 3–107　施工案例

1. 分类

（1）阳沟（明沟）：是露出地面的排水沟。

（2）暗沟（盲沟）：是埋在地下的排水沟，用于一些要求排水效果良好的活动场地，如体育馆。

2. 砖砌排水沟施工要点

砖砌排水沟需要做好定位，确定沟槽的宽度、高度，做好基底处理等。另外还需注意砌筑平整，下水盖口要圆。

（1）排水沟的定位：根据地下相关的构筑物，弄清管线和设计图纸实际情况，对砖砌排水沟充分研究分析，进行合理布局，充分考虑现行国家规范规定的砖砌排水沟管线的间距要求，现有建筑物、构筑物进出口管线的坐标、标高和确定堆土、堆料、运料的区间和位置。

（2）沟槽开挖：槽底开挖宽度等于排水沟结构基础宽度加两侧工作面宽度，每侧工作面宽度应不小于 300mm。用机械开槽或开挖沟槽后，当天不能进行下一道工序作业时，沟底应留出 200mm 左右的一层土不挖，待下道工序前用人工清底。

（3）基底处理：地基处理应按设计规定进行，施工中遇到与设计不符的松软地基及杂土层等情况，应会同设计人员协商解决。

（4）砌砖：砌砖前应检查垫层或平基尺寸、高程及中线位置，垫层混凝土抗压强度满足要求后，方可开始砌砖。垫层或平基顶面应先清扫，并用水冲刷干净。砌砖前应根据中心线放出墙基线，摆砖撂底，确定砌法。砌筑时，应先将斜槎用水冲干净，并使砂浆饱满。

（5）防水处理：防水、污水沟槽及井室的内外防水在设计图纸无要求时，一般采用不少于两层水泥砂浆。抹面的砖墙，应随砌随将挤出的砂浆刮平，进行砂浆抹面施工应符合要求。

（6）灌水、通水试验：将被试验段起点及终点检查井的两端用堵板堵好，不得渗水。

（7）回填土：在灌水、通水试验合格后，做好质量记录，方可进行回填土。槽底至沟顶以上 500mm 范围内不得含有有机物及大于 50mm 的砖、石等硬块，接口周围应采用细粒土回填。

3. 砖砌排水沟施工注意事项

（1）施工时，放样时圆弧要和顺，圆圈要圆。砌砖时，要制作一个木制的大圆弧板，作为砌砖时靠，其作用是使砌砖圆弧和顺。

（2）砌砖要用水泥砂浆砌筑，灰缝要饱满，砌筑要平整。

（3）因排水沟的上部要盖 60mm 厚混凝土板，因此上部砖，要砌半砖，并且平整拾光，避免盖板盖上后不平整。

3.10.14 潜污泵安装

潜污泵是用于抽吸一般运输设备难以处理的垃圾污水的水泵，可用于如下水道、工业废水、建筑泥浆、污水坑等的污水提取。

1. 潜污泵安装

潜污泵在安装前必须清理泵坑中的杂物垃圾，以避免潜污泵在运行过程中损坏，其安装示意如图 3-108 所示。

潜污泵安装要求：

（1）排水管伸入井坑时不得与井坑盖板接触，其间隙应为 30~50mm。

（2）潜污泵排水管阀门与部件从下往上依次为：软接头、压力表、止回阀、闸阀，闸阀的安装高度为地坪完成面上 1.5m，三通高度宜为地坪高度 2m 处，如图 3-109 所示。

（3）阀门与部件的两端、三通横管中部均设置支架，压力排水污（废）水管道标示与管道类别标示清楚。

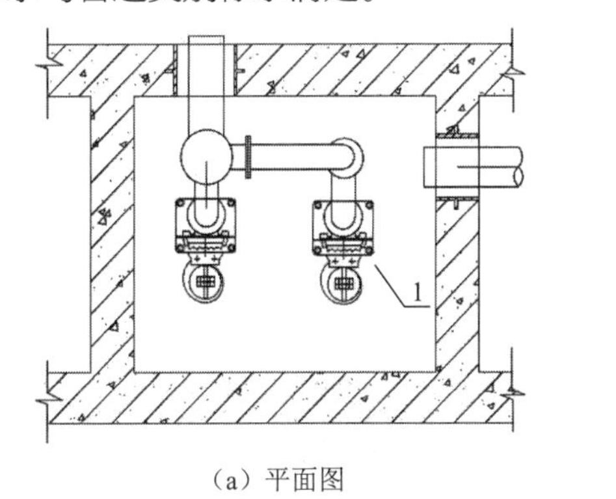

（a）平面图

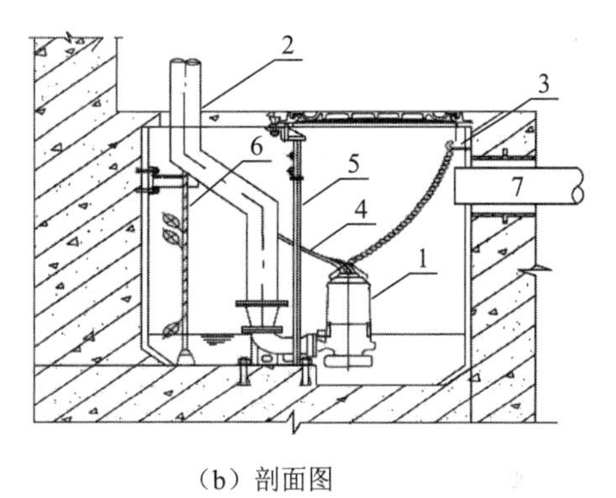

（b）剖面图

图 3-108　潜污泵安装示意图

1—潜污泵；2—出水管；3—挂钩；4—电缆；5—自动耦合装置；
6—液位自动控制装置；7—集水井进水管

图 3-109　施工案例

3.11　消防系统施工

3.11.1　消防喷头安装

1. 喷头及支架设置（图 3-110）

相邻喷头小于1.8m时，可间隔设置吊架，但吊架的距离不大于3.6m

配水支管上每一直管段，相邻喷头之间的吊架不宜小于一个

<1.8m

≥1.8m

临近配水管上无吊架时，第一段需设置吊架

≥300mm

≥300mm

图 3-110　喷头及支架设置图示

2. 特殊支架设置（图 3-111）

（1）无吊顶时设置上喷头；有吊顶时设置下喷头，当吊顶上方闷顶的净空高度超过 800mm，且其内部有可燃物时，要求设置上喷头；喷头在系统冲洗试压合格后安装。

（2）当喷淋支管高度大于 1000mm 时，应设横向加强支架；末端支架与喷头之间的距离为 400mm。

（3）喷淋管道末端应采用梯形防晃支架。

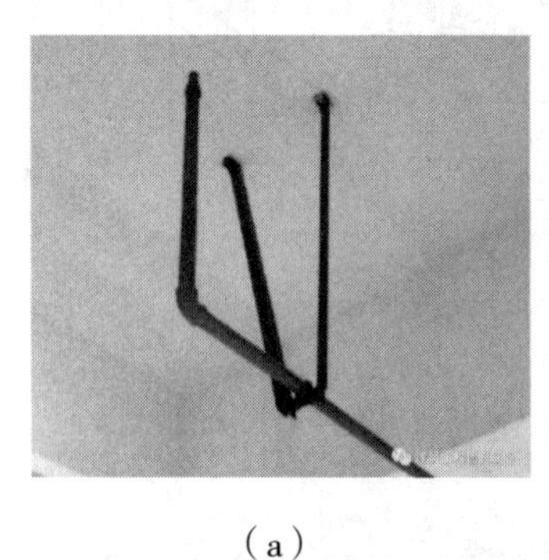

（a）

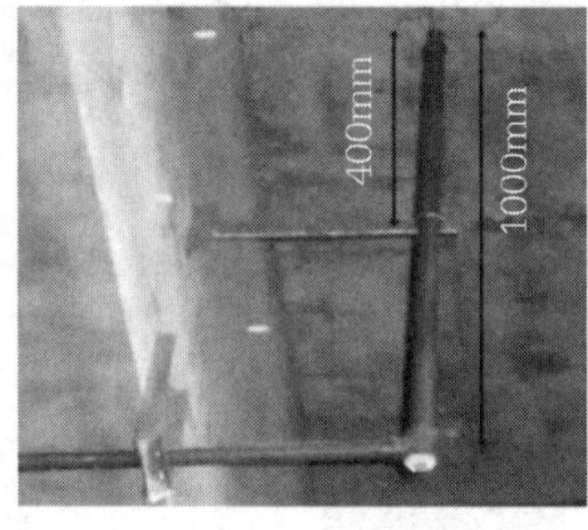

（b）

（c）

图 3-111　特殊支架设置施工案例
（a）梯形防晃支架；（b），（c）上喷头支架安装

3. 喷头安装

（1）竖向喷头安装

1）直立型、下垂型喷头的布置，包括同一根配水支管上喷头的间距及相邻配水支管的间距，应根据系统的喷水强度、喷头的流量系数和工作压力确定，除吊顶型喷头及吊顶下安装的喷头外，直立型、下垂型标准喷头，其溅水盘与顶板的距离，不应小于 75mm，不应大于 150mm。

2）有吊顶的下垂型喷头安装喷头根部应与吊顶平齐；为避免定位不准，可在吊顶龙骨标高确定后再安装下喷支管；下喷头与三通之间的短管长度不宜超过 150mm。

3）当在梁或其他障碍物底面下方的平面上布置喷头时，溅水盘与顶板的距离不应大于 300mm，同时溅水盘与梁等障碍物底面的垂直距离不应小于 25mm，不应大于 100mm。

4）具体参考《自动喷水灭火系统施工及验收规范》GB 50261-2017。

（2）边墙型喷头安装

边墙型喷头安装，喷头横向，要求离墙距离为 50～100mm。

（3）特殊安装

当梁、通风管道、排管、桥架宽度大于 1.2m 时，增设的喷头应安装在其腹面以下部位；风管下喷头吊架应采取管道延长至风管另外一端边缘，并在延伸管道末端设置吊架。如果吊顶空间较大，采用聚热板（消防喷淋集热罩面积不应小于 $1200mm^2$，最小一边不应小于 200mm 翻边 20mm。消防喷淋集热罩的直径有 *DN*200、*DN*300 和 *DN*400 三种尺寸，*DN*200 集热罩的外圆直径为 19cm，*DN*300 集热罩的外圆直径为 29cm，*DN*400 集热罩的外圆直径为 37cm。侧喷式喷头集热罩尺寸为 150cm × 200cm。）。

（4）常见喷头类型有：下垂型、直立型、普通型、边墙型与隐蔽式喷头，如图 3-112、图 3-113 所示。

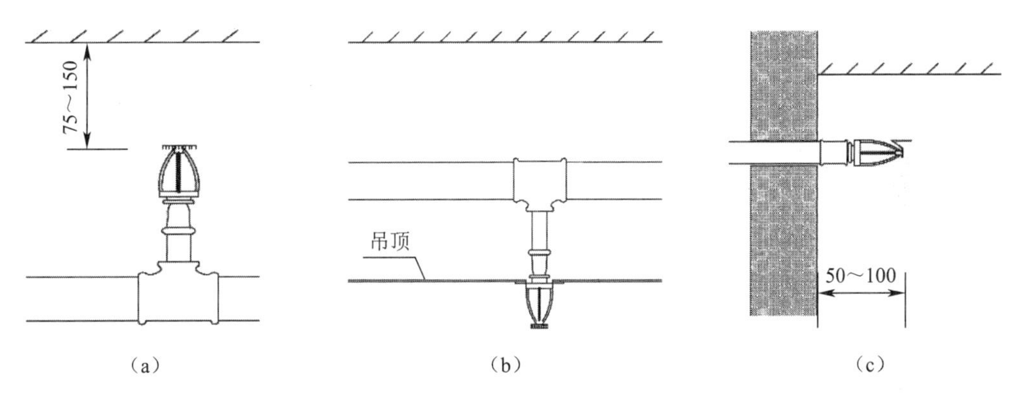

图 3-112　喷头安装图示
（a）上喷头；（b）下喷头；（c）边墙喷头

图 3-113　喷头安装案例（一）

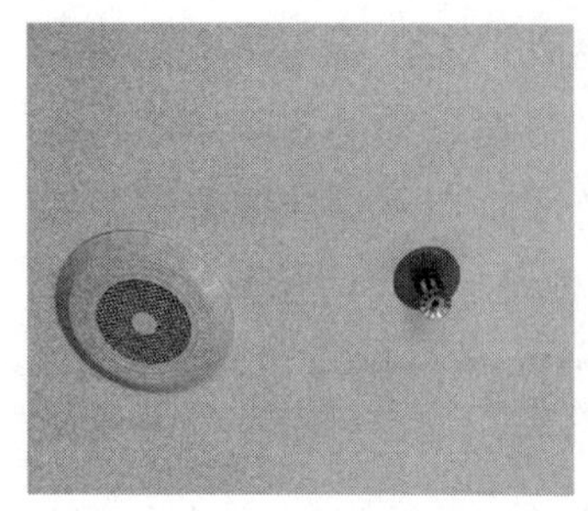
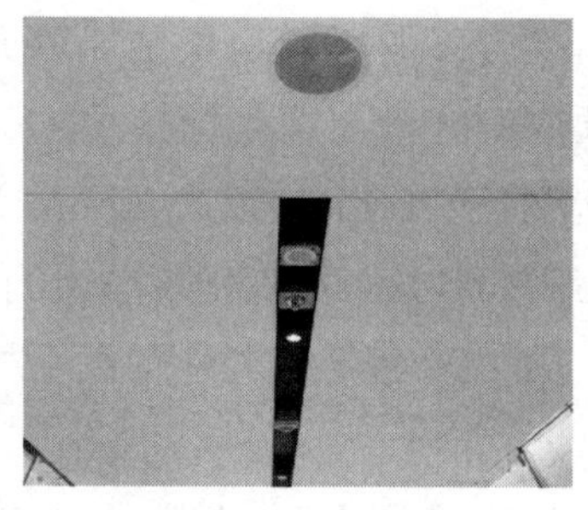

图 3-113　喷头安装案例（二）

1）下垂型喷头是使用广泛的一种喷头，下垂安装于供水支管上，洒水的形状为抛物体型将总水量的 80%～100% 喷向地面。为保护有吊顶的房间在吊顶下方布置喷头，应采用下垂型喷头或吊顶型喷头。

2）直立型喷头直立安装在供水支管上，洒水形状为抛物体型，将总水量的 80%～100% 向下喷洒，同时还有一部分喷向吊顶，适宜安装在移动物较多，易发生撞击的场所如仓库，还可以暗装在房间吊顶夹层中的屋顶处，以保护易燃物较多的吊顶顶棚。(不做吊顶的场所，当配水支管布置在梁下时，应采用直立型。易受碰撞的部位，应采用带保护装置喷头或吊顶型喷头）。

3）普通型喷头既可直接安装，又可下垂安装于喷水管网上，将总水量的 40%～60% 向下喷洒，较大部分喷向吊顶，适用于餐厅、商店、仓库、地下车库等场所（普通型用得较少）。

4）边墙型喷头靠墙安装，适宜于空间布管较难的场所安装，主要用于办公室、门厅、休息室、走廊、客房等建筑物的轻危险部位。顶板为水平面的轻危险级、危险级Ⅰ级居室和办公室，可采用边墙型喷头。

5）隐蔽式喷头适用于酒店、住宅、剧院等需要保证顶棚平整整洁效果的地方。

（5）消防喷头颜色与温度

消防喷头红色玻璃管的动作温度是 68℃。喷头各种颜色所代表的温度：橙色：57℃；红色：68℃；黄色：79℃；绿色：93℃；蓝色 141℃；紫色 182℃；黑色 227℃；其中红色喷头是最常用的。

消防喷头常规为 68℃玻璃球爆裂开始喷水，厨房锅炉房等一些特殊温度场所需使用 93℃喷头，从外观上区分 93℃和 68℃喷头的区别在于玻璃球颜色，68℃为红色，93℃为绿色。消防喷头用于消防喷淋系统当发生火灾时，水通过喷头溅水盘洒出进行灭火。发生火灾时，消防水通过喷头均匀洒出，对一定区域的火势起到控制。

（6）消防快速喷头与普通喷头的区别

1）快速响应喷头：响应时间指数 $RTI<28\pm8(m\cdot s)^{0.5}$，用于保护高堆垛与高货架仓库的大流量特种喷水喷头。标准喷头：流量系数 K=80 的喷头。

2）快速响应喷头反应速度是目前喷头中最快的，具有大流量、大水滴等。

3）快速响应喷头在一定的环境下，它的反应更加灵敏，比普通的喷头热敏度更加高，一旦发现有火苗，就能够快速打开灭火。

4）喷水量不同。前者喷出来的水量更加大一些，速度更快，能够穿透火焰，直达火的表面进行灭火，所以灭火的效果更加高。

（7）工作原理

1）闭式消防喷淋系统

当火灾发生，喷头达到其工作温度后，镀铬融化，管内的水在屋顶消防水箱（平时蓄满水）的作用下喷出。此时湿式报警阀会自动打开，阀内的压力开关自动打开，而压力开关有一条信号线和消防泵连锁，泵则自动启动。然后喷淋泵将水池内的水通过管道提供到管网，整个消防系统就开始工作。

2）开式消防喷淋系统

系统装有烟感或温度报警器，对烟气或温度进行检测，达到一定程度，探头会自动报警，经主机确认后反馈到声光报警工作，通过声音或闪烁灯光提醒人们。同时联动排烟风机开始排烟，并打开雨淋阀的电磁阀，并联动喷淋泵，开式喷头直接喷水。

3.11.2　消火栓箱安装

1. 安装要求（图 3–114、图 3–115）

消火栓不在门轴侧，应在开启侧；消火栓口中心离地高度为 1.1m，允许偏差 ±10mm。

阀门中心距箱侧面板 140mm，距箱后内表面为 100mm，允许偏差 ±5mm；消火栓箱体安装的垂直度偏差小于等于 3mm。

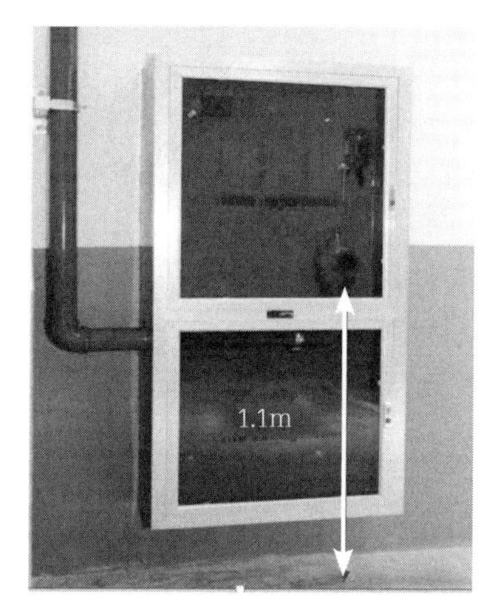

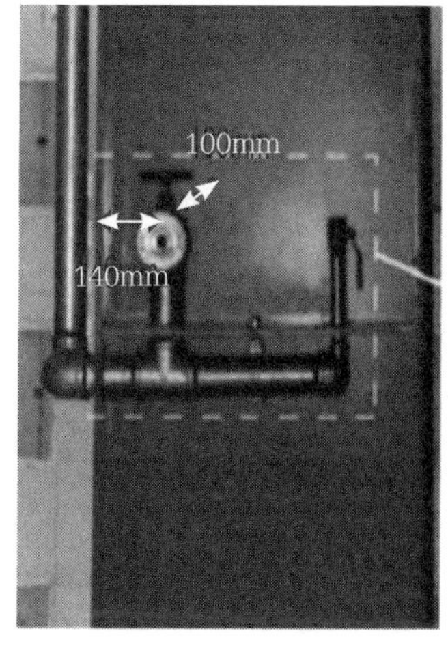

图 3–114　消火栓箱安装要求图示

图 3-115　施工案例

2. 消火栓箱与各类装饰面配合安装做法（图 3-116）

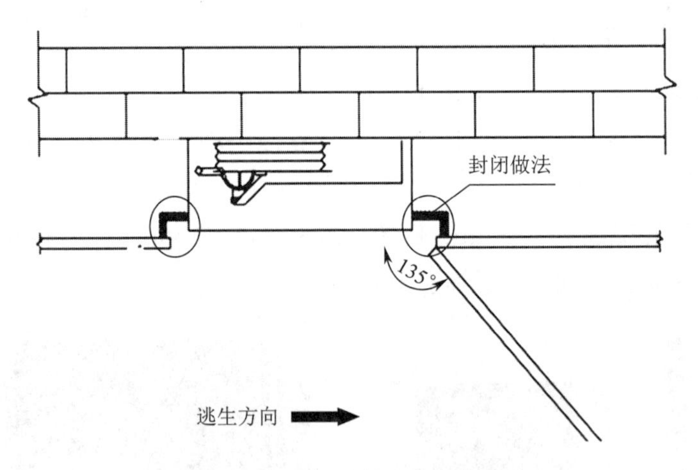

图 3-116　消火栓箱安装要求图示

3.11.3　消防警铃安装

1. 分类

消防警铃一般用于宿舍和生产车间，在发生紧急情况时由报警控制器控制触发报警，正常情况下每个区域一个，也可用于防盗警报器，警示声音效果好。

消防警铃分有两种，一种是 DC24V，另一种是 AC220V，他们是根据使用电压的不同来分类的。

消防警铃一般选用壁挂安装，楼道、楼梯的转弯处通常能见到它们的身影，如图 3-117 所示。它的工作特点是系统通过输出模块启动该警铃，使其发出报警信号以提醒人们注意。

图 3-117　成品及施工案例

2. 消防警铃安装要点

（1）阀组排列整齐。

（2）水锣（水力警铃）设置在报警阀室外的走道内。

（3）成排安装水锣应标识清晰。

（4）阀组下应设置排水沟。

（5）报警控制管线应排列整齐。

（6）压力开关至接线盒的软管或软电缆长度一般不宜超过 800mm。

（7）报警阀组控制区域应在管路上标识清晰。

3.11.4　天面消防水箱

消防水箱（屋面消防水箱基本上采用不锈钢材质）的容积计算，消防水箱主要用于贮存扑灭初期火灾用水，搪瓷水箱消防设计规范明确规定如下：

1.《建筑设计防火规范（2018 年版）》GB 50016–2014 规定

室内消防水箱（包括分区给水系统的分区水箱）应储存 10min 的消防用水量，当室内消防用水量不超过 25L/s，经计算水箱消防储水量超过 $12m^3$，仍可采用 $12m^3$；当室内消防用水量超过 25L/s，经计算水箱消防储水量超过 $18m^3$，仍可采用 $18m^3$。

2. 不锈钢消防水箱施工过程中的注意要点（图 3–118）

（1）先把水泥基础上平面找平，使其在同一平面之上，误差不得逾越 ±0.5cm。

（2）焊接槽钢：槽钢根据不锈钢水箱标准焊接好，其大小与水箱底板标准相符，槽钢焊接完好后，对角测量标准，误差为 ±0.5cm，并且全部焊缝要连接均匀，排缝一致。

图 3-118　施工案例

（3）设备底板：根据水箱单板上的印号及说明，摆放、连接水箱的底板，一同在两张单板之间增加密封胶条，用 ϕ10 的螺栓连接。使底板密封健壮，螺栓加力时要一次均匀加力，每个螺栓加力 3～4 次，不得一次性用力过猛，否则因用力不均匀而构成裂板现象。

（4）用固定角钢连接底板和槽钢，使不锈钢水箱箱体更加健壮地固定在槽钢基础上。

（5）设备各邦：根据水箱单板上的印号及说明，找出水箱邦体的各层邦号，并且预先分隔，用螺栓拼装邦体。把水箱板立好，找正，使邦板与底邦构成 90° 夹角，并且加密封胶条，紧固螺栓。

（6）设备内拉筋：内拉筋根据水箱标准，找对拉筋的数量及长度。用拉筋板测量拉筋对丝紧固部位，画印，打眼，上对丝，紧固，使拉筋平整地与水箱箱体竖直平衡。如箱体与拉筋之间有较大过失，可通过调整螺栓紧固程度来调整过失大小，直到把过失调整到小中止。

（7）设备盖板：水箱顶部盖板，均匀地紧固螺栓，不得用力过大或太小。把水箱的全部紧固件调整好后，根据图纸开孔方位，开好各水管，上好法兰以便对接阀门。

（8）不锈钢水箱全部设备安装完毕后，进行共同的检查，调整，试水不渗漏为合格。

3.12　卫生间接地线

接地线，又称避雷线，地线是在电系统或电子设备中，接大地、接外壳或接参考电位为零的导线。一般电器上，地线接在外壳上，以防电器因内部绝缘破坏外壳带电而引起的触电事故。房间、厨房等的插座都设置接地线，如图 3-119 所示。

接地线的作用是家用电器发生漏电时把有可能带电金属壳上的电引到大地中，避免了人体接触的触电事故发生。家用电器接地线，可防止家用电器漏电人身触电，但不能防雷。

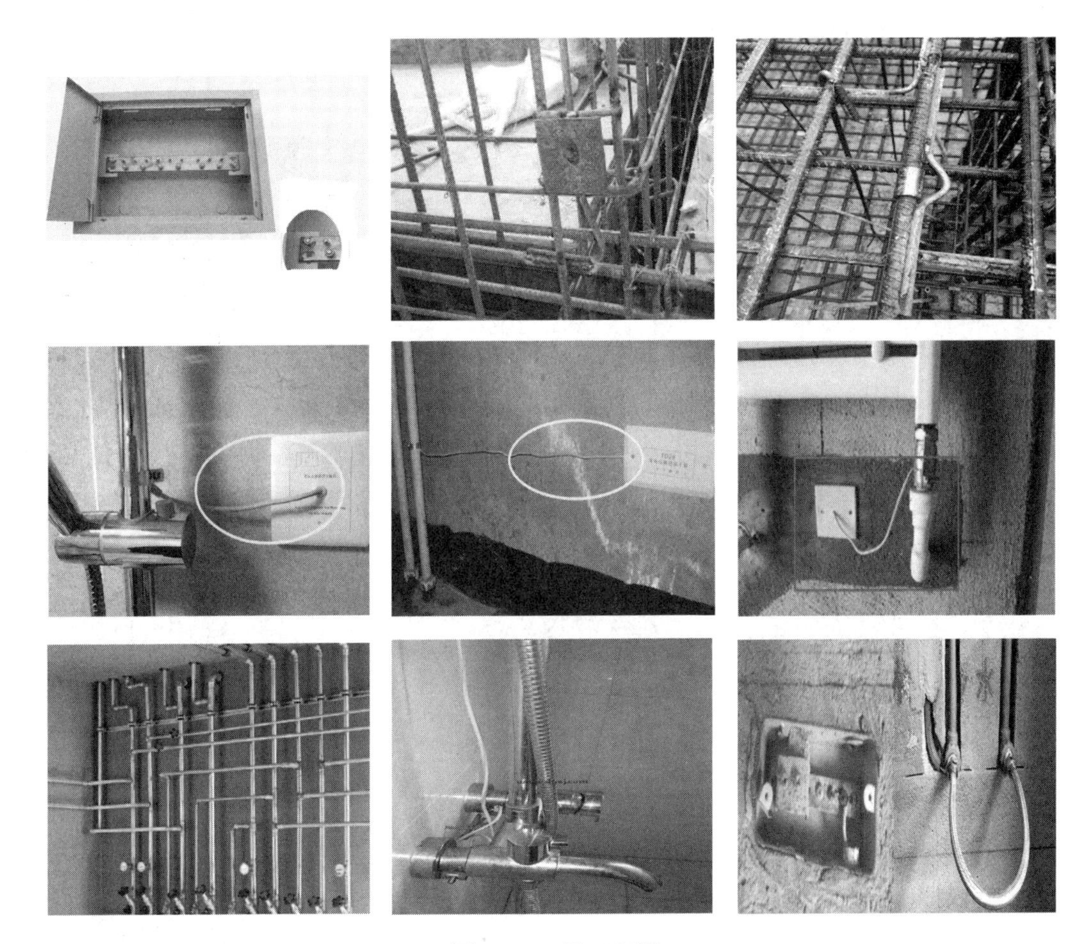

图 3-119　施工案例

3.13　成品保护

成品保护：装修的过程非常复杂，同时也涉及很多步骤，所以在进行装修期间，对于已经完成的工程做好成品的保护也是非常重要的，以免带来损失和麻烦。

成品保护措施如下：

（1）合理安排施工顺序，避免安装工程对土建工程的成品造成破坏和污染。

（2）给水排水管道、水表、阀门、设备等安装完毕，应采用塑料薄膜或者纸皮或者木板或者套管等全部进行包裹，避免土建施工或涂刷工程施工对其造成污染。

（3）防止物品对管道、管配件、设备的磕碰、损伤。

（4）严禁在管道、管配件、设备上拴吊物品和搁置脚手架。

（5）有些屋面上的管道，或者架空层的管道或设备，设置爬梯等。

装修期间成品保护工作一定要重视，因为有很多工程都是装修早期完成的，后期施工期间很容易被破坏，而做好保护工作能够减少各种麻烦的出现。

具体成品保护如图 3-120 所示。

设备就位后成品保护

水泵就位后成品保护

管道成品保护

管井排水管成品保护

排水管成品保护

消火栓箱成品保护

蹲便器成品保护

雨水排水口成品保护

二次排水成品保护

室外消火栓成品保护

管道成品保护

图 3-120 施工案例（一）

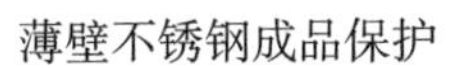

薄壁不锈钢成品保护

给水取水口成品保护

给水管道成品保护

图 3-120　施工案例（二）

第4章 室外给水排水工程施工

4.1　室外给水管道施工

4.1.1　PE给水管

我国塑料管道发展很快，管道材质主要有ABS（丙烯腈－丁二烯－苯乙烯共聚物）、UPVC（未增塑的聚氯乙烯）、CPVC（后氯化聚氯乙烯）、PP（聚丙烯）、PE（聚乙烯）[PE管也称为LDPE，MDPE和HDPE（低，中，和高密度）]等，如图4-1所示。

图4-1　管材及配件

其中PE管由于其强度高、耐腐蚀、无毒等特点，被广泛应用于给水管领域，如图4-2所示。又因为PE给水管不会生锈，所以是替代普通铁给水管的理想管材。PE给水管执行国家标准产品：《给水用聚乙烯（PE）管道系统 第2部分：管材》GB/T 13663.2-2018。PE管还被广泛地应用于建筑给水、建筑排水、埋地排水管、建筑供暖、输气管、电工与电信保护套管、工业用管、农业用管等领域。

图 4-2　PE 管热熔设备及施工案例

1. 管材验收、存放、搬运和运输

（1）一般规定

1）管材、管件应具有质量检验部门的产品质量检验报告和生产厂的合格证。

2）管材存放、搬运和运输时，应用非金属绳捆扎，管材端头应封堵。

3）管材、管件存放、搬运和运输时，不得抛摔和剧烈撞击。

4）管材、管件存放、搬运和运输时，不得暴晒和雨淋；不得与油类、酸、碱等其他化学物质接触。

5）管材、管件从生产到使用之间的存放期不宜超过一年。

（2）材料验收

1）接收管材、管件必须进行验收。先验收产品使用说明书、产品合格证、质量保证书和各项性能检验验收报告等有关资料。

2）验收管材、管件时，应在同一批中抽样，并按现行国家标准《给水用聚乙烯（PE）管道系统》GB/T 13663.1-2017 与 GB/T 13663.2/3/5-2018 进行规格尺寸和外观性能检查，必要时宜进行全面测试。

（3）存放

1）管材、管件应该存放在通风良好、温度不超过 40℃的库房或简易的棚内。

2）管材应水平堆放在平整的支撑物或地面上。堆放的高度不宜超过 1.5m，当管材捆扎成 1.0m × 1.0m 的方捆，并且两侧加支撑保护时，堆放高度可适当提高，但不宜超过 3.0m，管件应逐层叠放整齐，应确保不倒塌，并且便于拿取和管理。

3）管材、管件在户外临时堆放时，应有遮盖物。

4）管材存放时，应将不同直径和不同壁厚的管材分别堆放。

（4）搬运

1）管材搬运时，必须用非金属绳吊装。

2）管材、管件搬运时，应小心轻放，排列整齐。不得抛摔和沿地拖曳。

3）寒冷天气搬运管材、管件时，严禁剧烈撞击。

（5）运输

1）车辆运输管材时，应放在平车底上，船运时，应放置在平坦的船舱内。运输时，直管全长应设有支撑，盘管应叠放整齐。直管和盘管均应捆扎、固定，避免相互碰撞，堆放不应有可能损伤管材的尖凸物。

2）管件运输时，应按箱逐层叠放整齐，并固定牢靠。

3）管材、管件在运输途中，应有遮盖物，避免暴晒和雨淋。

2. 连接技术

PE 管道主要采用热熔焊接进行连接。管道接口质量的好坏直接影响拉管施工的成功进行，因此 PE 管道连接要严格按以下操作步骤执行。

（1）热熔连接前、后连接工具加热面上的污物应用洁净棉布擦净。

（2）热熔加热时间和加热温度应符合热熔连接工具生产厂和管材、管件生产厂的规定。

（3）在热熔连接保压冷却时间内，不得移动连接件或连接件上不得施加任何外力。

（4）管道连接前，管材固定在机架上，取下铣刀，闭合卡具，对管子的端面进行铣削，当形成连续的切削时，退出卡具，检查管子两端的间隙（不得大于 3mm）。电熔连接面应清洁干净。

（5）热熔对接连接，两管段应各伸出卡具一定的自由长度，校对连接件，使其在同一轴线上，错边不宜大于壁厚的 10%。

（6）加热板温度适宜（220℃ ±10℃），当指示灯亮时，最好等 10min 使用，以使整个加热板温度均匀。

（7）温度适宜的加热板置于机架上，闭合卡具，并设系统的压力。达到吸热时间后，迅速打开卡具，取下加热板。应避免与熔融的端面发生碰撞。

（8）迅速闭合卡具，并在规定时间内匀速地将压力调节到工作压力，同时按下冷却时间按钮。达到冷却时间后，再按一次冷却时间按钮，将压力降为零，打开卡具，取下焊好管。

（9）卸管前一定要将压力降至零，若移动焊机，应拆下液压软管，并做好接头防尘工作。

（10）合格的焊缝应有两翻边，焊道翻卷的管外圆周上，两翻边的形状、大小均匀一致，无气孔、鼓泡和裂纹，两翻边之间的缝隙的根部不低于所焊管子的表面。

（11）管道连接时，施工现场条件允许时，可在沟槽上进行焊接，管口应临时堵封。在大风环境下操作，采取保护措施或调整施工工艺。

发展到今天，聚乙烯的连接技术已经非常成熟可靠。统计数字表明，聚乙烯管的漏损率不到五万分之一，远远低于球墨铸铁管的 2%～3%，大幅度提高了管道的安全性和经济效益，这也是燃气管道较多地使用聚乙烯管的非常重要的原因。

4.1.2　铸铁管

铸铁管是用铸铁浇铸成型的管子，包括铸铁直管和管件。其按铸造方法可分为连续铸铁管和离心铸铁管，其中离心铸铁管又分为砂型和金属型两种；按材质可分为灰口铸铁管和球墨铸铁管；按接口形式可分为柔性接口、法兰接口、自锚式接口、刚性接口等。柔性铸铁管用橡胶圈密封，法兰接口铸铁管用法兰固定，内垫橡胶法兰垫片密封。刚性接口一般铸铁管承口较大，直管插入后，用水泥密封，但刚性接口现已基本淘汰。铸铁管用于给水、排水和燃气输送管线，如图 4-3、图 4-4 所示。

图 4-3　管材及配件

图 4-4　施工案例

1. 主要类型

（1）给水铸铁管：给水铸铁管是用 18 号以上的铸造铁水经添加球化剂后，经过离心球墨铸铁机高速离心铸造成的管道，球墨铸铁管具有铁的本质、钢的性能，防腐性能优异、延展性能好，密封效果好，安装简易，主要用于市政、工矿企业给水、输气、输油等，是供水管材的首选，具有很高的性价比。

（2）砂型离心铸铁直管：砂型离心铸铁直管之材质为灰口铸铁，适用于水及燃气等压力流体的输送。

（3）连续铸铁直管：连续铸铁直管即连续铸造的灰口铸铁管，适用于水及燃气等压力流体的输送。

（4）排水铸铁管：包括普通排水铸铁承插管及管件。柔性抗震接口排水铸铁直管采用橡胶圈密封、螺栓紧固，在内水压下具有良好的挠曲性、伸缩性，能适应较大的轴向位移和横向挠度变形，适用于高层建筑室内排水管，对地震区尤为合适。从接口形式上可分为：W 型柔性铸铁排水管、B 型柔性铸铁排水管与 A 型柔性铸铁排水管。

1）连续灰口铸铁管的公称口径为 75～1200mm，直管长度有 4m、5m 及 6m；按壁厚不同分 LA、A 和 B 三级。

2）砂型离心灰口铸铁管的公称口径为 200～1000mm，有效长度有 5m、6m；按壁厚不同分 P、G 两级。强度大、韧性好、管壁薄、金属用量少、能承受较高的压力。

3）球墨铸铁管的公称口径为 80～2200mm，有效长度有 5m、6m 及 8m；与灰口铸铁管相比，强度大、韧性好、管壁薄、金属用量少、能承受较高的压力。球墨铸铁管采用炼铁高炉生产的低磷、低硫的优质铸造铁水，按当前国际上先进的离心铸造工艺、由水冷金属型离心铸管机浇铸而成，经过退火、承插口修整、水压试验、内壁衬层水泥、水泥衬层养护、水磨水泥内衬、外壁涂敷沥青漆、沥青漆烘烤、承口防锈处理、喷唛头及包装等多道工序的精心处理，是具有高强度、高延伸率、耐腐蚀的钢筋铁骨，是铸铁管材的发展方向。

球墨铸铁管质量上要求铸铁管的球化等级控制为 1~3 级（球化率大于等于 80%），因而材料本身的机械性，球墨铸铁管得到了较好的改善，具有铁的本质、钢的性能。退火后的球墨铸铁管，其金相组织为铁素体加少量珠光体，机械性能良好，防腐性能优异、延展性能好，密封效果好，安装简易，主要用于市政、工矿企业给水、输气、输油等。在铁素体和珠光体基体上分布有一定数量的球状石墨，根据公称口径及对延伸率的要求不同，基体组织中的铁素体和珠光体的比例有所不同，小口径的珠光体比例一般不大于 20%，大口径的一般控制在 25%。

球墨铸铁管优缺点：①优点：在中低压管网（一般用于 6MPa 以下），球墨铸铁管运行安全可靠，破损率低，施工维修方便、快捷，防腐性能优异等。②缺点：一般不使用在高压管网（6MPa 以上）。由于管体相对笨重，安装时必须动用机械。打压测试后出现漏水，必须把所有管道全部挖出，把管道吊起至能放进卡箍的高度，安装上卡箍阻止漏水。

2. 连接方法

管与管之间的连接，采用承插式或法兰盘式接口形式；按功能又可分为柔性接口和刚性接口两种。柔性接口用橡胶圈密封，允许有一定限度的转角和位移，因而具有良好的抗震性和密封性，比刚性接口安装简便快速，由于按铸造方法不同，劳动强度小。

3. 施工要点

（1）沟槽开挖，沟槽底宽应按式（4-1）计：

$$B=D_1+2(b_1+b_2) \tag{4-1}$$

式中　B——管道沟槽底部的开挖宽度，mm；

D_1——管道结构的外缘宽度，mm；

b_1——管道一侧的工作面宽度 ,mm；

b_2——管道一侧的支撑宽度 ,mm。

（2）沟槽支撑：根据沟槽土质、地下水、开槽断面、荷载条件等因素进行设计，要求牢固可靠，防止塌方、支撑不得妨碍下管和稳管。

（3）T 型接口管道在垂直或水平方向转弯处应设支墩。应根据管径、转角、工作压力等因素经计算确定支墩尺寸。

（4）输送生活饮用水时，管道不应穿过毒物污染区，如必须穿过时应采取防护措施。

（5）凡承插连接的球墨铸铁管线，必须经计算设支墩，参见国家建筑标准设计图集《柔性接口给水管道支墩》10S505。

（6）球墨铸铁管的外防腐蚀涂层应根据敷管地的土质情况来选择镀锌和环氧沥青涂层或更高要求的涂层。

（7）管道安装完、试压合格后，宜用低氯离子水冲洗和 0.03% 高锰酸钾水溶液消毒。

4.2　室外排水管道施工

4.2.1　双壁波纹管

双壁波纹管是一种具有环状结构外壁和平滑内壁的新型管材，于 20 世纪 80 年代初在德国首先研制成功。

双壁波纹管有抗外压能力强、工程造价低和使用寿命长等特点，主要应用于工作压力在 0.6MPa 以下的大型输水、供水、排水、排污、排气、地铁通风、矿井通风和农田灌溉等方面，如图 4-5、图 4-6 所示。

图 4-5 管材及配件

图 4-6 施工案例

1. 规格

(HDPE) 双壁波纹管产品的规格有：*DN*110、*DN*125、*DN*150、*DN*220、*DN*225 、*DN*250、*DN*300、*DN*400、*DN*500、*DN*600、*DN*700、*DN*800，*DN*1000 和 *DN*1200 等产品。

2. 特点

高密度聚乙烯(HDPE)具有优异的化学稳定性、耐老化及耐环境应力开裂的性能。由其为原材料生产出来的 HDPE 双壁波纹管属于柔性管。其主要性能如下：

（1）抗外压能力强：外壁呈环形波纹状结构，大大增强了管材的环刚度，从而增强了管道对土壤负荷的抵抗力，在这个性能方面，HDPE 双壁波纹管与其他管材相比较具有明显的优势。

（2）工程造价低：在同等负荷的条件下，HDPE 双壁波纹管只需要较薄的管壁就可以满足要求。因此，与同材质规格的实壁相管比，能节约一半左右的原材料，所以 HDPE 双壁波纹管造价也较低。这是该管材的又一个很突出的特点。

（3）施工方便：由于 HDPE 双壁波纹管重量轻，搬运和连接都很方便，所以施工快捷、维护工作简单。在工期紧和施工条件差的情况下，其优势更加明显。

（4）摩阻系数小，流量大：采用 HDPE 为材料的 HDPE 双壁波纹管比相同口径的其他管材可通过更大的流量。换言之，相同的流量要求下，可采用口径相对较小的 HDPE 双壁波纹管。

（5）耐低温抗冲击性能：HDPE 双壁波纹管的脆化温度是 -70℃。一般低温条件下（-30℃以上）施工时不必采取特殊保护措施，冬期施工方便，而且，HDPE 双壁波纹管有良好的抗冲击性。

（6）化学稳定性佳：由于 HDPE 分子没有极性，所以化学稳定性极好。除少数的强氧化剂外，大多数化学介质对其不起破坏作用。一般使用环境的土壤、电力、酸碱因素都不会使该管道破坏，不滋生细菌，不结垢，其流通面积不会随运行时间增加而减少。

（7）使用寿命长：在不受阳光紫外线条件下，HDPE 的双壁波纹管的使用年限可达 50 年以上。

（8）优异的耐磨性能：德国曾用试验证明，HDPE 的耐磨性甚至比钢管还要高几倍。

（9）适当的挠曲度：一定长度的 HDPE 双壁波纹管轴向可略为挠曲，不受地面一定程度的不均匀沉降的影响，可以不用管件就直接铺在略为不直的沟槽内等。

3. 施工要点

（1）熟悉设计图纸、资料，弄清主管和支管的管线布置、走向及工艺流程和施工安装要求。熟悉现场情况，了解设计管线沿途已有的平面及高程控制点分布情况。根据管道平面和已有控制点，并结合实际地形，做好实测数据整理，绘制实测草图。

（2）进场后对建设单位交接的水准点和导线点进行复测，闭合差符合设计要求后，进行导线点、水准点的加密，每 60m 范围内有一个水准点，加密点必须进行闭合平差，水准点的闭合差符合规范要求，确保加密点的准确，以满足排水管高程、线型控的精度。由于管道中线桩在施工中要被挖掉，因此在不受施工干扰、施工方便、易于保护的地方设施工控制桩，设中线方向控制桩，采用延长线或导线法，设附属构筑物位置控制桩，采用交会法或平行线法。施工过程中的测量主要是槽底高程的确定，机械开挖后，采用跟机测量，随挖随测，杜绝超挖现象，确保槽底高程符合设计要求，管道安装后，进行复测，发现问题及时处理，使管底高程控制在允许偏差范围内。每天测量工作开始前，都要进行相邻水准复核测量。管道中心由中线控制桩来确定，通过控制桩在管道基础上打出边线，确定管道的铺设位置。井室高程根据设计要求进行控制，管道铺设完毕后，要进行管顶及构筑物的竣工复核测量。

（3）沟槽开挖及基础处理：根据设计给定的水准点及坐标控制点进行测量、定位、放线，引临时水准点及控制桩，经监理工程师复核认证批准后方可进行沟槽开挖。工程采用挖掘机进行开挖，沟槽开挖要严格控制挖深及管道中心线，机械开挖留 20cm 的余量，由人工清槽至设计槽底高程位置，并将里程桩引至槽底。严格控制沟槽开挖放坡系数，按设计的放坡系数挖够宽度，开挖时应注意沟槽土质情况，必要时应请驻地监理和甲方及设计代表现场确定放坡系数，以防槽边塌方。沟槽开挖的土方直接装车外运，外运地点由业主指定。当沟槽开挖遇有地下水时，设置排水沟、集水坑，及时做好沟槽内地下水的排水降水工作，并采取先铺卵石或碎石层（厚度不小于100mm）的地基加固措施；当无地下水时，基础下素土夯实，压实系数大于0.95；当遇有淤泥、杂填土等软弱地基时，按管道处理要求采用级配戈壁土进行换填处理；换填厚度为30cm。在沟槽开挖100m左右，土方外运人工清槽后，并经监理工程师检验合格，方可在沟槽内进行下道工序的施工。

4.HDPE双壁波纹管施工优点

（1）大大缩短工期和缩小施工难度。由于HDPE双壁波纹管质量远轻于水泥管材，非常容易承插，所以大大缩小了施工难度；并且HDPE双壁波纹管最短为6m一根，而水泥管基本上为2.5m一根，大大缩短工期。

（2）HDPE双壁波纹管对沟底要求不高。由于水泥管材为刚性管，为保证承插效果，沟底必须处理平整，最好打基础层，并且要求施工人员有绝对的责任心。HDPE双壁波纹管为柔性管，对沟底要求不高。

（3）HDPE管对地面下沉或地壳变动不断裂。HDPE管的伸长率为钢管的20多倍，是PVC的六倍半，其断裂伸长率却非常高，延伸性很强。这就意味着当地面下沉或发生地震时地壳有变动的情况下，HDPE管能够产生抗性变形而不断裂。这一点远优于钢管，也优于有明显脆性的PVC管。

（4）HDPE管的渗透率远低于水泥管材，低于2%，对地下水不会造成二次污染。水泥管材无弹性，虽然配有胶圈，但密封效果差，特别是施工人员由于水泥管材重，不好施工，索性不管承插的效果，导致胶圈失去作用，从而使管材渗透率提高。

（5）HDPE管使用寿命长，50年以上。PE管的安全使用期为50年以上，这一点不仅已为国际标准所证明，而且已被先进国家证明。水泥管理论上使用寿命为20年，但是其为硅酸盐类，长期受到酸碱的腐蚀，寿命大大降低。全国各地均有水泥管材由于污水渗漏导致地面下沉，接口断裂，几年内就不得不更换的实例。

（6）HDPE管内表面光滑，不带正负电荷，不结垢。而水泥管材易结垢，结垢后，使管径缩小，影响通流量。

（7）HDPE质量轻，便于运输与安装，无损耗。而水泥管材质量重，不便于运输与安装，并且在运输与安装时易损耗。

（8）当管道通过流量、坡降及埋深相同时，HDPE可以比水泥管小一两个型号。HDPE内表面粗糙系数为0.009，水泥管材内表面粗糙系数为0.014，按照世界公认的谢才定律，进行同流量计算，HDPE管材可以比水泥管材小两个型号，而实际应用中，建议小一个型号即可。如设计为600口径的水泥管材可以用500口径的HDPE替换。

5. 应用范围

（1）市政工程：用作排水、排污管。

（2）建筑工程：用作建筑物雨水管、地下排水管、排污管、通风管等。

4.2.2　混凝土排水管

混凝土排水管：用混凝土或钢筋混凝土制作的管子，用于输送水、油、气等流体。混凝土管分为素混凝土管、普通钢筋混凝土管、自应力钢筋混凝土管和预应力混凝土管4类，如图4-7所示。按混凝土管内径的不同，可分为小直径管(内径400mm以下)、中直径管(400～1400mm)和大直径管(1400mm以上)。按管子承受水压能力的不同，可分为低压管和压力管，压力管的工作压力一般有0.4MPa、0.6MPa、0.8MPa、1.0MPa、1.2MPa等。混凝土管与钢管比较，按管子接头形式的不同，又可分为平口式管、承插式管和企口式管。其接口形式有水泥砂浆抹带接口、钢丝网水泥砂浆抹带接口、水泥砂浆承插和橡胶圈承插等。

混凝土管的成型方法有离心法、振动法、滚压法、真空作业法以及滚压、离心和振动联合作用的方法。为了提高混凝土管的使用性能，中国和其他许多国家较多地发展预应力混凝土压力管。这种管子配有纵向和环向预应力钢筋，因此具有较高的抗裂和抗渗能力。20世纪80年代，中国和其他一些国家发展了自应力钢筋混凝土管，其主要特点是利用自应力水泥（见特种水泥）在硬化过程中的膨胀作用产生预应力，简化了制造工艺。混凝土管与钢管比较，可以节约大量钢材，延长使用寿命，且建厂投资少，铺设安装方便，已在工厂、矿山、油田、港口、城市建设和农田水利工程中得到广泛的应用。

图4-7　管材及配件

图4-8　施工案例（一）

图 4-8 施工案例（二）

1. 管道施工及其流程

管道开槽施工，根据管道种类、地质条件、管材、施工机械条件等不同，其施工工艺有所不同，但主要工艺步骤是相同的，雨、污水（排水）混凝土管道施工工艺流程如下：施工放样→沟槽开挖及地基处理→基础垫层→下管、安管→浇筑管座混凝土→附属构筑物施工→闭水试验→沟槽回填。

当管座与平基分层浇筑时，应先将平基凿毛冲洗干净，并将平基与管体相接触的腋角部位，用同强度等级的水泥砂浆填满、捣实后，再浇筑混凝土，使管体与管座混凝土结合严密。施工案例如图 4-8 所示。

2. 管道沟槽开挖要求

（1）开挖深度超过 3m（含 3m）或虽未超过 3m 但地质条件和周边环境复杂的基坑（槽）支护、降水工程，须编制专项施工方案。方案经审核合格，由施工单位技术负责人签字，并报监理单位，由项目总监理工程师审核签字后方可组织实施。

（2）开挖深度超过 5m（含 5m）的基坑（槽）的土方开挖、支护、降水工程，或开挖深度虽未超过 5m，但地质条件、周围环境和地下管线复杂，或影响毗邻建筑（构筑）物安全的基坑（槽）的土方开挖、支护、降水工程属于超过一定规模的危险性较大的分部分项工程，专项方案应当由施工单位组织召开专家论证会。施工单位应当根据论证报告修改完善专项方案，并经施工单位技术负责人、项目总监理工程师、建设单位项目负责人签字后，方可组织实施。

（3）沟槽底部的开挖宽度，应符合设计要求；设计无要求时，可按式（4-2）计算确定：

$$B = D_0 + 2(b_1 + b_2 + b_3) \quad (4\text{-}2)$$

式中　B——管道沟槽底部的开挖宽度，mm；

D_0——管外径，mm；

b_1——管道一侧的工作面宽度，mm，可按表 4-1 选取；

b_2——有支撑要求时，管道一侧的支撑厚度，可取 150~200 mm；

b_3——现场浇筑混凝土或钢筋混凝土管渠一侧模板的厚度，mm。

管道一侧的工作面宽度　　表 4-1

管道的外径 D_0	管道一侧的工作面宽度 b_1 (mm)		
	混凝土类管道		金属类管道、化学建材管道
$D_0 \leqslant 500$	刚性接口	400	300
	柔性接口	300	
$500 < D_0 \leqslant 1000$	刚性接口	500	400
	柔性接口	400	
$1000 < D_0 \leqslant 1500$	刚性接口	600	500
	柔性接口	500	
$1500 < D_0 \leqslant 3000$	刚性接口	800~1000	700
	柔性接口	600	

注：1. 槽底需设排水沟时，b_1 应适当增加；2. 管道有现场施工的外防水层时，b_1 宜取 800 mm；3. 采用机械回填管道侧面时，b_1 需满足机械作业的宽度要求。

（4）沟槽上口宽度可根据开挖深度、放坡值按式（4-3）计算：

$$W=B+2M \quad (4\text{-}3)$$

式中　W——沟槽上口宽度，mm；

B——槽底宽度，mm；

M——边坡值，mm。

（5）沟槽边坡应符合设计要求；设计无要求时，当地质条件良好、土质均匀、地下水位低于沟槽底面高程，且开挖深度在 5m 以内、沟槽不设支撑时，沟槽边坡最陡坡度应符合表 4-2 的规定。

深度在 5m 以内的沟槽边坡的最陡坡度　　表 4-2

土的类别	边坡坡度（高：宽）		
	坡顶无荷载	坡顶有静载	坡顶有动载
中密的砂土	1 ： 1.00	1 ： 1.25	1 ： 1.50
中密的碎石类土（充填物为砂土）	1 ： 0.75	1 ： 1.00	1 ： 1.25
硬塑的粉土	1 ： 0.67	1 ： 0.75	1 ： 1.00
中密的碎石类土（充填物为黏性土）	1 ： 0.50	1 ： 0.67	1 ： 0.75
硬塑的粉质黏土、黏土	1 ： 0.33	1 ： 0.50	1 ： 0.67
老黄土	1 ： 0.10	1 ： 0.25	1 ： 0.33
软土（经井点降水后）	1 ： 1.25	—	—

（6）沟槽边坡坡面应平顺，坡度符合施工方案的规定，以保证支撑撑板与沟槽槽壁紧贴。

（7）槽底不得受水浸泡或受冻，槽底局部扰动或受水浸泡时，宜采用天然级配砂砾石或石灰土回填；槽底扰动土层为湿陷性黄土时，应按设计要求进行地基处理。

（8）槽底土层为杂填土、腐蚀性土时，应全部挖除并按设计要求进行地基处理。

（9）沟槽须做好排水工作，防止雨水淹没。沟槽底部周围的一侧或两侧应设置排水沟，沟边缘距离边坡坡脚应不小于 0.3m，每隔 30～50m 设一个集水井，用水泵将水抽出沟槽外。沟槽顶部两侧应设置截水边沟，防止雨水流入沟槽。

（10）排水管道沟槽地基承载力应符合设计要求，现场常采用动力触探试验来测定。

（11）沟槽开挖至设计高程后应由建设单位会同设计、勘察、施工、监理单位共同验槽；发现岩、土质与勘察报告不符或有其他异常情况时，由建设单位会同上述单位研究处理措施。

（12）沟槽开挖完成后，两侧应及时进行防护，高度不低于 1.2m，设置安全警示标志，夜间设置警示红灯。

（13）沟槽边堆土应满足下列要求：

1）不得影响建（构）筑物、各种管线和其他设施的安全；

2）堆土距沟槽边缘不小于 0.8m，且高度不应超过 1.5m；沟槽边堆置土方不得超过设计堆置高度；

3）沟槽每侧堆土应平整成规则形状，并及时用防尘网进行覆盖。

（14）沟槽质量验收标准：

1）主控项目

①原状地基土不得扰动、受水浸泡或受冻；

检查方法：观察，检查施工记录。

②地基承载力应满足设计要求；

检查方法：观察，检查地基承载力试验报告。

③进行地基处理时，压实度、厚度满足设计要求；

检查方法：按设计或规定要求进行检查，检查检测记录、试验报告。

2）一般项目

沟槽开挖的允许偏差应符合表 4-3 的规定。

沟槽开挖的允许偏差　　表 4-3

<table>
<tr><th rowspan="2">序号</th><th rowspan="2">检查项目</th><th rowspan="2" colspan="2">允许偏差（mm）</th><th colspan="2">检查数量</th><th rowspan="2">检查方法</th></tr>
<tr><th>范围</th><th>点数</th></tr>
<tr><td rowspan="2">1</td><td rowspan="2">槽底高程</td><td>土方</td><td>±20</td><td rowspan="2">两井之间</td><td rowspan="2">3</td><td rowspan="2">用水准仪测量</td></tr>
<tr><td>石方</td><td>+20、−200</td></tr>
<tr><td>2</td><td>槽底中线每侧宽度</td><td colspan="2">不小于规定</td><td>两井之间</td><td>6</td><td>挂中线用钢尺测量，每侧计 3 点</td></tr>
<tr><td>3</td><td>沟槽边坡</td><td colspan="2">不小于规定</td><td>两井之间</td><td>6</td><td>用坡度尺测量，每侧计 3 点</td></tr>
</table>

3. 管道基础施工

（1）地基处理

地基指沟槽底的土壤部分，常用的有天然地基和人工地基。当天然地基的强度不能满足设计要求时，应按要求对地基进行加固；当槽底局部超挖或发生扰动时，应进行基底处理。

1）地基加固方法

地基的加固方法较多，管道地基的常用加固方法有换土、压实、挤密桩等。

① 换土加固法：有挖除换填和强制挤出换填两种方式。挖除换填是将基础底面下一定深度的弱承载土挖去，换为低压缩性的散体材料，如素土、灰土、砂、碎石、块石等。强制挤出换填是不挖除原弱土层，而借换填土的自重下沉将弱土挤出。

② 压实加固法：就是用机械的方法使土空隙率减小，密度提高。压实加固是各种加固法中最简单、成本最低的方法。管道地基的压实方法主要是夯实法。

③ 挤密桩加固法：是在承压土层内，打设很多桩或桩孔，在桩孔内灌入砂，成为砂桩，以挤密土层，减少空隙体积，增加土体强度。当沟槽开挖遇到粉砂、细沙及薄层砂质黏土、下卧透水层，由于排水不畅发生扰动，深度在 1.8~2.0m 时，可采用砂桩法挤密排水来提高承载力。

2）基底处理规定

① 挖深不超过 150mm 时，可用挖槽原土回填夯实，压实度不应低于原地基土的密实度；

② 槽底地基土壤含水量较大，不适于压实时，应采取换填等有效措施；

③ 排水不良造成地基土扰动时，扰动深度在 100mm 以内，宜填充天然级配砂石或砂砾；扰动深度在 300mm 以内、下部坚硬时，宜换填卵石或块石，并用砾石填充空隙并找平表面；

④ 设计要求换填时，应按要求清槽，并检查合格；回填材料应符合设计要求或有关规定；

⑤ 柔性管道地基处理宜采用砂桩、搅拌桩等复合地基。

（2）管道基础

管道基础是指管子或支撑结构与地基之间经人工处理过的或专门建造的构筑物，其作用是将管道较为集中的荷载均匀分布，以减少管道对地基单位面积的压力。或由于土的特殊性质的需要，为使管道安全稳定运行而采取的一种技术措施，如图 4-9 所示。

一个完整的管道基础应由两部分组成，即管座和基础，设置管座的目的在于使基础和管子连成一个整体，以减少对地基的压力和对管子的反力。管座包围管道形成的中心角 α 越大，则基础所受的单位面积的压力和地基对管作用的单位面积的反力越小。而基础下方的地基，则承受管和基础的重量、管内水的重量、管上部土的荷载以及地面荷载。

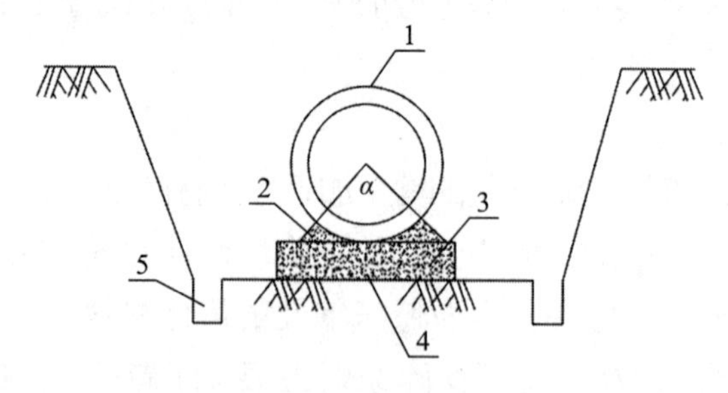

图 4-9 管道基础图示

1—管道；2—管座；3—管基础；4—地基；5—排水沟

基础形式主要由设计人员根据地质情况、管材及管道接口形式等因素，进行选定或设计的。作为施工人员要严格按设计要求和施工规范进行施工。室外给水排水管道基础常用的有原状土壤基础、砂石基础和混凝土基础 3 种。

1）原状土壤基础

当土壤耐压较高和地下水位在槽底以下时，可直接用原土作基础。排水管道一般挖成弧形槽，称为弧形素土基础，但原状土不得超挖或扰动。如局部超挖或扰动时，应根据有关规定进行处理；岩石地基局部超挖时，应将基地碎渣全部清理，回填低强度等级混凝土或粒径 10～15mm 的砂石夯实。非永冻土地区，管道不得铺设在冻结的地基上；管道安装过程中，应防止地基冻胀。

2）砂石基础

砂石基础一般适用于原状地基为岩石（或坚硬土层）或采用橡胶圈柔性接口的管道。原状地基为岩石或坚硬土层时，管道下方应铺设砂垫层作基础，其厚度应符合表 4–4 规定：

管道垫层厚度参数　　表 4–4

管道种类	垫层厚度		
	$D_0 \leqslant 500mm$	$500\ mm < D_0 \leqslant 100mm$	$D_0 > 1000mm$
柔性管道	⩾ 100	⩾ 150	⩾ 200
柔性接口的刚性管道	150～200		

柔性管道的基础结构设计无要求时，宜铺设厚度不小于 100mm 的中粗砂垫层；软土地基宜铺设一层厚度不小于 150mm 的砂砾或 5～40mm 粒径碎石，其表面再铺厚度不小于 50mm 的中、粗砂垫层。

柔性接口的刚性管道基础，设计无要求时，一般土质地段可铺设砂垫层，亦可铺设 25mm 以下粒径碎石，表面再铺 20mm 厚的砂垫层（中、粗砂），垫层总厚度应符合表 4–5 规定。

柔性接口刚性管道砂石垫层总厚度　　表 4–5

管径（mm）	垫层总厚度（mm）
300～800	150
900～1200	200
1350～1500	250

砂石基础在铺设前，应先对槽底进行检查，槽底高程及槽宽须符合设计要求，且不应有积水和软泥。管道有效支承角范围必须用中、粗砂填充插捣密实，与管底紧密接触，不得用其他材料填充。

3）混凝土基础

混凝土基础一般用于土质松软的地基和刚性接口（对平口管、企口管采用钢丝网水泥砂浆抹带接口或现浇混凝土套环接口；对承插口管的刚性填料接口）的管道上，下面铺一层 100mm 厚的碎石砂垫层或混凝土垫层。在垫层上安装混凝土基础的侧向模板，侧向模板要有足够的强度和刚度，且支护稳定。支护侧向模板可用水平线绳调直，保证浇筑混凝土的外观及实用性良好。

4. 管道敷设要点

（1）装卸和堆放

水管在运输过程中，应有防止滚动和相互碰撞的措施。非金属管材可将水管放在凹槽或两侧钉有木楔的垫木上，水管上下层之间应有垫木、草袋或麻袋隔开。装好的水管应用缆绳或钢丝绑牢，金属管材与缆绳或钢丝绑扎的接触处，应垫以草袋或麻袋等软衬，以免防腐层受到损伤。铸铁直管装车运输时，伸出车体外部分不应超过水管长度的 1/4。

管节与管件装卸时应轻装轻放，运输时应稳垫、绑牢，不得相互碰撞，接口及钢管的内外防腐层应采取保护措施；金属管、化学建材管及管件吊装时，应采用柔韧的绳索、兜身吊带或专用工具；采用钢丝绳或铁链时不得直接接触管节。

管节堆放宜选用平整、坚实的场地；堆放时必须垫稳，防止滚动。

（2）下管

下管是在沟槽和管道基础已经验收合格后进行，下管前应对管材进行检查与修补。水管经过检验、修补后，在下管前应在沟槽上排列成行（称排管），经核对管节、管件无误后方可下管。重力流管道一般从最下游开始逆水流方向铺设，排管时应将承口朝向施工前进的方向。压力流管道若为承插口铸铁件时，承口应朝向介质流来的方向，并宜从下游开始铺设，以插口去对承口；当在坡度较大的地段，承口应朝下，为便于施工，由低处向高处铺设。

下管的方法要根据管材种类、管节的重量和长度、现场条件及机械设备等情况来确定，一般分为人工下管和机械下管两种形式。

1）人工下管：人工下管用于施工现场狭小不便于机械操作或重量不大的中小型水管的下管，以方便施工、操作安全为原则。

2）机械下管：机械下管一般用汽车式或履带式起重机械（多功能挖土机）进行下管，机械下管有分段下管和长管段下管两种方式。分段下管是起重机械将水管分别吊起后下入沟槽内，这种方式适用于大直径的铸铁管和钢筋混凝土管。长管段下管是将钢管节焊接连接成长串管段，用 2~3 台起重机联合起重下管。

（3）稳管

稳管是将水管按照设计高程和位置，稳定在地基或基础上。对距离较长的重力流管道工程，一般由下游向上游进行施工，以便使已安装的管道先期投入使用，同时也有利于地下水的排除。稳管时，控制管道的轴线位置和高程是十分重要的，也是检查验收的主要项目。

1）管道轴线位置的控制。轴线位置控制主要有中心线法和边线法两种。对于大型管道也可采用经纬仪或全站仪直接控制。

①中心线法：在连接两块坡度板的中心钉之间的中线上挂一铅垂，当铅垂线通过水平尺中心时，表示水管已对中。

②边线法：边线两端拴在槽底或槽壁的边桩上。稳管时控制水平直径处外皮与边线间的距离宜为常数，则管道处于中心位置。用这种方法对中，比中心线法速度快，但准确度不如中心线法。

2）高程控制。高程控制可用塔尺和水准仪直接控制，也可用测设的坡度来间接控制。

5. 管道接口处理

（1）混凝土排水管道接口形式及技术要求，见表 4-6。

混凝土排水管道接口形式及技术要求　　表 4-6

接口形式	技术要求	适用范围
水泥砂浆抹带接口	采用 1 ∶ 3 的水泥砂浆在接口处抹成半椭圆形砂浆带，带宽为 120～150mm，中间厚为 30mm	适用于地基土质较好的雨水管，平口、企口和承插口均可使用
钢丝网水泥砂浆抹带接口	将宽抹带范围 200mm 的管外壁凿毛，抹 1 ∶ (2.5～3)，厚 15mm 的水泥砂浆一层，在抹带层内埋置 10mm × 10mm 方格钢丝网，钢丝网两端插入基础混凝土中固定，上面再压 l0mm 厚的水泥砂浆一层	适用于地基土质较好的雨水管与污水管
石棉沥青卷材接口	将接口壁面刷净烤干，涂一层冷底子油，再刷 3mm 的沥青砂玛琋脂	一般适用于地基沿轴向沉陷不均匀地区
内套环石棉水泥接口	在内套环外壁与管道内壁间隙中用（重量比）石棉 ∶ 水泥 ∶ 水 =3 ∶ 7 ∶ 1 的石棉水泥打口，也可采用膨胀水泥砂浆塞入	适用于较大口径的管道
沥青砂浆接口	管口处涂冷底子油，然后用模具定型、浇灌沥青砂浆。沥青 ∶ 石棉粉 ∶ 砂 =3 ∶ 2 ∶ 5，沥青砂浆在 200℃具有良好的流动性	适用于地基不均匀沉降地区

混凝土排水管道连接要点：

1）在管道接口处用砂浆堵塞缝隙并抹成带状，适用于地基较好或有带形基础的雨水管、地下水位以上的污水支管。

2）材料应用强度等级 32.5 的水泥，砂子应过 2mm 孔径的筛子且含泥量不得大于 2%。

3）接口用水泥砂浆配比应按设计规定，设计无规定时，抹带可采用水泥：砂子=1：2.5（重量比），水胶比一般不大于0.5。使用的砂浆或细石混凝土应随拌随用，放置不得超过初凝时间，严禁加水复拌再使用。

4）抹带前，先将管口洗刷干净，并刷水泥素浆一道，保持湿润。

5）抹带应与灌注混凝土管座紧密配合，灌注管座后，随即进行抹带，使带与管座结合成一体；如不能随即抹带时，抹带前管座和管口应凿毛、洗净，以利于管带结合。

6）第一层表面可划成线槽，使表面粗糙，砂浆配比要求准确。抹第一层砂应注意找正，使管缝居中，厚度约为带厚的1/3，并分层压实使之与管壁粘结牢，管径400mm以内者，抹带可一层成活。

7）抹好后立即覆盖养护。对于管径不小于700mm的水管，可进入管内勾管内缝。管径不小于600mm的水管，可用麻袋球或其他工具在管内来回拖动，以便将漏进管内的灰浆挤入管缝。

（2）水泥砂浆抹带施工其他注意事项

1）直径大于等于700mm的水管内缝，应用水泥砂浆填实抹平，灰浆不得高出管内壁。管座部分的内缝，应配合灌注混凝土时勾抹。管座以上的内缝应在管带终凝后勾抹，也可在抹带以前，将管缝支上内托，从外部将砂浆填实，然后拆去内托，勾抹平整。管缝超过10mm时，抹带应在管内管缝上部支一垫托（一般用竹片做成）。不得在管缝填塞碎石、碎砖、木片或纸屑等。

2）承插管敷设前应将承口内部及插口外部洗刷干净。敷设时应使承口朝着敷设前进方向。第一节水管稳好后，应在承口下部满铺灰浆，随即将第二节管的插口挤入，注意保持接口缝隙均匀，然后将砂浆填满接口，填捣密实，口部抹成斜面。挤入管内的砂浆应及时抹光或清除。

（3）钢丝网水泥砂浆抹带接口

1）钢丝网水泥砂浆抹带接口适用于地下水位较高的地方。钢丝网规格应符合设计要求，并应无锈、无油垢。每圈钢丝网应按设计要求并留出搭接长度，事先截好。

2）将接口处刷洗干净后，用1：3水泥砂浆捻缝，先抹1：2.5水泥砂浆厚15mm，再铺放20目10mm×10mm钢丝网宽180mm，搭接长度为100mm，插入基础深为150mm，最后再抹1：2.5水泥砂浆厚10mm。

3）施工时应注意：管径不小于600mm的水管，抹带部分的管口应凿毛；管径不大于500mm的水管应刷去痂皮。

4）在灌注混凝土管座时，将钢丝网按设计规定位置和浓度插入混凝土管座内，并另加适当抹带砂浆，认真捣固。

5）抹第一层水泥砂架并压实，使之与管壁粘结牢固，厚度为15mm，然后将2片钢丝网包拢，用20号镀锌钢丝将2片钢丝网扎牢。

6）待第一层水泥砂浆初凝后，抹第二层水泥砂浆厚 10mm，同上法包上第二层钢丝网，搭槎应与第一层错开（如只用一层钢丝网，这一层砂浆即与模板抹平，初凝后赶光压实）。

7）待第二层水泥砂浆初凝后，抹第三层水泥砂浆，与模板抹平，初凝后赶光压实；抹带完成后，一般 4~6h 可以拆除模板，拆时应轻巧轻卸，以免破坏带的边角。

（4）沥青麻布接口

1）沥青麻布接口做法：沥青麻布三层四油，沥青用 4 号，沥青麻布也可以用玻璃布代替。管道管径不大于 900mm 的接口，采用沥青麻布的宽度宜为 150mm、200mm、250mm；管道管径不小于 1000mm 的接口，采用沥青麻布的宽度宜为 200mm、250mm、300mm。搭接长度均为 150mm。冷底子油配比（重量比）为 4 号沥青 30%，汽油 70%。

2）施工注意事项：施工时先做接口再做基础，接口处基础应断开。

（5）沥青砂带接口

1）先用 1∶3 水泥砂浆捻缝，后涂冷底子油，最后上沥青砂（沥青玛琋脂），如图 4-10 所示；

2）沥青砂配制的材料为沥青∶石棉∶细砂 =1∶0.67∶0.67（重量比）；

3）灌口时用预制模具。施工时先做接口后打基础，接口处基础用木丝板断开。

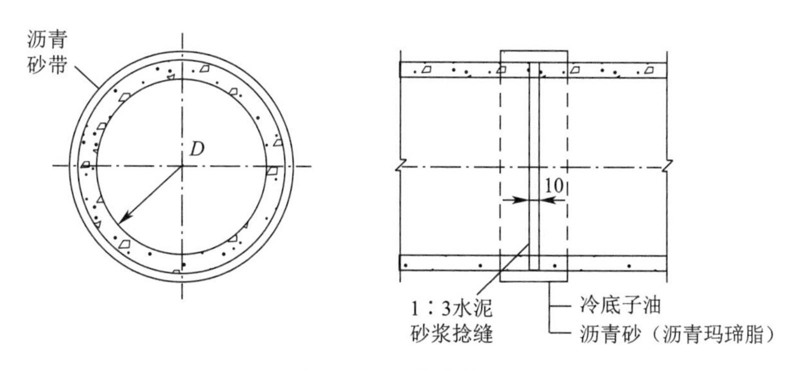

图 4-10　沥青砂带接口

（6）石棉沥青卷材接口

1）将接口处刷干净，先涂冷底子油，然后按顺序涂刷 3~5mm 沥青砂、石棉沥青卷材、厚 3mm 的沥青砂。

2）施工时先做接口后打基础，接口处混凝土基础用板断开。

（7）排水管道承插口

1）承插式橡胶圈接口属柔性接口，与前所述承插混凝土管不同，在插口处设一凹槽防止橡胶圈脱落，该种接口的管道有配套“○”形橡胶圈。接口施工方便，适用于地基土质较差、地基硬度不均匀或地震区。

2）企口式橡胶圈接口属柔性接口，配有与接口配套的“q”形橡胶圈，是从国外引进的施工工艺，用于地基土质不好、不均匀沉降地区，既可用于开槽施工，又可以用于顶管施工。

3）采用承插口管材的排水管道工程必须符合设计要求，所用管材必须符合质量标准，并具有出厂合格证。

4）管材在安装前，应对管口、直径、椭圆度等进行检查，必要时应逐个检测。

5）敷设管道安放止水胶圈应谨慎小心，就位正确。橡胶圈表面均匀涂刷中性润滑剂，合拢时两侧应同步拉动，不致扭曲托槽，尤其遇水膨胀橡胶止水带要严格按设计要求操作。

6）采用柔性接口（止水橡胶圈）应每安放一节管后立即检验是否符合标准，发现有扭曲、不均匀、脱槽等现象，即予纠正。

7）接口间隙环缝要均匀，填料要密实、饱满、平整，填料凹入承口边缘不得大于5mm。

8）管道承插接口的填料可采用水泥砂浆或沥青胶泥。承口下部2/3以上应抹足砂浆，接口缝隙内砂浆应嵌实，并按设计标准分两次抹浆，最后收水抹光并及时进行湿润养护。

4.2.3 室外排水盲管

1. 定义

排水盲管又称排水盲沟、塑料盲管（部分在PVC-U排水管上钻孔）、渗排水盲管/盲沟，是以合成纤维、塑料以及合成橡胶等为原料，经不同的工艺方法制成各种类型、多功能的土工产品。渗排水盲管是将热塑性合成树脂加热熔化后通过喷嘴挤压出纤维丝叠置在一起，并将其相接点熔结而成的三维立体多孔材料。材质憎水、阻力小，具有极高的表面渗水能力和内部通水能力；并具有极好的抗压能力及适应形变的能力；具有极佳的化学惰性，在岩土工程使用中能保持长久的寿命；重量轻，易裁剪，施工安装方便。盲管在主体外包裹土工布作为滤膜，具有多种尺寸规格。国外已使用20多年，受到工程界的普遍欢迎，如图4-11所示。

图4-11 施工案例（一）

图 4-11　施工案例（二）

2. 盲管规格

按照管径可分为：外径 ϕ80mm、ϕ100mm、ϕ150mm、ϕ200mm，特殊规格可定制。

3. 盲管优点

（1）抗压强度高，耐压性能好，柔性好，恢复性好，适应土体变形能力强，能避免由于超载、地基烈变形及不均匀沉降等原因的断裂造成集水排水失效的事故发生；

（2）具有在土中、水中永不降解、抗老化、抗紫外线、耐高温、耐腐蚀、保持永久性材质无变化的特点；

（3）塑料盲沟的滤膜可根据不同的土质情况选用，充分满足工程需求，且避免滤膜产品单一不经济的缺点；

（4）塑料盲沟的相对密度轻（约为 0.91~0.93），现场施工安装十分方便，劳动强度下降，大大加快施工效率；

（5）塑料盲沟的表面平均开孔率达 90%~95%，远远高于其他同类产品，最有效地收集土壤中的渗水，并及时汇集排走；

（6）在相同的集水排水效果条件下塑料盲沟的材料费、运输费、施工费都低于其他类型盲沟，综合成本较低。

4. 工程应用

盲管可集排土中渗水，用以减小地下水压力，排除多余水分，保护土体和建筑物不会因产生渗透变形而破坏，广泛应用于土木、交通、水利、工民建矿工、环境保护等建设项目的地下集水排水工程。主要应用于下面一些领域：

（1）屋顶花园排水；

（2）运动场、高尔夫球场、机场、公园等绿化地排水；

（3）挡土墙背面排水（垂直、水平排水）；

（4）农业、园艺之地下灌溉排水系统；

（5）山坡、堤坡等坡面排水；

（6）隧道、地下通道排水；

（7）公路、铁路路基及路肩排水；

（8）软基处理水平排水。

其中，园艺排水盲管与普通工程盲管在材质上略有不同，由于采用了适合植物生长的天然火山岩等轻质、通透性佳的作为填充过滤材料，在解决了绿化基盘的排水问题的同时，也解决了普通工程盲管使用中经常出现的草坪色差问题。

4.2.4 临时降水井

在土方开挖过程中，当开挖底面标高低于地下水位的基坑时，由于含水层被切断，地下水会不断地渗入坑内。如果没有采取降水措施把流入坑内的水及时排走或水位降低，不但会使施工条件恶化，而且更严重的是土被水泡软后，会造成边坡塌方和地基承载能力下降。

降水井是临时起到降低地下水位或者疏干地下水作用的构筑物，如图4-12所示。基坑降水井作用是防止基坑破面和基底的渗水，保持基坑底干燥便利施工。增加边坡和坡底的稳定性，防止边坡上或基坑底的土层颗粒流失。减少土体含水率，有效提高土体物理力学性能指标。提高土体固结程度，增加地基抗剪强度。

井点降水的施工原理基本相同，施工的方法基本相同，只是根据不同的降水要求及施工环境采用不同管井及抽水的设备进行，同时根据不同的设备进行局部处理。其中几个重要的操作流程说明如下：

1. 井点测量定位：井点的测量是根据现场的实际情况及图纸共同确定位置，并做好标记。一个井点的确定将关系其他井点的布设及施工，也会影响降水效果。因此，在井点测量阶段应控制好整个降水工程质量、效果。

图 4-12　施工案例

2. 钻孔：钻孔是井点降水的关键，在此过程中应严格按照设计图纸进行。钻孔时边钻孔边注进清水，使井内泥浆排出，同时应用护筒对孔口进行保护，防止孔口塌方，同时在附近设置排泥沟。在提钻时应注意缓慢进行，防止钻孔发生堵塞。

3. 吊放井管：吊放管井时应将管井连续沉入，管间的连接要牢靠，方向要垂直，管井放置好后，管井要高于孔口 0.5m。

4. 回填石料：在管井与土之间填充砾石滤料，石料必须采用粗砂，防止滤管堵塞，在填料过程中，要防止孔壁土塌方，石料的填充高度应超过地下水水位线，以保证土层水能够透过滤石进入管井。在每个管井安装完成后要检查渗水性能，以向管内注水，能很快下降为合格。在填充石料后应在管井口处用黏土压实。

5. 洗井：洗井是用清水对管井底部进行清洗工作，防止泥沙堵塞排水设备，在清洗过程中应逐根进行，直至流出清水。

4.3　室外给水功能配件施工

4.3.1　阀门井

阀门井是地下管线及地下管道（如自来水、油、天然气管道等）上安置阀门的类似小房间的一个坑（或井），如图 4-13 所示。设置阀门井是为了方便在需要进行开启和关闭部分管网操作或检修作业，也是为了方便各连接件（螺丝、螺栓等）腐蚀时的更换，也是便于定期检查、清洁和疏通管道，防止管道堵塞的枢纽。

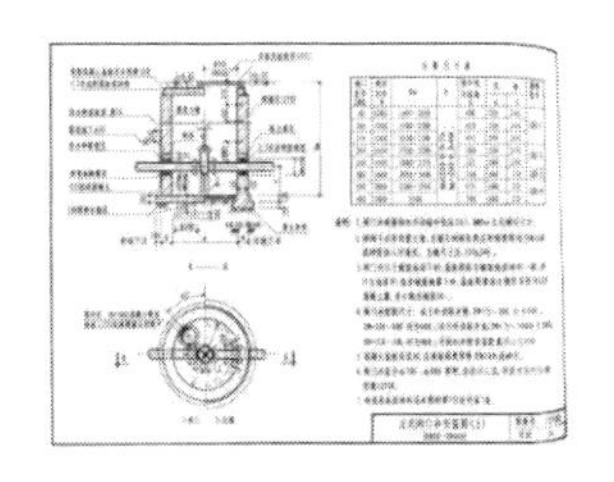

图 4-13　施工案例（一）

图 4-13 施工案例（二）

1. 阀门井分类

（1）传统阀门检查井

传统阀门检查井按照材质可分为砖砌阀门井和钢筋混凝土阀门井，按形状通常有圆形和方形两种，按阀门品种有闸阀、蝶阀、截止阀、球阀、水力控制阀、隔膜阀等。管道与井体的连接方式通常是刚性连接。

1）砖砌阀门井有：砖砌圆形立式闸阀井、砖砌圆形立式蝶阀井、砖砌圆形卧式蝶阀井、砖砌水表井、砖砌圆形排气阀井、砖砌排泥阀（湿）井等。

2）钢筋混凝土阀门井有：钢筋混凝土矩形立式闸阀井、钢筋混凝土矩形立式蝶阀井、钢筋混凝土矩形卧式蝶阀井、钢筋混凝土矩形水表井、钢筋混凝土矩形排气阀井等。

（2）塑料阀门检查井

塑料阀门检查井是由高分子合成树脂制成的检查井，通常采用聚氯乙烯(PVC-U)、聚丙烯(PP)和高密度聚乙烯(HDPE)等通用塑料作为原材料，替代了红砖水泥，通过高温高压使原材料融化和高压注塑成型，塑料阀门检查井一般为圆形检查井（圆形受力最均匀）。

塑料阀门井安装简便、重量轻、便于运输安装、性能可靠、承载力强、抗冲击性好，耐腐蚀，耐老化、与塑料管道采用柔性连接方式，连接方便、密封性好，有效防止污水渗漏、安全环保。

2. 技术要求

阀门井是管道的枢纽，须达到以下几个要求：

（1）阀门井本身不能渗水，必须保证其密封性；

（2）给水管道在使用过程中，管道会受到来自不同方面的压力，从而会产生不同程度的抖动或沉降，因此给水管道与阀门井的连接方式要可靠，能够适应一定程度的抖动和沉降，而不会使水渗进井室；在埋地很深的阀门井中，管道稍大时一般都采用铸铁阀门（如截止阀，蝶阀等），铸铁阀门长期在水里浸泡会影响其使用寿命或引起断裂，因此对密封性的要求更高；

（3）阀门井井筒与井体、井盖的连接方式要可靠，不能因为大雨或积水就渗水进入井室里；

（4）埋设于地下的阀门井要承受来自各个方向的不同压力和不同化学物质的腐蚀和侵害，要求其承压能力和耐酸碱腐蚀性要好。

4.3.2　室外水泵接合器

水泵接合器是供消防车往建筑物内消防给水管网输送水的预留接口，由法兰接管、弯管、止回阀、泄水阀、闸阀、安全阀、消防接口、本体等部件组成，是为高层建筑配套的消防设施之一，如图 4-14 所示。通常与建筑物内的自动喷水灭火系统或消火栓等消防设备的供水系统相连接，向建筑物内消防给水系统输送消防用水等。

图 4-14　施工案例

考虑消火栓给水系统水泵故障或火势较大消火栓给水系统供水量不足时，消防车通过其管网补充水，一般管网都需要设置。水泵接合器的数量应根据室内消防用水量确定，每个水泵接合器的流量按 10～15L/s 计。分区供水时，每个分区（超过当地消防车供水能力的上层分区除外）的消防给水系统均应设水泵接合器。水泵接合器设在消防车便于接近的地点，且宜设在人行道或非汽车行驶地段。水泵接合器上应有明显标志，标明其管辖范围。为了便于消防车通行和取水灭火，水泵接合器应设在方便消防车使用的地点。同时在其周围 15～40m，应设有室外消火栓或消防水池，并要有明显标志。

1. 设计时应符合下列要求

（1）其设置数量应按室内消防用水量计算确定，每个消防水泵接合器的流量按 10～15L/s 计；

（2）采取分区给水系统的高层建筑，每个分区消防给水管网应分别设置消防水泵接合器；

（3）消防水泵接合器应设在室外便于消防车使用的地点，其周围 15～40m 内应设室外消火栓或消防水池；

（4）消防水泵接合器一般宜采用地上式，当需要防冻或有建筑美观要求时，可采用地下式，但必须有明显标志；

（5）在消防水泵接合器与室内管网的连接管上均应设止回阀、闸阀和泄水阀，此阀门应能在建筑物的室外进行操作，并且应有保护设施和明显的标志。

2. 安装形式

消防水泵接合器有 3 种安装形式：地上式、地下式和墙壁式。

（1）地上式消防水泵接合器的栓身与接口高出地面。形似室外地上消火栓，接口位于建筑物周围附近地上，使用方便。要求有明显的标志，以免火场上误认为是地上消火栓。

（2）地下式消防水泵接合器安装在路面下，不占地方，不易遭到损坏。形似地下消火栓，设在建筑物周围附近的专用井内，适用于寒冷地区。安装时注意，使接合器进水口处在井盖正下方，顶部进水口与井盖底面距离不大于 0.4m，地面附近应有明显标志，以便火场辨别。

（3）墙壁式消防水泵接合器安装在建筑墙根外，墙壁上只露两个接口和装饰标牌，标识清晰，美观，不占面位，使用方便。形似室内消火栓，设在建筑物的外墙上，其高出地面的距离不宜小于 0.7m，并应与建筑物的门、窗、孔洞保持不小于 1.0m 的水平距离。

3. 作用

当发生火灾时，消防车的水泵可迅速方便地通过该接合器的接口与建筑物内的消防设备相连接，并送水加压，从而使室内的消防设备得到充足的压力水源，用以扑灭不同楼层的火灾，有效地解决了建筑物发生火灾后，消防车灭火困难或因室内的消防设备因得不到充足的压力水源无法灭火的情况。

4.3.3　室外消火栓

室外消火栓是设置在建筑物外面消防给水管网上的供水设施，主要供消防车从市政给水管网或室外消防给水管网取水实施灭火，也可以直接连接水带、水枪出水灭火，是扑救火灾的重要消防设施之一，如图 4–15 所示。

图 4–15　施工案例

1. 消防给水管网

室外消防给水管道可采用高压、临时高压和低压管道。城镇、居住区、企业事业单位的室外消防给水，一般均采用低压给水系统，而且，常常与生活、生产给水管道合并使用。但是，为确保供水安全，高压或临时高压给水管道应与生产、生活给水管道分开，设置独立的消防给水管道。

2. 消防给水管道分类

按水压要求分类如下：

1）高压给水管网。其是指经常保持足够压力（不需使用消防车或其他移动式水泵加压）的、可直接由消火栓接出水带、水枪灭火的给水管网。当建筑高度小于等于 24m 时，室外高压给水管道的压力应保证生产、生活、消防用水量达到最大，且水枪布置在保护范围内任何建筑物的最高处时，水枪的充实水柱不应小于 10m。当建筑物高度大于 24m 时，应立足于室内消防设备扑救火灾。

2）临时高压给水管网。在临时高压给水管道内，平时水压不高，通过高压消防水泵加压，使管网内的压力达到高压给水管道的压力要求。当城镇、居住区或企事业单位有高层建筑时，可以采用室外和室内均为高压或临时高压的消防给水系统，也可以采用室内为高压或临时高压，而室外为低压的消防给水系统。气压给水装置只能算临时高压消防给水系统。一般石油化工厂或甲乙丙类液体、可燃气体储罐区多采用这种管网。

3) 低压给水管网。其是指管网内平时水压较低，火场上水枪的压力是通过消防车或其他移动消防泵加压形成的。消防车从低压给水管网消火栓内取水，一是直接用吸水管从消火栓上吸水；二是用水带接上消火栓往消防车水罐内放水。为满足消防车吸水的需要，低压给水管网最不利点处消火栓的压力不应小于 0.1MPa。一般城镇和居住区多采用这种管网。

3. 按管网平面布置分类

（1）环状消防给水管网。城镇市政给水管网、建筑物室外消防给水管网应布置成环状管网，管线形成若干闭合环，水流四通八达，安全可靠，其供水能力比枝状管网大 1.5～2.0 倍。室外消防用水量不大于 15L/s 时，可布置成枝状管网。水平管向环状管网输水的进水管不应小于 2 条，输水管之间要保持一定距离，并应设置连接管。室外消防给水管网的管径不应小于 100mm，有条件的其管径不应小于 150mm。

（2）枝状消防给水管网。在建设初期，分期建设较大的工程或是室外消防用水量不大的情况下，室外消防供水管网可以布置成枝状管道。即使管网设成树枝状，分枝后干线彼此无联系，水流在管网内向单一方向流动，当管网检修或损坏时，其前方就会断水。所以，应限制枝状管网的使用范围。

4. 室外消火栓布置的消防要求

（1）布置的基本要求。室外消火栓设置安装应明显容易发现，方便出水操作，地下消火栓还应当在地面附近设有明显固定的标志。地上式消火栓选用于气候温暖地面安装，地下室选用气候寒冷地面。

（2） 市政或居住区室外消火设置。室外消火栓应沿道路铺设，道路宽度超过 60m 时，宜两侧设置，并宜靠近十字路口。布置间隔不应大于 120m，距离道路边缘不应超过 2m，距离建筑外墙不宜小于 5m，距离高层建筑外墙不宜大于 40m，距离一般建筑外墙不宜大于 150m。

（3）建筑物室外消火栓数量。室外消火栓数量应按其保护半径，流量和室外消防用量综合计算确定，每只流量按 10～15L/s。对于高层建筑，40m 范围内的市政消火栓可计入建筑物室外消火栓数量之内；对多层建筑，市政消火栓保护半径 150m 范围内，如消防用水量不大于 15L/s，建筑物可不设室外消火栓。

（4）工业企业单位室外消火栓的设置要求。对于工艺装置区，或储罐区，应沿装置周围设置消火栓，间距不宜大于 60m，如装置宽度大于 120m，宜在工艺装置区内的道路边增设消火栓，消火栓栓口直径宜为 150mm。对于甲、乙、丙类液体或液化气体储罐区，消火栓应改在防火堤外，且距储罐壁 15m 范围内的消火栓，不应计算在储罐区可使用的数量内。

5. 室外消火栓保护半径与最大布置间距设计

（1）室外低压消火栓给水的保护半径一般按消防车串联9条水带考虑，火场上水枪手留有10m的机动水带，如果水带沿地面铺设，系数按0.9计算，那么消防车供水距离为（9×20－10）×0.9=153m。所以，室外低压消火栓保护半径为150m。室外高压消火栓给水的保护半径按串联6条水带考虑，保护半径为（6×20－10）×0.9=99m。所以，室外高压消火栓保护半径为100m。

（2）室外消火栓间距布置的原则，是保证城镇区域任何部位都在两个消火栓的保护半径之间。根据城镇道路建设情况，市政消火栓最大布置间距$X=\sqrt{R^2-(L/z)^2}$，R是消火栓最大保护半径，L是街道中心线之间的距离，按城市规划要求约为160m。经计算：室外低压消火栓间距X=127m，室外高压消火栓间距X=60m。考虑火场供水需要，室外低压消火栓最大布置间距不应大于120m，高压消火栓最大布置间距不应大于60m。

6. 室外消火栓的流量与压力设计

（1）室外低压消火栓给水的流量取决于火场上水枪的数量。每个低压消火栓一般只供一辆消防车出水，常配置2支口径为19mm的直流水枪，火场要求水枪充实水柱为10～15m，则每支水枪的流量为5～6.5L/s，2支水枪的流量为10～13L/s，考虑接口及水带的漏水，所以每个低压消火栓的流量按10～15L/s计。每个室外高压消火栓给水一般按出口径为19mm的直流水枪考虑，水枪充实水柱为10～15m，则要求每个高压消火栓的流量不小于5L/s。

（2）室外消火栓的流量与压力密切相关，若出口压力高，则其流量就大。室外低压消火栓的出口压力，按照一条水带给消防车水罐加水考虑，要保证2支水枪的流量，最不利点处消火栓出口压力不应小于0.1MPa。室外高压消火栓给水的出口压力，在最大用水量时，应满足喷嘴口径为19mm的水枪布置在建筑物最高处时水枪的计算流量不小于5L/s，充实水柱不小于10m，采用直径65mm、长120m的水带供水的要求。其最不利点处消火栓的出口压力应是水柱喷嘴处所需水压、水带水头损失、水枪出口与消火栓出口之间的高程压差三者之和。

7. 类型特点

室外消火栓，传统的有地上式消火栓、地下式消火栓，新型的有室外直埋伸缩式消火栓（如：ZS100/65-1.6）。地上式在地上接水，操作方便，但易被碰撞，易受冻；地下式防冻效果好，但需要建较大的地下井室，且使用时消防队员要到井内接水，非常不方便。室外直埋伸缩式消火栓平时消火栓压回地面以下，使用时拉出地面工作。比地上式能避免碰撞，防冻效果好；比地下式操作方便，直埋安装更简单，是非常新型的先进的室外消火栓。

8. 选用要点

（1）以前，寒冷地区采用地下式，非寒冷地区宜采用地上式，地上式有条件可采用防撞型，当采用地下式消火栓时，应有明显标志。随着室外直埋伸缩式消火栓的问世，其功能和地上式相比，能避免碰撞，防冻效果好；和地下式相比，不需要建地下井室，直埋安装更简单，在地面上操作，工作更方便快速。井室外直埋伸缩式消火栓的接口可进行 360° 旋转。

（2）室外地上式消火栓应有一个直径为 150mm 或 100mm 和两个直径为 65mm 的栓口。室外地下式消火栓应有直径为 100mm 和 65mm 的栓口各一个。

（3）室外消火栓的保护半径不应超过 150m，间距不应超过 120m。

（4）室外消火栓距路边不应超过 2m，距房屋外墙不宜小于 5m。

（5）当建筑物在市政消火栓保护半径 150m 以内，且消防用水量不超过 15L/s 时，可不设室外消火栓。

（6）室外消火栓应沿高层建筑周围均匀布置，并不宜集中在建筑物一侧。

（7）人防工程室外消火栓距人防工程入口不宜小于 5m。

（8）停车场的室外消火栓宜沿停车场周边设置，且距离最近一排汽车不宜小于 7m，距加油站或加油库不宜小于 15m。

（9）室外消火栓应设置在便于消防车使用的地点。

9. 施工安装要求

（1）施工安装应按照《建筑给水排水及采暖工程施工质量验收规范》GB 50242—2002 相关标准执行，可参考图集《室外消火栓及消防水鹤安装》13S201。

（2）系统必须进行水压试验，试验压力为工作压力的 1.5 倍，但不得小于 0.6MPa。

（3）室外消火栓的位置标志应明显，栓口位置应方便操作。当采用墙壁式时，如设计未要求，进、出水栓口的中心安装高度距地面应为 1.10m，其上方应设有防坠落物打击的措施。

（4）室外消火栓和消防水泵接合器的各项安装尺寸应符合设计要求，栓口安装高度允许偏差为 ±20mm。

（5）地下式消火栓的顶部出水口与消防井盖底面的距离不得大于 400mm，井内应有足够的操作空间，并设爬梯。寒冷地区井内应做防冻保护。

（6）消防管道在竣工前，必须对管道进行冲洗。

4.4 室外排水功能配件施工

4.4.1 室外雨水箅子

通常采用的钢格板雨水箅子是由扁钢及扭绞方钢或扁钢和扁钢焊接而成，具有外形美观、最佳排水、高强度、规格多及成本低等优点，如图 4-16 所示。随着科技的发展，采用树脂或塑料用钢筋做筋加无机填料研制出复合水箅子，优点是自重比铸铁水箅子轻，成本造价低，缺点是强度不如铸铁水箅子。

图 4-16　施工案例

1. 分类

（1）按照类型可分为：①普通雨水箅子——钢格板；②管型雨水箅子——钢管包边的钢格板；③ U 形雨水箅子——角钢包边的钢格板；④防盗型雨水箅子，把角钢框浇筑在钢筋混凝土中，再把钢格板放到角钢框中形成的箅子。

（2）按照材质可分为：铸铁、不锈钢、镀锌、玻璃钢格栅、树脂等。

（3）按照样式可分为：套箅、单箅、双开箅、三开箅等。

2. 选用

（1）按沟长布置，选用不同大小类型。

（2）扁钢方向为承重（支撑）方向，按沟（井）宽留间隙定扁钢长度 L。

（3）沟（井）长度余下不足 1m 部分靠模数定尺寸。

（4）根据沟（井）宽及承载要求选定钢格栅板型号。

（5）建议采用防盗型雨水箅子。

4.4.2 室外排水沟

室外排水沟的类型、选用原则、施工方法与室内相同，这里不再赘述，施工案例如图 4-17 所示。

图 4-17 施工案例（一）

图 4-17　施工案例（二）

4.4.3　检查井

检查井是为城市地下基础设施的供电、给水、排水、排污、通信、有线电视、燃气管、路灯线路等方便安装、维修、定期检查而设置的塑料一体注塑或砖砌成或现场建筑混凝土的井状构筑物，如图 4-18 所示。一般设在建筑小区（居住区、公共建筑区、厂区等）的管道交会处、转弯处、管径或坡度改变处以及直线管段上每隔一定距离处，便于定期检查、清洁和疏通或下井操作。检查井的一般要求：①在管道转弯处，检查井内有流槽的，流槽中心线的弯曲半径应按转角大小和管径大小确定，但不宜小于大管管径。②检查井应采用具有防盗功能的井盖。③位于路面上的井盖，宜与路面持平。④位于绿化带内井盖，不应低于地面。⑤检查井应安装防坠落装置。⑥接入检查井的支管（接户管或连接管）管径大于 300mm 时，支管数不宜超过 3 条。⑦检查井和管道接口处应采取防止不均匀沉降的措施。⑧在排水管道每隔适当距离的检查井内、泵站前一个检查井内和每一个街坊接户井内，宜设置沉泥槽并考虑沉积淤泥的处理处置。沉泥槽深度宜为 0.5～0.7m。设沉泥槽的检查井可不做流槽。⑨在压力管道上，应设置压力检查井。⑩高流速排水管道坡度突然变化的第一座检查井宜采用高流槽排水检查井，并采取增强井筒抗冲击和冲刷能力措施，井盖采用排气井盖。

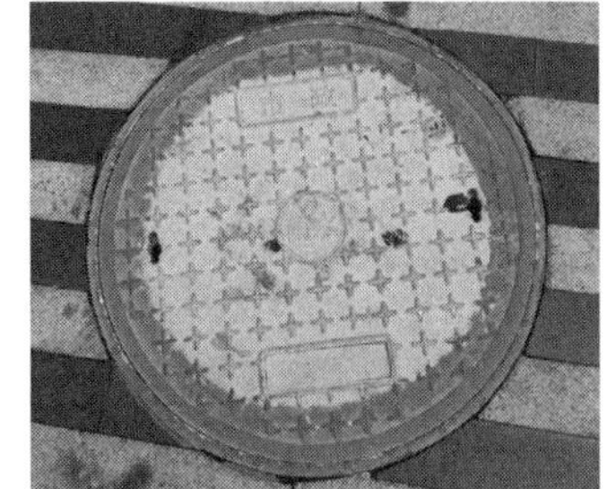

图 4-18　施工案例（一）

图 4-18　施工案例（二）

检查井有以下几种施工法：

1. 明挖砌筑检查井

传统做法，多用于不影响交通区域、黏土烧结砖或页岩砖砌筑等。

2. 明挖现浇混凝土检查井

图集《钢筋混凝土及砖砌排水检查井》20S515。

3. 沉井逆作检查井

用于施工场地狭小、不便开挖或地下水位较高抽水影响附近建筑物安全区域。

4. 各种检查井优缺点

每种施工检查井均存在优缺点。

（1）传统砖砌检查井：需要人工砌筑，质量取决于工人技术水平。劳动生产率低下，不利于管道装配化快速施工，影响城市交通。强度低、使用一段时间后表皮脱落内里疏松，造成检查井整体下沉，周边路面沉降，成为道路工程中的一大通病。透水性高，污染地下水资源。黏土烧结，破坏耕地。

（2）现浇混凝土检查井：现场模板支护，开挖断面大，扰动现状土范围大。异型检查井支护模板难度大。养护时间长。总体造价高。

（3）沉井检查井：需预先制作沉井，施工速度慢，接入管高程、方向和均匀垂直沉降难于控制。

（4）塑料检查井：强度低，不能上重型碾压机具，与不同材质管材连接有难度，井室小于 1200mm，井周难于回填密室。竖向承载能力低，用于道路需要对井口进行复杂处理。

4.4.4　雨水井（暴雨引起“井喷”现象原因分析）

雨水井，没有导流槽，因地面汇集的雨水中含有泥砂树叶等杂物，需要在井底设置 30cm 深的沉砂室，用于沉积泥砂等杂物，定期清理，以免造成堵塞；部分小区的雨水井，也做导流槽（流槽顶可与大管管径的 50% 处相平），以便及时排水。

有些地方的雨水井（绿化带附近的雨水井）侧面有孔与排水管道相连，底部有向下延伸的渗水管，可将雨水向地下补充并使多余的雨水经排水管道排走，减缓地面沉降及防止暴雨时路面被淹泡，井中尚有篮筐，可拦截污物防止堵塞排水管道，并便于清理。

1. 雨水井施工要点

（1）根据用量设计管径大小；

（2）根据设计规范设计坡度；

（3）根据所处地区设计管道埋深深度；

（4）根据管道敷设位置注意与周边建、构筑物等的距离，以及与其他诸如强弱电、燃气等管线的水平和垂直距离。

（5）雨水井的井盖用方形或圆形，上标“雨水”，如图 4–19 所示。

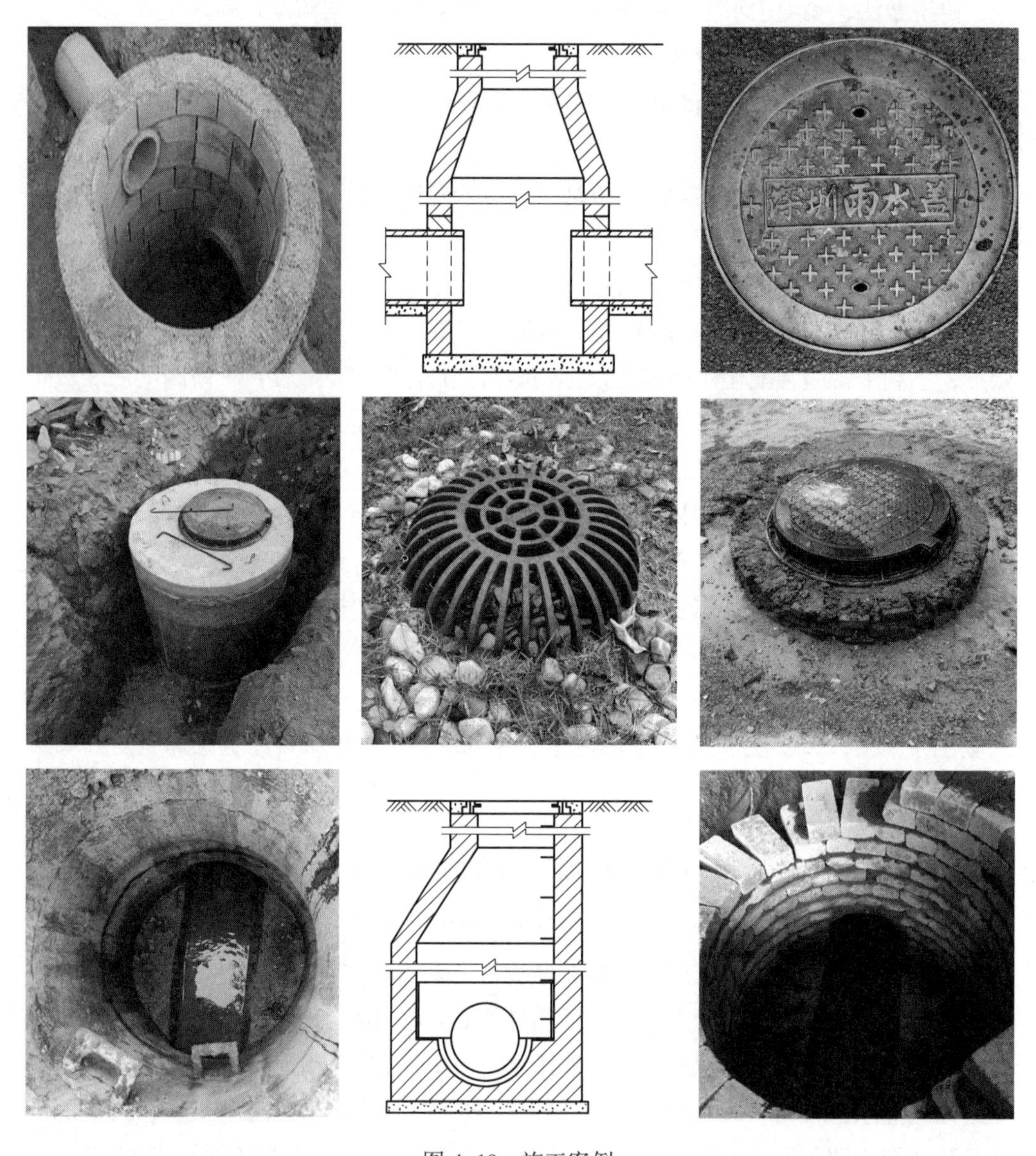

图 4–19　施工案例

2. 暴雨引起的“井喷”现象原因分析

（1）引起井喷的原因理论分析：天晴时，雨水管道里的水流不满流，是一种无压流，井盖仅受大气压的作用，由于井盖的上下面及周围都受大气压作用，其大气压的合力为零。下雨前，空气中的水蒸气含量增大，而水蒸气的密度小于空气的密度，所以大气压变小了。下雨后，管道里的水满了，水流为有压流时，井盖底面的压强：

$P_{液}=\rho_{液}gh$，$P_{液}$表示液体的压强；$\rho_{液}$表示液体的密度；g 为常数，等于 9.8N/kg，h 表示液体的深度。若井盖按 0.8m 直径计算，面积约为 0.5m^2，目前我国用的加重型井盖，也仅 100kg 左右，重 980N。需冲走井盖的压强 =980N/0.5m^2=1,960Pa，这意味着只要 0.2m 的水压就可以把 100kg 的井盖冲走。而现代的大型城市，管网系统高低点位的落差可达十几米，水压差十几米，按 10m 计算，极端条件下，井盖面积上的水压，最大可顶起 50 层井盖，放辆小汽车压上都未必压得住。

（2）引起井喷的原因分析一：现在由于施工不当，再加雨水增多，许多地方出现了一到下雨天井盖就会变喷泉的现象。下雨积水主要是因为下水管道不畅，一遇到下雨，井盖全被冲开，雨水井盖出现冒“喷泉”的现象。主要是因为路段下水道使用时间较久，已难满足强降雨排水，“添乱”的是下水道雨水倒灌。

（3）引起井喷的原因分析二：可能由于暴雨导致下水道管道堵塞，造成水井里的水反流，污水会夹杂着泥砂、垃圾等杂质，因此才有像黑色的窨水井喷。这种窨井井喷现象比较常见于城市建设较早且下水管道老化破损的地区，因暴雨天气会造成下水道管道堆积和阻塞，导致水流无法正常通行时，暴雨等强降雨量很快地流入下水道。这将迫使下水管道内的水位迅速上升并达到极限。当下水管道内的水位上升到接近或高于地面水井口的高度时，其中的污水和泥砂混合物就会从水井的口喷出。而且，这种情况也会压制建筑物或其他物体的内部压力，使这些物体产生破裂或爆裂的现象。需要注意的是，如果下水管道没有通畅，抽水装置也失效，这将加剧污水喷出的情况。即使地面上没有水井，暴雨强流将污水排入排水沟，也会产生类似的现象。

这种窨井井喷的现象发生，可能会对周围环境以及人类健康都存在一定的威胁，如图 4-20 所示，因此如果发现这种情况，应立即通知相关部门进行清理和维修处理。

图 4-20　“井喷”现象（一）

图 4-20 “井喷”现象（二）

4.4.5 污水井

污水井是为城市地下排污而建立的附属构筑物，能方便把生活用水排出、汇集，并通过污水管送到污水处理厂进行统一处理，如图 4-21 所示。一般设在管道交会处、转弯处、管径或坡度改变处以及直线管段上每隔一定距离处，便于定期检查。

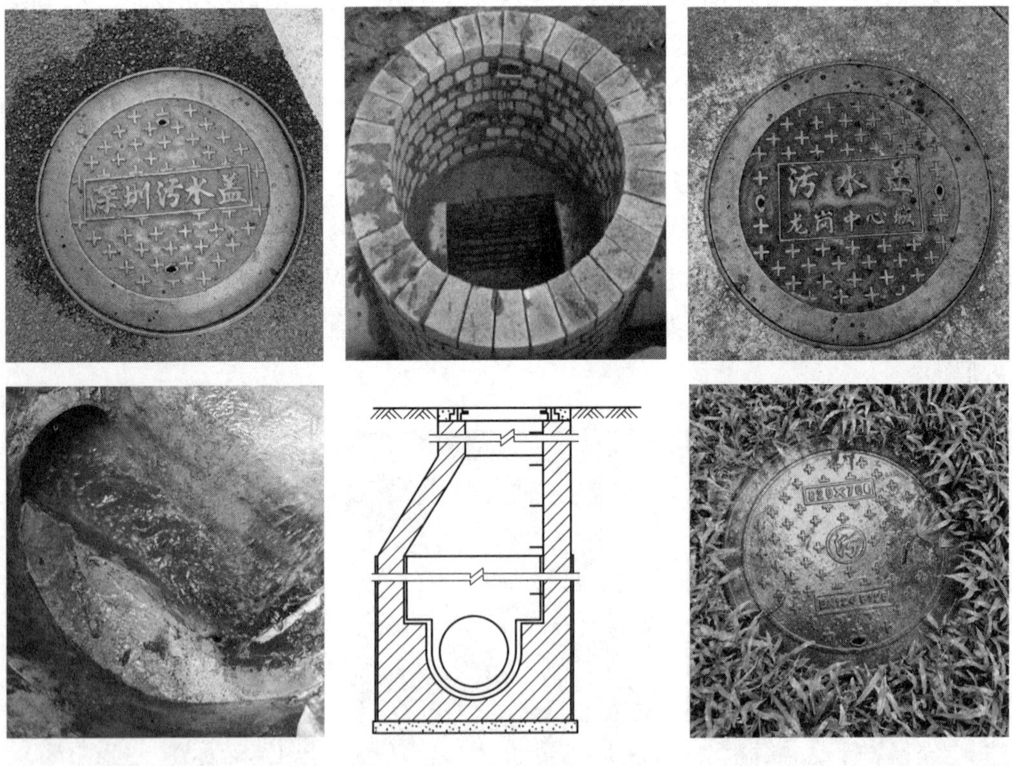

图 4-21 施工案例（一）

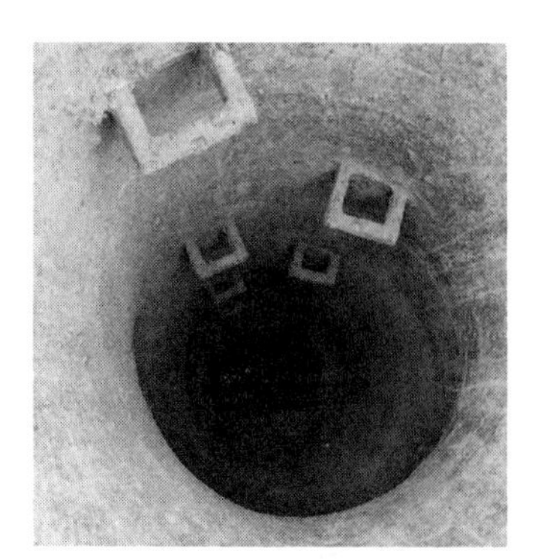

图 4-21　施工案例（二）

污水井施工要点如下：

（1）根据用量设计管径大小；

（2）根据设计规范设计坡度；

（3）根据所处地区设计管道埋深深度；

（4）根据管道敷设位置注意与周边建、构筑物等的距离，以及与其他诸如强弱电、燃气等管线的水平和垂直距离；

（5）污水检查井有流槽，为使水流畅顺，也防污水在检查井沉积时间久，在污水检查井内设置流水的槽，简称流槽，流槽顶可与大管管径的 85% 处相平；

（6）污水井的井盖用圆形，上标“污水”。

4.4.6　消能井

水流落差大的管线容易发生空蚀及其破坏作用，水流的失稳容易产生振动和噪声，在处于明满流交替状态时，对建筑物极其不利。因此，在落差大的排水、给水或者泄洪等水流管线中，要考虑在自身结构中消除水流挟带的能量。应用消能井就是达到消能的目的，如图 4-22 所示。

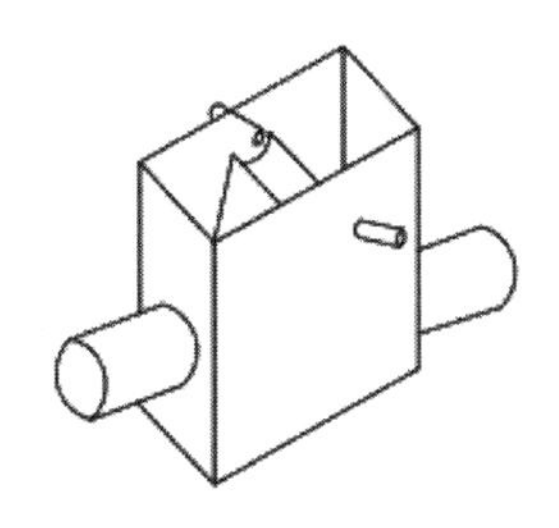

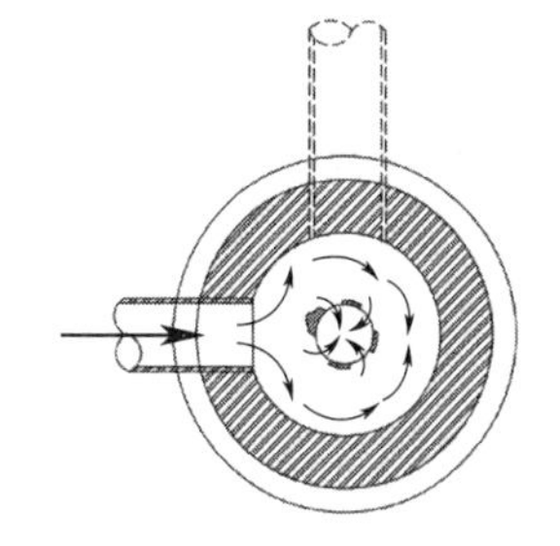

图 4-22　消能井图示

消能井与跌水井的区别：单纯作为井来说，没有大区别，做法也没有大的区别；但是作用略有不同，消能井一般是用于压力排水进入室外排水主管时的井，跌水井是管道进出标高不同时高低转换井。

1. 消能原理

静水中是具有压力的，作用在单位面积上的静水压力为静水压强，它随水的深度增加而增加。静水压强的大小，是相对于大气压而言的。输水管道内作用在管道内壁的静水压力，在与大气相接触的瞬间，静压能量以其他方式转化消耗，此时视管道内液体与大气接触面的相对压强为零，即消能构筑物必须有跟大气相连接的装置。管道中的掺气水流从竖井跌入消能井中，与空气接触，上、下翻滚、相互冲撞，达到消能的效果。

2. 消能作用

（1）消能井能将大部分能量在跌水过程中的管线或构筑物内消除，下游的出口处不会对河床造成危害，保护河岸，减少河岸加固的费用消耗；

（2）排水管线内的消能井不会再对泄水的构筑物内发生空蚀破坏，减少水压对管道壁的冲击，增加管道的寿命；

（3）在较小空间和较短距离内，安全地泄散管道内势能与动能。正常情况下使上游水流与下游水流获得妥善衔接，避免溢流。兼顾考虑水流引起的空蚀、脉动、振动、磨损以及冲刷等破坏作用，保证输水管道、消能构筑物以及城市管网的安全与耐久要求，使城市供水正常有序进行；

（4）在工程经济上，结合长期利益综合考虑，按照消能井，使整个工程量少、造价低、施工便利、工期缩短，长期管理运用便利，维护检修费用低。

4.4.7 跌水井

在排水管道中由于落差较大，按正常管道坡度无法满足设计要求时，在管道上设置一个内部管道有落差的检查井来满足设计要求。这个井内水流产生跌落，故此称为跌水井，如图 4-23 所示。同普通窨井相比，跌水井是消除跌水的能量，消能的大小决定于水流的流量和跌落的高度。跌水井的构造有不同的设计，决定于消能的措施，其井底构造一般都比普通窨井坚固。

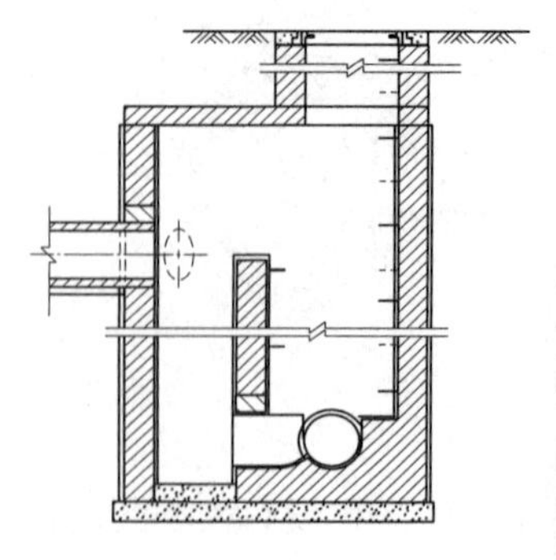

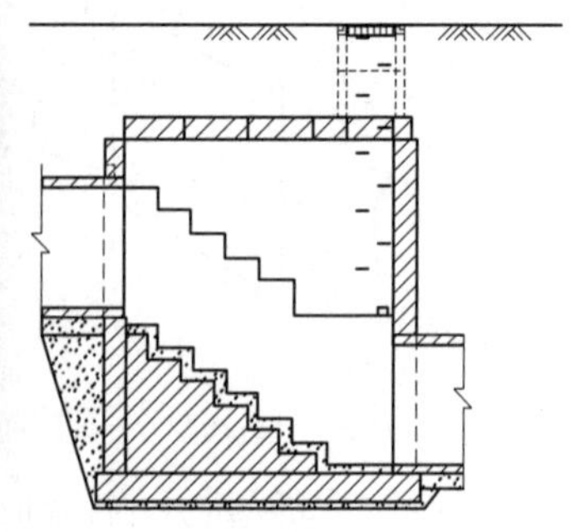

图 4-23 施工案例

1. 设置原则

（1）管道跌水水头为 1.0~2.0m 时，宜设跌水井；跌水水头大于 2.0m 时，应设跌水井；一般跌水水头不大于 6m。管道转弯处不宜设跌水井。

（2）跌水井的进水管径不大于 200mm 时，一次跌水水头高度不得大于 6m；管径为 300~600mm 时，一次跌水水头不宜大于 4m。跌水方式一般可采用竖管或矩形竖槽。管径大于 600mm 时，其一次跌水水头高度及跌水方式应按水力计算确定。

（3）污水与合流管道上的跌水井，宜设排气通风措施，并应在该跌水井和上下游各一个检查井的井室内部及这 3 个检查井之间的管道内壁采取防腐蚀措施。

2. 跌水井类型及做法

大致分为 4 种类型：砖砌、模块砌、现浇混凝土以及钢制。其中前 3 种为现场成型，后一种为厂家生产，现场安装。

4.4.8　化粪池

1. 定义

化粪池是对粪便进行厌氧消化的处理、并加以沉淀、过滤的小型构筑物，既是基本的污泥处理设施，也是生活污水的预处理设施，如图 4-24 所示。其原理是粪便固形物在池底分解，上层的水化物进入排水管道流走，防止了管道堵塞，给固形物（粪便等垃圾）有充足的时间水解。

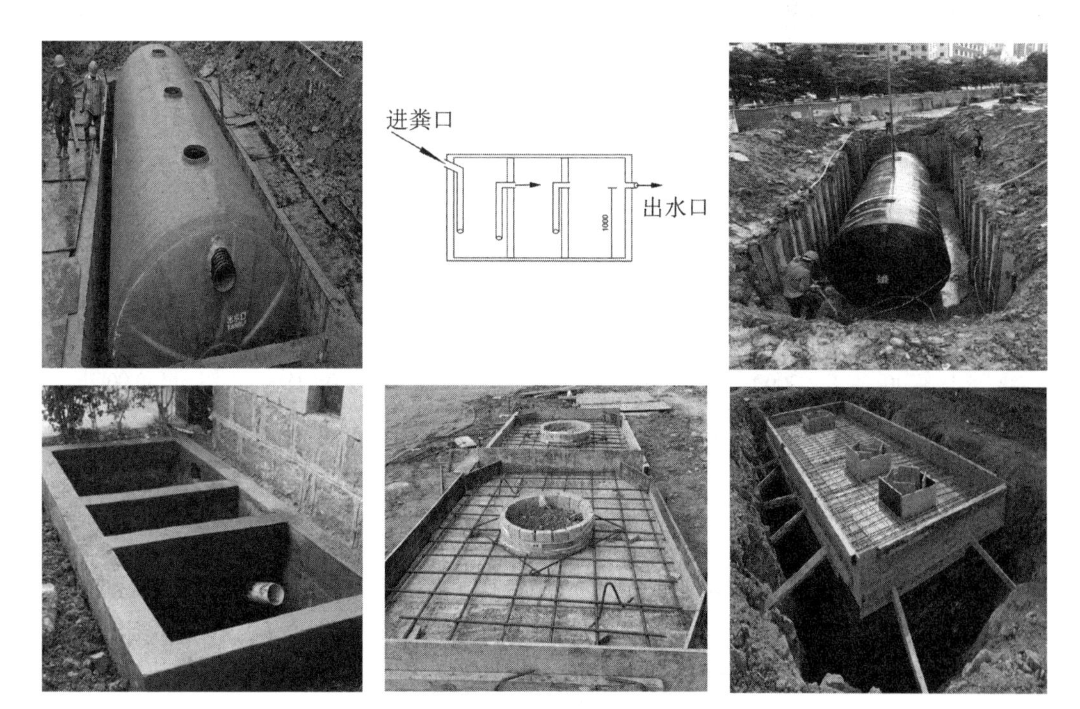

图 4-24　施工案例

2. 工作原理

生活污水中含有大量粪便、纸屑、病原虫等，悬浮物固体浓度为 100～350mg/L，有机物浓度 COD_{Cr} 为 100～400mg/L，其中悬浮性有机物浓度 BOD_5 为 50～200mg/L。污水进入化粪池经过 12～24h 的沉淀，可去除 50%～60% 的悬浮物。沉淀下来的污泥经过 3 个月以上的厌氧发酵分解，污泥中的有机物分解成稳定的无机物，易腐败的生污泥转化为稳定的熟污泥，改变了污泥的结构，降低了污泥的含水率。

3. 作用

化粪池作用表现在：

（1）保障生活社区的环境卫生，避免生活污水及污染物在居住环境的扩散。

（2）在化粪池厌氧腐化的工作环境中，杀灭蚊蝇虫卵。

（3）临时性储存污泥，有机污泥进行厌氧腐化，熟化的有机污泥可作为农用肥料。

（4）生活污水的预处理（一级处理），沉淀杂质，并使大分子有机物水解，成为酸、醇等小分子有机物，改善后续的污水处理。

4. 结构参数（以玻璃钢化粪池尺寸为参考，见表 4–7）

玻璃钢化粪池尺寸表　　表 4–7

型号	V（m^3）	L（mm）	ϕ(mm)	H(mm)	h_1-h_2(mm)	实际 V（m^3）
1	3	1750	1700	1730	1000～1200	3.42
1A	2	2000	1700	1730	100～950	2.20
2	6	3000	1700	1730	1000～1200	6.36
3	9	4250	1700	1730	1000～1200	9.20
4	12	5500	1700	1730	1000～1200	12.04
5	16	3700	2400	2430	1350～1550	15.82
6	25	5800	2400	2430	1350～1550	25.23
7	30	6700	2400	2430	1350～1550	29.66
8	40	7000	2800	2830	1600～1800	40.00
9	50	8500	2800	2830	1600～1800	50.31
10	60	10000	2800	2830	1600～1800	60.09

玻璃钢化粪器内部设有隔板，隔板上的孔上下错位，不易形成短流，并将整个罐体分成 3 部分：一级厌氧室、二级厌氧室和澄清室。一级、二级厌氧室底部相通，内部加有“MDS”专用特型填料。分隔减少了污水与污泥的接触时间，使酸性发酵和碱性发酵两个过程互不干扰，同时填料增加了污水污泥与厌氧菌的接触表面积，大大

提高了反应效率。

5. 停留时间

化粪池的停留时间是关系污水处理效果和化粪池容积与造价的重要指标。停留时间过短，则污水处理效果差；停留时间过长，又增加化粪池容积与造价，且布置困难。停留时间的确定应兼顾污水处理效果与建设造价两方面因素，并考虑发酵产生气泡对沉淀要求的层流状态的影响、化粪池流线转折对沉淀的不利影响、生活污水排放的瞬时大变化对进水流量均匀的影响。因此，化粪池的停留时间应留有余地，停留时间应取 12～24h。实践证明：停留时间不宜少于 12h，以保证污水处理效果。

6. 清掏周期

化粪池的清掏周期与粪便污水温度、气温、建筑物性质及排水水质、水量有关。设计清掏周期过短，则化粪池粪液浓度过高，影响正常发酵和污水处理效果，甚至造成粪液漫溢，影响环境卫生。设计清掏周期过长，则化粪池容积过大，增加造价。设计规范要求清掏周期为 3～12 个月，实际设计中多取 3～9 个月，而酸性发酵阶段的酸性发酵期为 3 个月，酸性减退期为 5 个月左右。实践证明：清掏周期的确定，应兼顾污水处理效果、建设造价、管理 3 个方面因素，一般不宜少于 12 个月。

4.4.9　隔油池

隔油池是利用油滴与水的密度差产生上浮作用来去除含油废水中可浮性油类物质的一种废水预处理构筑物，如图 4-25 所示。经过隔油处理的废水则排出池外，进行后续处理。

图 4-25　施工案例

1. 隔油池油污状态

废水中油品的密度一般比水小，多以 3 种状态存在：①悬浮状态：油品颗粒较大，油珠直径 0.1mm 以上，漂浮水面，易于从水中分离。在石油工业中，这类油品约占废水含油量的 60%～80%。②乳化状态：油品的分散粒径小，油珠直径在 0.1mm 以下，呈乳化状态，不易从水中上浮分离。这类油品约占废水油含量的 10%～15%。③溶解状态：石油在水中溶解度极小，溶于水的油品占废水含油量的 0.2%～0.5%。

2. 处理原理

隔油池与沉淀池处理废水的基本原理相似，都是利用废水中悬浮物和水的密度不同而达到分离的目的。隔油池多采用平流式，含油废水通过配水槽进入平面为矩形的隔油池，沿水平方向缓慢流动，在流动中油品上浮水面，由集油管或设置在池面的刮油机推送到集油管中流入脱水罐。在隔油池中沉淀下来的重油及其他杂质，积聚到池底污泥斗中，通过排泥管进入污泥管中。

3. 结构特征

隔油池多用钢筋混凝土筑造，也有用砖石砌筑的在矩形平面上，沿水流方向分为2~4 格，每格宽度一般不超过 6m，以便布水均匀。有效水深不超过 2 m，隔油池的长度一般比每一格的宽度大 4 倍以上。隔油池多用链带式的刮油机和刮泥机分别刮除浮油和池底污泥。一般每格安装一组刮油机和刮泥机，设一个污泥斗。若每格中间加设挡板，挡板两侧都安装刮油机和刮泥机，并设污泥斗，则称为两段式隔油池，可以提高除油效率，但设备增多，能耗增高。若在隔油池内加设若干斜板，也可以提高除油效率，但建设投资较高。在寒冷地区，为防止冬季油品凝固，可在集油管底部设蒸汽管加热。隔油池一般都要加盖，并在盖板下设蒸汽管，以便保温，防止隔油池起火和油品挥发，并可防止灰沙进入。

隔油池有自动隔油器和重力式隔油池；按摆放方式分为地埋式隔油池和地上隔油池；按材质分为不锈钢隔油池和钢筋混凝土结构的隔油池。

4. 设计依据

（1）食堂及餐厅的含油污水，应经除油装置后方可排入污水管道。

（2）污水流量应按设计秒流量计算。

（3）含食用油污水在池内的流速不得大于 0.005m/s。

（4）含食用油污水在池水的停留时间为 2~10min。

（5）人工除油的隔油池内存油部分的容积不得小于该池有效容积的 25%。

（6）隔油池应设活动盖板，进水管应考虑有清通的可能。

5. 安装参数及说明

安装示意图及参数，参考图集《小型排水构筑物图集》04S519。

安装说明：按照隔油池产品示意图直接安装在含有污水、油水流经的通道上，把污水出口对准油水分离器带格栅的进口，与其他设备管道连接。安装时必须将油水分离器（隔油池）调整到水平位置。

第一次使用前应进行清水调试，即把设备注满自来水，调节水位调节管，使水位调节管的顶部与溢油槽上边缘处于同一水平面，进水管的位置应与杂物分离箱保持一定的距离，以方便将杂物分离箱取出为宜。

然后通入含油废水，再次调节水位调节管，直到排油管只排油不排水。如果排油管位置过低，可将设备盖板打开，用工具将油取出。

4.4.10　降温池

降温池是通过冷却降低污水温度的处理构筑物，如图 4–26 所示。温度高于 40℃的污（废）水，排入城镇排水管道前，应采取降温措施。一般宜设降温池，其降温方法主要为二次蒸发，通过水面散热添加冷却水的方法，以利用废水冷却降温为好。

图 4–26　施工案例

降温池的要求如下：

（1）降温池一般设于室外，如设于室内，水池应密闭，并应设置人孔和通向室外的通气管。

（2）降温罐减少污水处理水温度，使污水处理水温度减少至标准规定的 40℃以下。

（3）对温度较高的污（废）水，应考虑将其所含热量回收利用，然后再采用冷却水降温的方法，当污（废）水中余热不能回收利用时，可采用常压下先二次蒸发，然后再冷却降温。

4.4.11　冷却池

冷却池是水冷却的一种设施。用来冷却循环水的池塘、水库、湖泊专用水池等，统称为冷却池，如图 4–27 所示。深水型冷却池指一般深度大于 4m，有明显稳定的湿差异重流的冷却池。浅水型冷却池指一般深度小于 3m，仅在局部池区产生微弱的湿差异重流或完全不产生湿差异重流的冷却池。

冷却构筑物形式很多，根据热水与空气接触的控制方法的不同，冷却设备可分为两大类：冷却池和冷却塔。冷却池可分为天然冷却池及喷水冷却池两种。其中，冷却塔形式最多，构造也最复杂。按循环供水系统中的循环水与空气是否直接接触，冷却塔又分敞开式（湿式）、密闭式（干式）和混合式（干湿式）3 种，其中形式最多的又是敞开式（湿式）冷却塔。

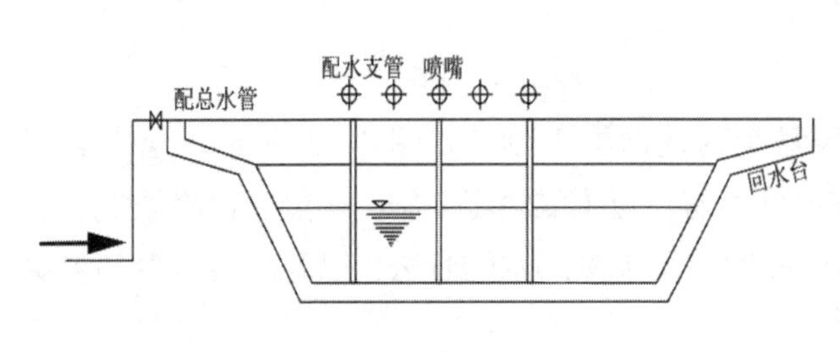

图 4–27 图示及实物

（1）天然冷却池

热水流入工厂附近的天然湖泊或人工水池、水库中，在水流过程中，除热水与池中原有的水混合降温外，还借水面与空气接触的传导与蒸发散热，使水温降低得到冷却，这种冷却水池称为天然冷却池。水体水面一般分为如下两种。

1）水面面积有限的水体，包括水深小于 3m 的浅水冷却池（池塘、浅水库、浅湖泊等）和水深大于 4m 的深水冷却池（深水库、湖泊等）。浅水冷却池内水流以平流为主，仅在局部地区产生微弱的或完全不产生异重流。深水冷却池内有明显和稳定的温差异重流。

2）水面面积很大的水体或水面面积相对于冷却水量是很大的水体，包括河道、大型湖泊、海湾等。

（2）喷水冷却池

喷水冷却池是利用喷嘴喷水进行冷却的敞开式水池，在池上布置配水管系统，管上装有喷嘴。压力水经喷嘴（喷嘴前压力 49～69kPa）向上喷出，喷散成均匀散开的小水滴，使水和空气的接触面积增大，同时使小水滴在以高速（流速 6～12m/s）向上喷射而后又降落的过程中，有足够的时间与周围空气接触，改善了蒸发与传导的散热条件。影响喷水池冷却效果的因素是：喷嘴形式和布置方式、水压、风速、风向、气象条件等。

喷水池一般均采用矩形，池的长边应尽可能垂直于夏季主导风向，这样便于新鲜空气流进喷出水滴，提高冷却效果。同时也要考虑使其位于重要建筑物冬季主导风向的下侧，以免形成水雾及冰凌。小型喷水池也可以采用圆形。

喷水池上的喷头形式很多，最好选用在同一水压下，喷水量大、喷洒均匀、水滴较小、不易堵塞、节省材料及加工简单的形式。一般常见的有渐伸式、瓶式、杯式等喷头。

第5章 建筑给水排水工程中独立系统

5.1 太阳能热水系统

太阳能热水系统是利用太阳能集热器，收集太阳辐射能把水加热的一种装置，是目前太阳热能应用发展中最具经济价值、技术最成熟且已商业化的应用产品，如图5-1所示。按照加热循环方式，太阳能热水系统可分为：自然循环式太阳能热水器、强制循环式太阳能热水系统、储置式太阳能热水器3种。

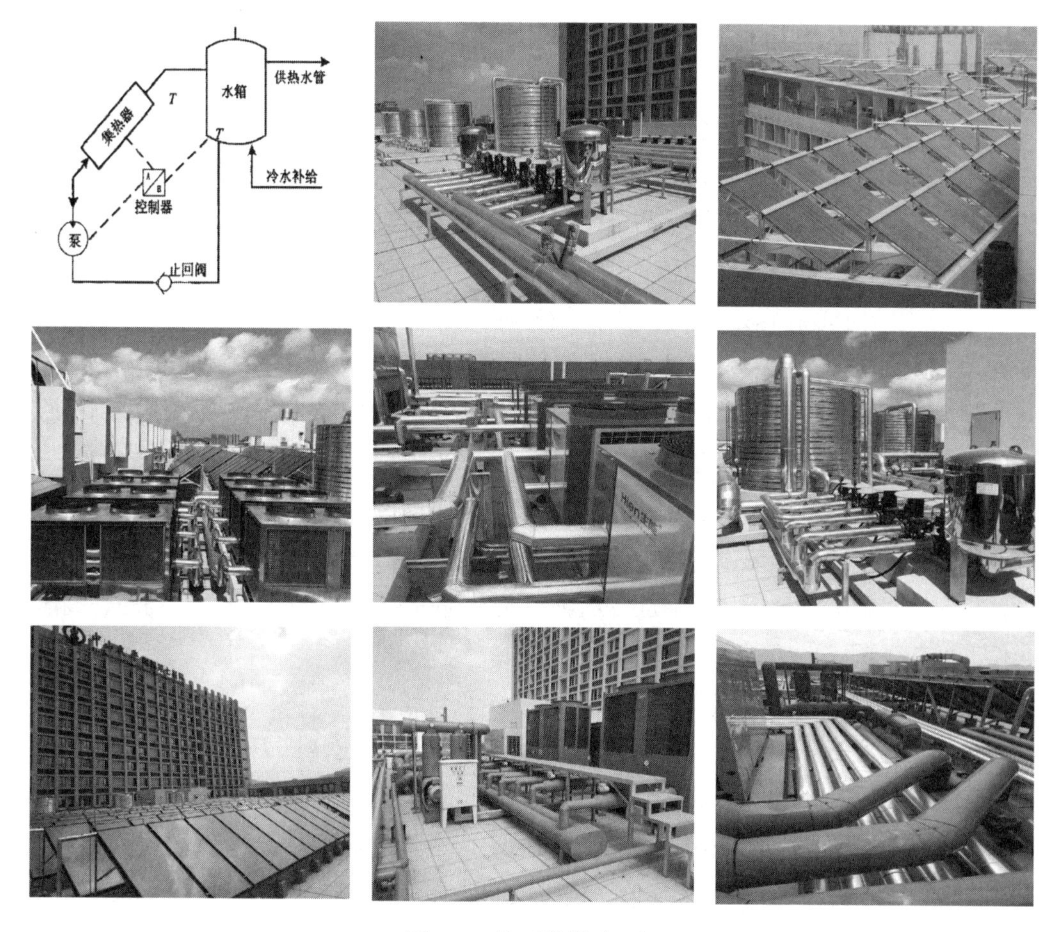

图5-1 施工案例（一）

图 5-1　施工案例（二）

1. 太阳能热水系统组成

（1）太阳能集热器：是系统中的集热元件，其功能相当于电热水器中的电加热管。和电热水器、燃气热水器不同的是太阳能集热器利用的是太阳的辐射热量，故而加热时间只能在有太阳照射的白昼，所以有时需要辅助加热，如锅炉、电加热、空气源热泵等。

（2）保温水箱：和电热水器的保温水箱一样，是储存热水的容器。通过保温水箱把集热器在白天产出的热水储存起来晚上使用。采用搪瓷内胆承压保温水箱，保温效果好，耐腐蚀，水质清洁，使用寿命可长达 20 年以上。

（3）连接管路：将热水从集热器输送到保温水箱、将冷水从保温水箱输送到集热器的通道，使整套系统形成一个闭合的环路。设计合理、连接正确的循环管道对太阳能系统是否能达到最佳工作状态至关重要。热水管道必须做保温处理。管道必须有很高的质量，保证有 20 年以上的使用寿命。

（4）控制中心：这是太阳能热水系统与普通太阳能热水器的区别所在。控制中心作为一个系统负责整个系统的监控、运行、调节等功能，现在的技术已经可以通过互联网远程控制系统的正常运行。太阳能热水器系统组成，太阳能热水系统控制中心主要由电脑软件及变电箱、循环泵组成。

（5）热交换器：板壳式全焊接换热器吸取了可拆板式换热器高效、紧凑的优点，弥补了管壳式换热器换热效率低、占地大等缺点。板壳式换热器传热板片呈波状椭圆形，相对于目前的圆形板片，增加了热场，大大提高传热性能，广泛用于高温、高压条件的换热工况。

2. 太阳能热水系统特点

（1）热水效果保证：全年全天 24h 充足水量供应，即开即热，水温可达 45～90℃。

（2）热水品质保证：压力恒定，水温稳定，水质干净。

（3）系统集成设计：系统整体，搭配辅助热源，专业软件分析，系统高效可靠，人性化设计。

（4）系统质量保证：对集热器、水箱、循环泵、管路等各个环节给予全面保障，确保系统安全稳定运行 20 年以上。

（5）系统智能控制：全数据显示、智能化控制、分户计量、信息准确。

3. 太阳能热水系统分类

国际标准对太阳能热水系统提出了科学的分类方法，即按照太阳能热水系统的 7 个特征进行分类，其中每个特征又都分为 2～3 种类型，从而构成了一个严谨的太阳能热水系统分类体系，见表 5-1。

太阳能热水系统的分类　　表 5-1

特　征	类　型		
太阳能与其他能源关系	太阳能单独系统	太阳能预热系统	太阳能带辅助能源系统
用户消费的热水是否经集热器	直接系统（流经集热器系统，为单循环系统或单回路系统）	间接系统（传热工质不是用户消费或循环流至用户的水，为双循环系统或双回路系统）	
系统传热工质与大气接触情况	敞开系统（有大面积接触）	开口系统（仅补给箱和膨胀箱的自由表面 / 排气管开口的系统接触）	封闭系统（完全隔离）
传热工质在集热器内的状况	充满系统（集热器内始终充满传热工质）	回流系统（传热工质为正常工作循环的一部分）	排放系统（水从集热器排出而不再利用）
系统循环的种类	自然循环系统（仅利用传热工质密度变化来实现集热器和蓄热装置间循环）	强制循环系统（利用泵迫使传热工质通过集热器进行循环）	
系统的运行方式	循环系统（传热工质在集热器和蓄热装置之间进行循环）	直流系统（传热工质一次流过集热器后进入蓄热装置）	
集热器与储水箱的相对位置	分体式系统（分开一定距离安装）	紧凑式系统（相邻位置安装）	整体式系统（集热器作为储水箱的系统）

实际上，同一套太阳能热水系统往往同时具备上述 7 个特征中的几种类型。

除了按系统的特征进行分类之外，还有其他一些常用的分类方法，现列出其中两种。

（1）按太阳能集热器的类型分类

平板太阳能热水系统：采用平板集热器的太阳能热水系统；

真空管太阳能热水系统：采用真空管集热器的太阳能热水系统；

U 形管太阳能热水系统：采用 U 形管集热器的太阳能热水系统；

热管太阳能热水系统：采用热管集热器的太阳能热水系统；

陶瓷太阳能热水系统：采用陶瓷太阳能集热器的太阳能热水系统。

（2）按储水箱的容积进行分类

根据用户对热水供应的需求，确定储水箱的容量。按照储水箱容积，系统可分为：

家用太阳能热水系统：储水箱容积小于 $0.6m^3$ 的太阳能热水系统，通常亦称为家用太阳能热水器；

公用太阳能热水系统：储水箱容积大于等于 $0.6m^3$ 的太阳能热水系统，通常亦称为太阳能热水系统。

4. 系统的结构特点

（1）无动力循环，即热式太阳能热水系统：由真空管集热器、可连接水箱、可调整支架、换热器构成。运行原理是真空管内的水遇到阳光辐射后，开始升温，管内的水升温后密度变小，自然循环到水箱内，逐步把水箱内的水加热，温升后的水储存在具有聚氨酯发泡保温的水箱内。室内冷水经过水箱内固定好的波纹管流道流过，把带有压力的自来水温升到几乎与水箱内水温相同的温度（温差低于 2℃）流出。从而获得稳定、有压力的、洁净的热水。

（2）自然循环太阳能热水系统：依靠集热器和储水箱中的温差，形成系统的热虹吸压头，使水在系统中循环；与此同时，将集热器的有用能量收益通过加热水，不断储存在储水箱内。系统运行过程中，集热器内的水受太阳能辐射能加热，温度升高，密度降低，加热后的水在集热器内逐步上升，从集热器的上循环管进入储水箱的上部；与此同时，储水箱底部的冷水由下循环管流入集热器的底部；这样经过一段时间后，储水箱中的水形成明显的温度分层，上层水首先达到可使用的温度，直至整个储水箱的水都可以使用。

有两种热水取用方法。一种是由补水箱向储水箱底部补充冷水，将储水箱上层热水顶出使用，其水位由补水箱内的浮球阀控制，有时称这种方法为顶水法；另一种是无补水箱，热水依靠本身重力从储水箱底部落下使用，有时称这种方法为落水法。

（3）强制循环太阳能热水系统：是在集热器和储水箱之间管路上设置水泵，作为系统中水的循环动力；与此同时，集热器的有用能量收益通过加热水，不断储存在储水箱内。系统运行过程中，循环泵的启动和关闭必须要有控制，否则既浪费电能又损失热能。通常温差控制较为普及，有时还同时应用温差控制和光电控制两种。

温差控制是利用集热器出口处水温和贮水箱底部水温之间的温差来控制循环泵的运行。早晨日出后，集热器内的水受太阳辐射能加热，温度逐步升高，一旦集热器出口处温度和贮水箱底部水温之间的温差达到设定值（一般 8～10℃）时，温差控制器给出信号，启动循环泵，系统开始运行；遇到云遮日或下午日落前，太阳辐照度降低，集热器温度逐步下降，一旦集热器出口处水温和贮水箱底部水温之间的温差达到另一设定值（一般为 3～4℃）时，温差控制器给出信号，关闭循环泵，系统停止运行。

太阳能热水系统热水取用同样有顶水法和落水法两种方法。顶水法是向贮水箱底部补充冷水（自来水），将贮水箱上层热水顶出使用；落水法是依靠热水本身重力从贮水箱底部落下使用。在强制循环条件下，由于贮水箱内的水得到充分的混合，不出现明显的温度分层，所以顶水法和落水法都一开始就可以取到热水。顶水法与落水法相比，其优点是热水在压力下的喷淋可提高使用者的舒适度，而且不必考虑向贮水箱补水的问题；缺点是从贮水箱底部进入的冷水会与贮水箱内的热水掺混。落水法的优点是没有冷热水的掺混，但缺点是热水靠重力落下而影响使用者的舒适度，而且必须每天考虑向贮水箱补水的问题。

在双回路的强制循环系统中，换热器既可以是置于贮水箱内的浸没式换热器，也可以是置于贮水箱外的板式换热器。板式换热器与浸没式换热器相比，有许多优点：板式换热器的换热面积大，传热温差小，对系统效率影响小；板式换热器设置在系统管路之中，灵活性较大，便于系统设计布置；板式换热器已商品化、标准化，质量容易保证，可靠性好。

强制循环系统可适用于大、中、小型各种规模的太阳能热水系统。

（4）直流式太阳能热水系统：是使水一次通过集热器就被加热到所需的温度，被加热的热水陆续进入贮水箱中。系统运行过程中，为了得到温度符合用户要求的热水，通常采用定温放水的方法。集热器进口管与自来水管连接。集热器内的水受太阳辐射能加热后，温度逐步升高。在集热器出口处安装测温元件，通过温度控制器，控制安装在集热器进口管理上电动阀的开度，根据集热器出口温度来调节集热器进口水流量，使出口水温始终保持恒定。这种系统运行的可靠性取决于变流量电动阀和控制器的工作质量。

有些系统为了避免对电动阀和控制器提出苛刻的要求，将电动阀安装在集热器出口处，而且电动阀只有开启和关闭两种状态。当集热器出口温度达到某一设定值时，通过温度控制器，开启电动阀，热水从集热器出口注入贮水箱，与此同时冷水（自来水）补充进入集热器，直至集热器出口温度低于设定值时，关闭电动阀，然后重复上述过程。这种定温放水的方法虽然比较简单，但由于电动阀关闭有滞后现象，所以得到的热水温度会比设定值低一些。

直流式系统有许多优点：与强制循环系统相比，不需要设置水泵；与自然循环系统相比，贮水箱可以放在室内；与循环系统相比，每天较早地得到可用热水，而且只要有一段见晴时刻，就可以得到一定量的可用热水；容易实现冬季夜间系统排空防冻的设计。直流式系统的缺点是要求性能可靠的变流量电动阀和控制器，使系统复杂，投资增大。

直流式系统主要适用于大型太阳能热水系统。

5. 系统的热储存

在太阳能热水系统中，贮水箱用于储存由太阳能集热器产生的热量，有时也称为储热水箱。利用液体（特别是水）进行储热，是各种热储存方式中理论和技术都最成熟、推广和应用最普遍的一种。通常希望所用液体除具有较大的比热容之外，还具有较高的沸点和较低的蒸汽压，前者是避免发生相变（变为气态），后者则是为减小对储热容器产生的压力。在低温液态蓄热介质中，水是性能最好，因而也是最常使用的一种。

（1）利用水储热优缺点

1）利用水作为蓄热介质的优点

①物理、化学和热水学性质很稳定，人们对它了解得十分清楚，使用技术最成熟；

②可以兼作蓄热介质和传热介质，在储热系统内可以免除热交换器；

③传热及液体特性相当好，在常用液体中，其比热容最大，热膨胀系数较小，黏滞性小，很适合于自然循环和强制循环；

④液态－气态平衡时的温度－压力关系十分适用于平板太阳能集热器；

⑤来源丰富，价格低廉。

2）缺点

①作为一种电解腐蚀性物质，所产生的氧气易锈蚀金属，且是大部分气体（特别是氧气）的溶剂，因而对容器和管道容易产生腐蚀；

②凝固（结冰）时体积膨胀较大（达 10% 左右），易对容器和管道造成破坏；

③在中温以上（超过 100℃），蒸汽压随热水温度的升高而指数增大，有助于用水储热，温度和压力都不能超过其临界点（373.0℃，2.2×10^4Pa），就成本而言，储热温度为 300℃时的成本比储热温度为 200℃时的成本要高出 2.75 倍。

利用水作为蓄热介质时，可以选用不锈钢、搪瓷、塑料、铝合金、铜、铁、钢筋水泥、木材等各种材料制作储热容器，其形状可以是圆柱形、箱形和球形等，但应注意所用材料的防腐蚀性和耐久性。例如选用水泥和木材作为储热容器材料时，就必须考虑其热膨胀性，以便防止因长久使用产生裂缝而漏水。

储热水箱是一种既可以储热又可以蓄冷的装置。它是在给建筑物供应热水、供暖以及空调的系统中作为一个组成部件而发展起来的，主要用于调节能源与能耗之间的不平衡，以便提高系统的热利用效率及满足热负荷的需要。

储热水箱由于放热特性（完全压出流、完全混合流和部分混合流）、压力状态（敞开式和封闭式）、水箱数多少（单箱和多箱）、水箱的安装方式（立式或纵式和卧式或横式）、结构材料以及用途等的不同，可以分为各种不同的类型。

（2）储热水箱的放热特性

按照储热水箱的放热特性（或储热水箱内的混合特性），可以分为完全压出流、完全混合流和部分混合流 3 类。如以 v 表示水流速度，L 表示水箱长度，E 表示混合扩散系数，则上述 3 类可以根据箱内水温的混合程度或混合特性 $M=vL/(2E)$ 值的大小进行分类。

1）完全压出流：或称活塞流，即水箱内的完全是活塞式流动，箱内存在冷热两个水域，二者的分界面十分清晰，表明几乎没有混合，这时可以认为 $E\rightarrow0$ 或 $M\rightarrow\infty$。当储热水箱放热（冷）时，水流从底（顶）部进入，热量可以全部加以利用，这是一种理想状态。假定在储热水箱内盛有 100L、80℃的热水，然后从底部进口 A 处缓慢地注入 20℃的冷水，而在出口 B 处流出的则全部是 80℃的热水。但当流出的水量超过 100L，则水温立即降为 20℃。

2）完全混合流：水箱内的水混合充分，温度完全均匀一致，这时可以认为 $E\rightarrow\infty$ 或 $M\rightarrow0$。通常情况下，这只有在储热水箱内安装强力搅拌机，当它一边搅拌一边缓慢地注入冷水时才有可能实现。开始时从出口 B 处流出的水温是 80℃，然后随着时间的推移，水温按指数函数的形式降低，当流出水量刚好达到 100L 时，水温已降为 29.3℃左右。

3）部分混合流：或称为温度分层流，表明水箱内的温度分布不均匀，出现分层情况，这可以认为 E 值有限，即 0。

（3）储热水箱的压力状态

按照储热水箱的压力状态，可以分为敞开式和封闭式两类。在常压下，空间采取何种形式为宜，需视实际情况而定。

1） 敞开式：因水箱与大气相通，承受压力较小，但容易受酸性腐蚀，且由于氧气易溶于水，故对容器的耐腐蚀性要求较高；系统消耗的扬程也较高。一般多用于大型太阳能系统。

2） 封闭式：因水箱内充满水，故上方应设置膨胀箱，以避免将储热水箱破坏。其优点是配管系统简单，所需水泵的扬程较小，因而循环泵消耗的动力较少；缺点是所承受的静压力比较大，对储热水箱的耐压要求比较高，容器设备费用较高。多用于小型太阳能系统。

实际应用中，建筑物的供水热水系统和屋顶的储热水箱（与自然循环热水系统配套使用）大多是敞开式的；利用基础梁的空间作为储热水箱以及使用混凝土制的单独储热水箱也都是敞开式的。相反，当系统运行温度在 100℃以上时，除非采用特殊的传热介质，否则所用储热水箱必须是封闭的；放置在地面上的强制循环热水系统的储热水箱也大多是封闭式的。

储热水箱的结构材料，敞开式的多用镀锌钢板、不锈钢和玻璃钢等；封闭式的则多用搪瓷、不锈钢和玻璃钢等。储热水箱的结构多半采用圆筒形，一则易于加工，易于封闭，比较经济；二则放热性能较好，所形成的死水区域较小；三则具有较好的耐压性（在内压相同的情况下，作用在圆筒壁上的张力与半径成正比）。

（4）储热水箱的热动态特性

1）影响热动态特性的主要参数：储热水箱内死水区域大小、由储热水箱内不同温度的水的混合程度所确定的混合特性 M 值的大小、储热材料内部所存在的温度梯度、热交换器的热容量、与储热水箱连接的管道系统的热容量、储热水箱本身以及与其相接触的周围环境的热容量（适用于埋在地下的储热水箱）。

对于利用水作为蓄热介质的储热水箱来说，因为不必使用热交换器，故可不考虑储热材料内部所存在的温度梯度、热交换器的热容量。

2）影响热动态特性的因素

水箱内流体的混合状况：在实际使用的储热水箱中，水流线有可能形成非完全活塞流的形式，这样不仅不能充分地储热，也会使所储存的热量不能得到完全的利用。

水箱的结构和循环水量：主要是指水箱内隔板的数量和配置方式、连通管的数量、管径和设置位置，还有箱的形状和循环水量等。

失热和得热：由于水箱本身具有围护结构表面，故不可避免地会有失热和得热。对于为削平瞬时用热高峰而设置的短期储热水箱来说，如果埋于地下又采取隔热措施，则对其热动态特性反而不利，因为土壤具有热容量，也能起到一定的储热作用。

储热温度和取热温度：所谓储热温度是指储热终了时水箱内的平均水温，取热温度是指从水箱内取热时的出口水温。热量能否充分地加以利用以及整个储热水箱运行时间的长短，都与这两个温度的取法密切相关。

（5）储热水箱的瞬态响应

在使用储热水箱时，出口水温的变化状况对于热负荷来说是重要的。从理论上讲，可以通过求得箱内的水温分布情况来获得输入温度和输出温度（即通常所谓的进、出口温度）之间的函数关系。但这样做就必须应用三维的连续性方程、动量守恒方程和能量守恒方程来求解，步骤十分复杂，所需计算程序也很长。

在实际设计中，并不需要直接了解箱内的水分布温度，而只需知道输入温度和输入热量随时间的变化情况，并能求得输出温度随时间变化的结果即可。目前主要使用的是“瞬态响应法”，即把整个水箱视作一个系统。如果假定输入和输出之间存在着线性关系（当进、出口水温相差不大时，即可近似地认为如此），则对于任何输入温度的变化，都可通过卷积积分求得其输出温度的变化。

总之，利用储热水箱作为热水、采暖及空调系统的小规模和短期储热装置，在太阳能热利用中起着重要的作用，并已取得了一系列的实际应用。如果需要进行大规模和跨季度长期储热，近二三十年来已有一些国家开始研究地下含水层作为有效的储热和节能措施。

（6）热水系统的四大要素

1）水温：生活用热水（盥洗、淋浴）的温度要大于体温，一般在 39～42℃比较适宜，厨房洗碗可以用相对比较高温的水（70℃以上），可以省去洗洁精等化学合成剂，所以热水的供应应满足生活的需要，45～60℃比较适宜，且不易结垢，国家规范生活热水水温低于等于 60℃，间接加热热媒温度低于等于 90℃。

2）水量（表 5-2）

用量表（60℃热水用水定额）　　表 5-2

序号	建筑物名称	单位	最高日用水定额 (L)	使用时间 (h)
1	有自备热水供应和沐浴设备 有集中热水供应和沐浴设备的住宅	L/（人・d）	40～80，60～100	24
2	别墅	L/（人・d）	70～100	24
3	单身职工宿舍、学生宿舍、招待所、培训中心、普通旅馆、公用盥洗室、沐浴室、洗衣室、设单独卫生间与公用洗衣室	L/（人・d）	25～40，40～60 50～80，60～100	24 或定时供应
4	宾馆、客房、旅客、员工	L/（床・d）， L/（人・d）	120～160，40～50	24
5	医院住院部，设公用盥洗室、沐浴室、设单独卫生间的门诊部、诊疗所、疗养院、休养所住房部	L/（床・d）	40～80，60～100 110～200，100～160	24
6	养老院	L/（床・d）	50～70	24
7	幼儿园与托儿所：有住宿、无住宿	L/（人・d）	50～40，10～15	24，10
8	公共浴室沐浴，沐浴、浴盆，桑拿浴（沐浴、按摩池）	L/（人・次）	40～60，60～80 40～60	12，12，12
9	理发店、美容院	L/（人・次）	10～15	12
10	洗衣房	L/kg 干衣	10～30	8
11	餐饮厅、营业餐厅，快餐店、职工及学生食堂，酒吧、咖啡厅、茶座、卡拉 OK 房	L/（人・次）	15～20，7～10，3～8	10～12， 11，18
12	办公楼	L/（人・班）	5～10	8
13	健身中心	L/（人・次）	15～25	12
14	体育场（馆）、运动员沐浴	L/（人・次）	25～35	4
15	会议厅	L/（座・次）	2～3	4

3）水压

一般市政冷水供水的压力 3~6kg/cm^2（0.3~0.6MPa），实际用水末端的压力一般在 2~3kg（0.2~0.3MPa）。

热水的压力与冷水的压力相等时，水温调节相对容易，冷热水的压力差别越大，调节越不易，尤其是开式太阳能热水器。热水的压力源自水箱与用水末端的垂直距离，一般很难达到与冷水压力相等的状态，尤其是顶层安装太阳能的用户，热水压力也是 3m，与冷水压力相差 10 倍，所以用热水就会很困难，水温不易调节，热水不能喷出来，只能缓缓流出。

实际上在热水压力为 1.5kg 时，既能达到舒适的用水压力，再有热水的用量也比较节省，既舒适又环保。

4）水质

纯净的水是无色无味的，水中含有某些物质时，将产生某些特殊的味道，因此水味可粗略地判断水中某些物质含量较高。从卫生角度来看，嗅和味并不是很重要的，但对饮用水来说使人不愉快的嗅味是令人非常讨厌的。

国内的市政管道很多还存在着大量的铸铁或镀锌管道，存在很多二次污染，市政冷水是不能直接饮用的。在国外，管道多采用造价比较高的不锈钢、铜或复合材质，相对水质在输送环节有保障。

在人们的日常生活中洁净的热水对于生活的重要性不言而喻，所以好多家庭为了获得更好的水质往往添加软水净水设备，以便能够获得更洁净的水。无论饮用还是生活用水，当淋浴或者泡澡时，毛孔会打开，皮肤也会吸收水分进入体内。

（7）太阳能热水系统的防冻

太阳能热水系统中的集热器及其置于室外的管路，在严冬季节常常因积存在其中的水结冰膨胀而胀裂损坏，尤其是高纬度寒冷地区，因此必须从技术上考虑太阳能热水系统的“越冬”防冻措施。目前常用的太阳能热水系统防冻措施大致有以下几种。

1）选用防冻的太阳能集热器：集热器是太阳能热水系统中必须暴露在室外的重要部件，如果直接选用具有防冻功能的集热器，就可以避免对集热器在严冬季节冻坏的担忧。

热管式真空管集热器以及内插管的全玻璃真空管集热器都属于具有防冻功能的集热器，因为被加热的水都不直接进入真空管内，真空管的玻璃罩管不接触水，再加上热管本身的工质容量又很小，所以即使在零下几十摄氏度的环境温度下真空管也不冻坏。

另一种具有防冻功能的集热器是热管平板集热器，它与普通平板集热器的不同之处在于，吸热板的排管位置上用热管代替，以低沸点、低凝固点介质作为热管的工质，因而吸热板也不会冻坏，不过由于热管平板集热器的技术经济性能不及上述真空管集热器，目前应用尚不普遍。

2）使用防冻液的双循环系统（或称双回路系统）：在太阳能热水系统中设置换热器，集热器与换热器的热侧组成第一循环（第一回路），并使用低凝固点的防冻液作传热工质，从而实现系统的防冻。双循环系统在自然循环和强制循环两类太阳能热水系统中都可以使用。

在自然循环系统中，尽管第一回路使用了防冻液，但由于贮水箱置于室外，系统的补冷水箱与供热水管也部分敷设在室外，在严寒的冬夜，这些室外管路虽有保温措施，但仍不能保证避免管中的水不结冰。因此，在系统设计时需要考虑采取某种设施，在用毕后使管路中的热水排空。例如采用虹吸式取热水管，兼作补冷水管，在其顶部设通大气阀，控制其开闭，实现该管路的排空。

3）采用自动落水的回流系统：在强制循环的单回路系统中，一般采用温差控制循环水泵的运转，贮水箱通常置于室内（底层或地下室）。冬季白天，在有足够的太阳辐照时，温差控制器开启循环水泵，集热器可以正常运行；夜晚或阴天，在太阳辐照不足时，温差控制器关闭循环水泵，这时集热器和管路中的水由于重力作用全部回流到贮水箱中，避免因集热器和管路中的水结冰而损坏；次日白天或太阳辐照再次足够时，温差控制器再次开启循环水泵，将贮水箱内的水重新泵入偏执器中，系统可以继续运行。这种防冻系统简单可靠，不需增设其他设备，但系统中的循环水泵要有较高的扬程。

近几年，国外开始将回流防冻措施应用于双回路系统，其第一回路不使用防冻液而仍使用水作为集热器的传热介质。当夜晚或阴天太阳辐照不足时，循环水泵自动关闭，集热器中的水通过虹吸作用流入专门设置的小贮水箱中，待次日白天或太阳辐照再次足够时，重新泵入集热器，使系统继续运行。

4）采用排空存水的排放系统：在自然循环或强制循环的单回路系统中，在集热器吸热体的下部或室外环境温度最低处的管路上埋设温度敏感元件，接至控制器。当集热器内或室外管路中的水温接近冻结温度（3～4℃）时，控制器将根据温度敏感元件传送的信号，开启排放阀和通大气阀，集热器和室外管路中的水由于重力作用排放到系统外，不再重新使用，从而达到防冻的目的。

5）贮水箱热水夜间自动循环：在强制循环的单回路系统中，在集热器吸热体的下部或室外环境温度最低处的管路上埋置温度敏感元件，接至控制器。当集热器内或室外管路中的水温接近冻结温度（如 3～4℃）时，控制器打开电源，启动循环水泵，将贮水箱内的热水送往集热器，使集热器和管路中的水温升高。当集热器或管路中的水温升高到某设定值（或当水泵运转某设定时段）时，控制器关断电源，循环水泵停止工作。这种防冻方法由于要消耗一定的动力以驱动循环水泵，因而适用于偶尔发生冰冻的非严寒地区。

6）室外管路上敷设自限式电热带：在自然循环或强制循环的单回路系统中，将室外管路中最易结冰的部分敷设自限式电热带。它是利用一个热敏电阻设置在电热带附近并接到电热带的电路中。当电热带通电后，在加热管路中水的同时也使热敏电阻的温度升高，随之热敏电阻的电阻增加；当热敏电阻的电阻增加到某个数值时，电路中断，电热带停止通电，温度逐步下降。这样无数次重复，既保证室外管路中的水不结冰，又防止电热带温度过高造成危险。这种防冻方法也要消耗一定的电能，但对于十分寒冷的地区还是行之有效的。

（8）国内的太阳能热水器特点

国内的太阳能热水器具备几个特征：

1）开式水箱，与大气相通，顶端会有一个富氧层；

2）真空管底部的水不能排出，水箱内的水每次不一定用完；

3）水温环境40~60℃时候比较多。这样就给细菌的滋生提供很好的条件，早在几年前就有因饮用太阳能的水而胃肠生病的报道，而且时间久了还会有亚硝酸盐等致癌物产生。新鲜水太阳能热水器就很好地解决了这方面的问题。新鲜水太阳能热水器不使用水箱内的水，只作为储存热能的介质，当用水时冷水经换热盘管吸收热量后迅速顶出，无任何二次污染，水质洁净，压力稳定。

（9）太阳能热水的优点

1）环保效益，相对于使用化石燃料制造热水，能减少对环境的污染及温室气体——二氧化碳的产生。

2）节省能源，太阳能是属于每个人的能源，只要有场地与设备，任何人都可免费使用它。

3）安全，不像使用瓦斯有爆炸或中毒的危险，或使用燃料油锅炉有爆炸的顾虑，或使用电力会有漏电的可能。

4）不占空间，不需专人操作自动运转。另外，太阳能热水器装在屋顶上，不会占用任何室内空间。

5）具有经济效益，正常的太阳能热水器不易损坏，寿命至少在10年以上，甚至有到20年的，因为基本热源为免费的太阳能，所以使用它十分符合经济成本效益。

随着传统能源成本的不断上升及环境的持续恶化，太阳能热水系统越来越多地被应用于居民住宅、别墅、酒店、旅游风景区、科技园区、医院、学校、工业厂区、农业种植养殖区等众多领域，针对不同领域热水使用情况进行合理设计与配置，达到能源的综合利用，降低成本投入。

5.2　直饮水系统

直饮水，又称为健康活水，指的是没有污染、没有退化，符合人体生理需要（含有人体相近的有益矿质元素），pH 呈弱碱性这 3 个条件的可直接饮用的水。

1. 基本定义

直饮水，也称为活化水、健康活水，采用纳滤分离膜装置等进行过滤，杀死其中的病毒和细菌并过滤掉自来水中异色、异味、余氯、臭氧硫化氢、细菌、病毒、重金属，阻挡悬浮颗粒改善水质，同时保留对人体有益的微量元素，并用离子交换体软化水质，最后通过高能量生化陶瓷的作用将水体能量化，矿化，达到完全符合世界卫生组织公布的直接饮用健康水的标准，如图 5-2、图 5-3 所示。

图 5-2　直饮水设备

图 5-3　施工案例

2.供水方式

直饮水一般采用分质供水的方式直通住户。所谓分质供水，即根据生活中人们对水的不同需要，由市政提供的自来水为生活饮用水，把自来水中生活用水和直接饮用水分开，另设管网，采用特殊工艺将自来水进行深度加工处理成可直接饮用的纯净水，然后由食品卫生级的管道输出直通住户，实现饮用水和生活用水分质、分流，达到直饮的目的，并满足优质优用、低质低用的要求。这种可直接饮用的纯净水可分为纯水或净水两种。

直饮水也可在用户终端通过净水设备，直接进行净化，并活化，能量化，模拟自然水的净化体系进行处理，直接输出符合国家标准的饮用水。所有材质应符合食品卫生级别。

3. 技术标准

按照《饮用净水水质标准》CJ/T 94—2005 用同样符合生活用水卫生标准的水为原料，经过活性炭等吸附装置，净化处理后，含有少量矿质元素称为净水。

4. 过滤技术

直饮水的过滤技术可分为九级：

第一级：对原水进行初过滤，去除水中较粗颗粒杂质、污泥、胶体、悬浮物质等。

第二 三 四级：KDF+ 树脂软化复合滤芯，KDF 处理介质为高纯铜 / 锌合金，通过电化学氧化—还原（电子转移）反应有效地减少或除去水中的氯和重金属，并抑制水中微生物的生长繁殖。树脂上的钠离子和水中的钙镁离子交换，活化水质增强活性。

第五级：吸附水中异味、异色、有机物、部分重金属等。

第六级：内含食用及复式磷酸盐和多种特殊配方，可有效地除去钙镁等金属离子，起到软化水质、抑制矿物质在水中结垢堵塞 RO 膜作用，并有效预防过高数量的钙镁离子在人体内形成结石而对人体所造成的危害。

第七级：孔径 0.1μm，清除水中细菌、病毒、重金属等有机杂质。

第八级：改善口感。

第九级：第二次生物杀菌，确保出水水质卫生。

5. 鉴别方法

直饮水与普通饮用水的三大区别：

（1）直饮水比普通饮用水从外观上更为清澈，口感更好。居民大多数饮用水主要为自来水厂的过滤水，其外观看起来略显浑浊，甚至在管道中存在其他杂物等。同时部分地区的自来水还存在异味。相比较于直饮水而言，这些问题都不存在。

（2）直饮水矿物元素更为丰富，比普通饮用水能够提供更多人体所需要的元素，因此长期饮用直饮水对人体健康是非常有益处的。

（3）普通饮用水经济成本要远远低于直饮水。直饮水机能够循环使用，其整体经济成本较低。同时由于直饮水能够为人体提供充足的营养元素，因此提高了人体免疫力，对于减少人体的医疗开支也是非常有好处的。

5.3　医院污水处理系统

医院污水，除含有生活污水污染物以外，还含有化学物质、放射性废水和病原体，污水来源及成分复杂，具有空间污染、急性传染和潜伏性传染等特征，不经有效处理会成为医疗疫病扩散的重要途径，并严重污染环境。必须经过处理后才能排放，特别是肝炎等传染病病房排出来的污水，须经消毒后才可排放。无集中式污水处理设备的医院，对有传染性的粪便，必须单独消毒使其无害化。常用消毒剂有二氧化氯、漂白粉、液氯、次氯酸钠、臭氧。对含放射性同位素的污水，应按同位素处理要求处理。医院污水在处理过程中，沉淀的污泥含有大量的细菌、病毒和寄生虫卵，须经消毒（常用熟石灰消毒）或高温堆肥后方可用作肥料。

医院各部门的功能、设施和人员组成情况不同，产生的污水成分和水量各不相同，不同性质医院产生的污水也不同。产生污水的主要部门和设施有：诊疗室、化验室、病房、洗衣房、X 光照相洗印、动物房、同位素治疗诊断、手术室等排水，产生重金属废水、含油废水、洗印废水、放射性废水等。医院行政管理和医务人员、食堂、单身宿舍、家属宿舍排放的生活污水。

1. 污水特点

医院污水含有大量的病原体（病菌、病毒和寄生虫卵），如结核病医院污水，每升可检出结核杆菌几十万至几百万个。医院污水还含有消毒剂、药剂、试剂等多种化学物质。利用放射性同位素医疗手段的医院的污水还含有放射性物质。医院污水的水量与医院的性质、规模及所在地区的气候等因素有关，按每张病床计一般为200～1000L/d。

2. 处理原则

（1）全过程控制原则。对医院污水产生、处理、排放的全过程进行控制。

（2）减量化原则。严格医院内部卫生安全管理体系，在污水和污物发生源进行严格控制和分离，医院内生活污水与病区污水分别收集，即源头控制、清污分流。严禁将医院的污水和污物随意弃置排入下水道。

（3）就地处理原则。为防止医院污水输送过程中的污染与危害，在医院必须就地处理。

（4）分类指导原则。根据医院性质、规模、污水排放去向和地区差异对医院污水处理进行分类指导。

（5）达标与风险控制相结合原则。让综合性医院和传染病医院污水达标排放，同时加强风险控制意识，从工艺技术、工程建设和监督管理等方面提高应对突发性事件的能力。

（6）生态安全原则。有效去除污水中有毒有害物质，减少处理过程中消毒副产物产生和控制出水中过高余氯，保护生态环境安全。

3. 处理方法

医院污水处理主要进行杀灭病原体的消毒，方法如下：

1） 次氯酸钠法。次氯酸钠是普通的化学试剂，运输、储存和购买都比较方便。次氯酸钠溶于水生产次氯酸根离子，具有消毒作用，但不稳定，光照、受潮易于分解，消毒能力弱。

2) 液氯法。液氯在水中能迅速产生次氯酸根离子。液氯中有效氯含量比次氯酸钠溶液高 5～10 倍，消毒能力强且价格便宜。由于氯气是一种强刺激性有毒气体，因此要用专用的存储设备进行存储。该方法已广泛应用于医院的污水消毒。

3) 二氧化氯法。二氧化氯 (ClO_2) 是一种强氧化剂，在水中的溶解度是氯的 5 倍，氧化能力是氯气的 215 倍左右。它可以杀灭一切微生物，同时有效破坏水中的微量有机污染物，很好地氧化水中一些还原状态的金属离子。其最大的优点在于与腐殖质及有机物反应几乎不产生发散性有机卤化物，不生成并抑制生成有致癌作用的三卤甲烷，也不与氨及氨基化合物反应，因此非常适合用于医院污水处理。

4）贮存衰减法。主要用于处理医院排出的放射性废水。医院常用的放射性同位素如 131 碘、32 磷、198 金、24 钠等是半衰期较短的同位素，因此可将放射性污水贮存于地下专用衰变水池内，贮存时间为 10 倍于半衰期，把放射性浓度降到容许排放的程度。如果放射性污水的浓度很低，水量很小，也可用稀释法处理。当放射性污水浓度很高，放射性的半衰期很长，不宜用贮存法和稀释法处理时，可用蒸发法、离子交换法或凝聚沉淀法进行分离浓缩处理。

5）曝气生物滤池法。针对医院污水的主要污染物为有机污染物的特点，在经格栅除渣、消毒灭菌处理后，增加曝气生物滤池污水处理工艺处理污水，达标排放。曝气生物滤池具有以下特点：有机负荷高，占地少；生物量大，活性高，抗冲击能力强；具有生物降解反应与过滤双重功能，不需二沉池；由于滤料的切割作用，氧利用率高；运行稳定可靠，管理方便。

6）污泥处理。医院污水处理过程中排出的污泥量为：0.7～1L/（床 · d），含水95%，含有污水中病原体总量的 70%～80%，因此需进行消毒处理。消毒方法有加热消毒、化学药剂消毒、γ 射线消毒等。加热消毒的热源通常为蒸汽、电能或生物能（高温堆肥），有的地区可以用太阳能。或者用焚烧法处理（见污泥焚烧）。化学药剂消毒可用漂白粉、石灰、氨水、液氯或苛性钠等。用漂白粉或液氯时，有效氯用量约为污泥量的 2.5%。用碱性药剂时，污泥的 pH 达到 12 后，保持 0.5h 以上，效果最好。γ 射线消毒可用 60 钴或一些裂变产物的混合物作辐射源，辐射剂量为 20～30 万伦琴。用此法对污泥消毒不产生臭气，并可改善污泥的脱水和沉降性，但费用较高。

4. 处理不易达标原因

医院污水处理不达标，是危害环境的重要因素。经过有关部门长期调查研究发现医院污水处理不彻底主要有下列因素：

（1）采用针对性强的药剂处理分类废水，效果好、成本低，但各分类废水处理后的综合水常常不达标。

（2）为水质清澈和降低成本，大量使用石灰，产生大量污泥，而污泥处理的成本往往占到废水处理总成本中 30%~40%，减少了污水处理的投入。

（3）来水 pH 变化大，反应池 pH 控制不稳定，造成沉淀池浑浊。出水水质也随之不稳定，时好时坏。

（4）水处理人员责任心不强，操作不够细心。来水有问题，不及时停机进行应急处理。各种仪表、探头未经常校正清洗。配制药品浓度不按要求配制，为了省事，私自把浓度提高。

（5）表面处理行业的产品进行表面处理前，必须先经过大量的前处理，这其中使用的除油粉里含有乳化剂，而大量的乳化剂不但影响 COD 的含量，而且影响沉淀池的絮凝体形态，沉淀效果不好，大量悬浮物跟随上层清水流出沉淀池，在 pH 回调时重新溶解进水里，结果造成排放口重金属离子超标。

深圳市慢性病防治中心污水处理系统：污水处理站设计处理量：150 m^3/d，采用水酸化 + 接触氧化 + 混凝沉淀 + 接触消毒处理工艺；[pH 调节池 + 格栅渠（渠）+ 预消毒池 + 调节池 + 水解酸化池 + 好氧生化池 + 混凝混合池 + 沉淀池 + 消毒池（次氯酸钠）+ 室外等]（如图 5-4 所示）。

图 5-4　施工案例（一）

图 5-4　施工案例（二）

5.4　中水处理系统

中水处理是将其处理到饮用水的标准而直接回用到日常生活中，即实现水资源直接循环利用的方式，中水就是指循环再利用的水。许多家庭都习惯把洗衣服和洗菜的水收集起来，用于冲厕所和拖地板，其实这就是最原始、最简单的中水处理办法。

1. 中水及再生回用概念

“中水”一词是相对于上水（给水）、下水（排水）而言的，因其水质指标低于城市给水中饮用水水质标准，但又高于污水允许排入地面水体排放标准，亦即其水质居于生活饮用水水质和允许排放污水水质标准之间，故取名为“中水”。中水回用技术就是将人们在生活和生产中用过的优质杂排水（不含粪便和厨房排水）、杂排水（不含粪便污水）以及生活污（废）水集中再生处理后可回用的技术，处理后达到回用水标准可以用于城市及生活小区的道路冲洗、绿化浇灌、车辆冲洗、空调冷却、家庭坐便器冲洗、消防等，中水回用可以减少新水的使用量，达到节约用水的目的。

中水开发与回用技术得到了迅速发展，在美国、日本、印度、英国等国家（尤以日本为突出）得到了广泛的应用。这些国家均以本国度、区域的特点确定出适合其国情国力的中水回用技术，使中水回用技术越来越趋于完善。在中国，这一技术已受到各级政府及有关部门重视并对建筑中水回用做了大量理论研究和实践工作，在全国许多城市如深圳、北京、青岛、天津、太原等开展了中水工程的运行并取得了显著的效果。我国的国有工业企业和部分民企，比如污染严重和水资源利用较多的企业都建成了中水回用项目，为低碳生产和节能减排的国家级号召作出了贡献，如图 5-5、图 5-6 所示。

图 5-5　中水处理设备

图 5-6　施工案例

2. 处理方法

（1）物理处理法

1）膜滤法：在外力的作用下，被分离的溶液以一定的流速沿着滤膜表面流动，溶液中溶剂和低分子量物质、无机离子从高压侧透过滤膜进入低压侧，并作为滤液而排出，为处理出水；而溶液中高分子物质、胶体微粒及微生物等被超滤膜截留，溶液被浓缩并以浓缩形式排出。特点是：装置紧凑，容易操作，受负荷变动的影响小。膜滤法适用于水质变化大的污水处理。

其中陶瓷膜是最常用的技术。无机陶瓷膜也称 GT 膜，是以无机陶瓷原料经特殊工艺制备而成的非对称膜，呈管状或多通道状。陶瓷膜管壁密布微孔，在压力作用下，原料液在膜管内或膜外侧流动，小分子物质（或液体）透过膜，大分子物质（或固体颗粒、液体液滴）被膜截留从而达到固液分离、浓缩和纯化之目的。

和有机膜相比，无机陶瓷膜具有耐高温、化学稳定性好、耐酸、耐碱、耐有机溶剂、机械强度高、可反向冲洗、抗微生物能力强、可清洗性强、孔径分布窄、渗透量大、膜通量高、分离性能好和使用寿命长等特点。无机陶瓷膜主要技术参数：膜层厚度：50～60μm，膜孔径 0.01～0.5μm；气孔率：44%～46%；过滤压力：1.0MPa，反冲压力：0.4MPa 以下。

2）蒸发热法：通过加热蒸发使溶液在蒸发体内达到沸点分离出水蒸气和盐类固体，水蒸气冷凝为纯水，浓缩液经过不断循环蒸发形成盐类固体。特点是：稳定性高，易于维护，使用寿命长，操作简单，不因水质波动而影响设备运行。蒸发热法适用于任何水质。

（2）物理化学法

主要方法有：砂滤、活性炭吸附、浮选、混凝沉淀等。流程特点是：采用中空纤维超滤器进行处理，技术先进，结构紧凑，占地少，系统间歇运行，管理简单。物理化学法适用于污水水质变化较大的情况。

（3）生物处理法

一般采用活性污泥法、接触氧化法、生物转盘等生物处理方法。或是单独使用，或是几种生物处理方法组合使用，如接触氧化 + 生物滤池；生物滤池 + 活性炭吸附；转盘 + 砂滤等流程。流程具有适应水力负荷变动能力强、产生污泥量少、维护管理容易等优点。生物处理法适用于有机物含量较高的污水。

3. 中水回用用途

（1）将污水处理到饮用水的标准而直接回用到日常生活中，即实现水资源直接循环利用，这种处理方式适用于水资源极度缺乏的地区，但投资高，工艺复杂。

（2）将污水处理到非饮用水的标准，主要用于不与人体直接接触的用水，如便器的冲洗，地面、汽车清洗，绿化浇洒，消防，工业普通用水等，这是通常的中水处理方式。

（3）将工业污水处理成软化水，达到纯化水、超纯水水平，进行工业循环再利用，达到节约资本、保护环境的目的。

4. 回用系统

（1）排水设施完善系统。该系统中水水源取自本系统内杂用水和优质杂排水。该排水经集流处理后供建筑内冲洗便器、清洗车、绿化等。其处理设施根据条件可设于建筑内部或临近外部。如北京新万寿宾馆中水处理设备设于地下室中。

（2）排水设施不完善系统。城市排水体系不健全的地区，其水处理设施达不到二级处理标准，通过中水回用可以减轻污水对当地河流再污染。该系统中水水源取自该建筑物的排水净化池（如沉淀池、化粪池、除油池等），该池内的水为总的生活污水。该系统处理设施根据条件可设于室内或室外。

（3）小区域建筑群系统。该系统的中水水源取自建筑小区内各建筑物所产生的杂排水。这种系统可用于建筑住宅小区、学校以及机关团体大院。其处理设施放置小区内。

（4）区域性建筑群系统。该系统特点是小区域具有二级污水处理设施，区域中水水源可取城市污水处理厂处理后的水或利用工业废水，将这些水运至区域中水处理站，经进一步深度处理后供建筑内冲洗便器、绿化等。

5. 回用水水质标准和要求

为保证中水作为生活杂用水的安全可靠和合理利用，故要求生活杂用水管道、水箱等设备不得与自来水管道、水箱直接相连。生活杂用水管道、水箱等设备外部应涂浅绿色标志，以免误饮、误用。生活杂用水供水单位，应不断加强对杂用水的水处理、集水、供水以及计量、检测等设施的管理，建立行之有效的放水、清洗、消毒和检修等制度及操作规程，以保证供水的水质。具体水质指标见《城市污水再生利用 城市杂用水水质》GB/T 18920—2020。

中水水质必须要满足以下条件：

（1）主要水质指标（大肠菌群数、细菌总数、余氯量、悬浮物、COD、BOD_5、磷化物等）满足卫生要求。

（2）满足人们感官要求，即无不快的感觉。其衡量指标主要有浊度、色度、嗅味等。

（3）满足设备构造方面的要求，即水质不易引起设备、管道的严重腐蚀和结垢。其衡量指标有 pH、硬度、蒸发残渣、溶解性物质等。

绿化用水是市政绿化等所需的用水，绿化用水虽没有严格的标准，但不同的植物有不同的用水要求，不能用统一的标准来界定。按照《建筑给水排水设计标准》GB 50015—2019 的浇洒绿地用水量 [1～3L/(m^2 · d)] 标准进行用水量的计算。

5.5 海绵城市生态处理系统

海绵城市，是新一代城市雨洪管理概念，是指城市在适应环境变化和应对雨水带来的自然灾害等方面具有良好的“弹性”，也可称之为“水弹性城市”。国际通用术语为“低影响开发雨水系统构建”。下雨时吸水、蓄水、渗水、净水，需要时将蓄存的水“释放”并加以利用，如图 5-7 所示。

图 5-7 施工案例

1. 海绵城市概念

住房和城乡建设部于 2014 年 10 月发布的《海绵城市建设技术指南——低影响开发雨水系统构建（试行）》中给出了我国海绵城市和国外的低影响开发的概念及含义。

海绵城市是指城市能够像海绵一样，在适应环境变化和应对自然灾害等方面具有良好的“弹性”，下雨时吸水、蓄水、渗水、净水，需要时将蓄存的水“释放”并加以利用。海绵城市建设应遵循生态优先等原则，将自然途径与人工措施相结合，在确保城市排水防涝安全的前提下，最大限度地实现雨水在城市区域的积存、渗透和净化，促进雨水资源的利用和生态环境保护。在海绵城市建设过程中应以人和自然生态为优先原则，故定义为生态海绵城市。

2. 海绵城市六字方针（渗、滞、蓄、净、用、排）

（1）渗：城市路面硬化，到处都是不透水材料铺装，改变了原有自然生态本底和水文特征，因此，要加强自然的渗透，把渗透放在第一位。其好处在于可以避免地表径流，减少从硬化不透水路面汇集到市政管网里，同时，涵养地下水，补充地下水的不足，还能通过土壤净化水质，改善城市微气候。渗透雨水的方法多样，主要是改用各种路面、地面透水铺装材料使其城市路面自然渗透，改造屋顶绿化，调整绿地竖向，从源头将雨水留下来然后“渗”下去。

（2）滞：其主要作用是延缓短时间内形成的雨水径流量。例如，通过微地形调节，让雨水慢慢地汇集到一个地方，用时间换空间。通过“滞”，可以延缓形成径流的高峰。具体形式总结为 4 种：雨水花园、生态滞留池、渗透池、人工湿地。

（3）蓄：即把雨水留下来，要尊重自然的地形地貌，使降雨得到自然散落。人工建设破坏了自然地形地貌后，短时间内水汇集到一个地方，就形成了内涝。所以要把降雨蓄起来，以达到调蓄和错峰。而当下海绵城市蓄水环节没有固定的标准和要求，地下蓄水样式多样，总体常用形式有两种：塑料模块蓄水、地下蓄水池。

（4）净：通过土壤的渗透，植被、绿地系统、水体等都能对水质产生净化作用。因此，应把净化处理后的雨水蓄起来，回用到城市中。雨水净化系统根据区域环境不同从而设置不同的净化体系，根据城市现状可将区域环境大体分为 3 类：居住区雨水收集净化、工业区雨水收集净化、市政公共区域雨水收集净化。现阶段较为熟悉的净化过程分为 3 个环节：土壤渗滤净化、人工湿地净化、生物处理。

（5）用：在经过土壤渗滤净化、人工湿地净化、生物处理多层净化之后的雨水要尽可能被利用，不管是丰水地区还是缺水地区，都应该加强对雨水资源的利用。不仅能缓解洪涝灾害，收集的水资源还可以进行利用，如将停车场上面的雨水收集净化后用于洗车等。我们应该通过“渗”涵养，通过“蓄”把水留在原地，再通过净化把水“用”在原地。

（6）排：是利用城市竖向与工程设施相结合，排水防涝设施与天然水系河道相结合，地面排水与地下雨水管渠相结合的方式来实现一般排放和超标雨水的排放，避免内涝等灾害。有些城市因为降雨过多导致内涝。这就必须要采取人工措施，把雨水排掉。

当雨峰值过大的时候，地面排水与地下雨水管渠相结合的方式来实现一般排放和超标雨水的排放，避免内涝等灾害。经过雨水花园、生态滞留区、渗透池净化之后蓄起来的雨水一部分用于绿化灌溉、日常生活，另一部分经过渗透补给地下水，多余的部分就经市政管网排进河流。不仅降低了雨水峰值过高时出现积水的概率，也减少了第一时间对水源的直接污染。

3. 海绵城市施工要点

（1）测量放样

根据侧分带的中心桩里程及侧分带宽度等准确测量放样，为施工控制方便，在侧分带位置附近设置支导线点和水准点，各部位平面位置以设计坐标进行放样和校核。

（2）挖基

1) 临时排水

临时排水采用潜水泵抽水，排出施工区域池塘汇水，并在基础两边设置临时排水沟。

2) 沟槽开挖

采用履带反铲式挖掘机，从原地面反开挖至距基底30cm处，由人工开挖至设计标高，做好坡度控制，在基础两边设置排水沟。

①压实度采用重型压实标准，填方深度大于80cm时为90%，填方深度小于80cm时或挖方在0～30cm时为93%，组织现场验收做好隐蔽资料方可进行下一道工序。

②当槽底有地下水或含水量较大，不能用夯时，此时采用天然级配砂石回填。安全防护采用外径为48mm、壁厚3.5mm的钢管，搭接3道防护栏杆形成。水平杆对接头应交错布置，不应设在同跨内。防护栏杆内侧满挂密目安全网，防护外侧设置200mm高踢脚板，防护栏杆外侧设置排水沟。

（3）透水盲管及土工织物

透水盲管的铺设坡度同路面坡度。盲管周围应包裹透水土工织物，规格200g/m，选用直径为*DN*200的塑料管，环刚度不应小于$8kN/m^2$。生物滞留设施或透水铺装与车行道路基之间、与污水检查井交界处均采用防渗措施，与车行道路基之间敷设的防渗膜不大于6m的填方段道路半包；大于6m的高填方道路全包；在挖填交界处防渗应与土工格栅相协调。防渗膜采用两布一膜防渗土工膜。

（4）路缘石开口及溢流雨水口

路缘石雨水开口道路与道路路面齐平，每隔10m开一个孔。开孔大小为300mm×150mm预制。溢流雨水口根据常规雨水口改造而成，每隔40m左右建设溢流式雨水口，每连续生物滞留带最低点处需要设雨水口，根据设计需要溢流水位标高可调整，溢流雨水口低于道路50mm。

（5）雨水回收系统

1）室外管道安装确定走向，须了解现场敷设条件，如需放线开挖，开挖深度根据小区地坪而定，从地平面开挖深度不得低于 0.5m，沟底须平整。经现场施工技术员检查合格后，再铺砂、接管，管底铺砂厚度为 10mm，经冲洗试压验收后，再铺 100mm 砂，然后再回填土，填土应分层夯实。

2）当管道穿越楼板或建筑物及墙体时，应加保护套管，并做好防渗漏水处理，套管应采用刚性防水套管。

3）管道安装前，仔细阅读施工图纸，根据图纸设计要求确定材料型号。

4）管道敷设时应平排而行，禁止交错布设，两管间距不小于 100mm，如遇管道与燃气管道同向而行时，供水管与燃气管相隔水平净距应不小于 400mm，与其交叉两管净距不得小于 200mm，并加套管保护，且给水管在上。

5）管道胶接时应检查管内壁是否干净，有无阻塞。安装管道按照设计要求标高，在密封好的模块上开孔。安装雨水管道，PE 管与 HDPE 膜应完全密封，不能产生渗漏，并用防水胶密封。

（6）铺透水砖施工

1）基础开挖

根据设计要求，透水砖基础开挖到设计标高并检查纵坡、横坡及边线，符合设计要求后修正基础，找平碾压密实。

2）碾压密实碎石层

在基础验收合格后进行碾压碎石层施工，良好级配一定粒级的碎石具有良好的承载能力和渗透性，选用中、粗砂或者天然级配砂砾料，其含泥量不大于 5%，泥块含量小于 2%，含水率小于 3%，级配碎石选用质地坚韧、耐磨的石灰石，碎石中严禁含黏土块、植物等物质，采用机械配合人工进行摊铺作业，适量洒水并压实，在摊铺作业时控制好摊铺标高、坡度，在施工过程中局部不平整部位采用人工填补再碾压措施。

（7）水泥粗砂层

在碾压碎石层施工完毕验收合格后进行 15% 水泥粗砂层施工作业。水泥粗砂层厚度 30mm，粗砂采用机制粗砂，粗砂层必须具有良好的透水性，以保证透下来的水能及时有效渗透到水性基层中，垫层用砂为半干砂，湿度掌握方法为：用手攒捏拌合料成团，松开后自然散开即合格，按设计要求摊铺厚度不小于 30mm，找平层表面要密实，与透水砖面层结合应牢固。

5.6　游泳池及其水质处理系统

游泳池是人们进行游泳运动的专门场所，人们可以在其中活动或进行比赛。多数游泳池建在地面，根据水温可分为一般游泳池和温水游泳池。分室内、室外两种，如

图 5-8 所示。

图 5-8　施工案例

1. 游泳池特征

（1）基本结构：正式比赛泳池为长 50m、宽至少 21m、水深 1.8m 以上；供游泳、跳水和水球综合使用的池，水深 1.3～3.5m；设 10m 跳台的池，水深应为 5m。游泳池水温应保持在 27～28℃。应有过滤和消毒设备，以保持池水清洁。奥运会世界锦标赛要求宽 25m，8 个泳道，每道宽 2.5m，出发台应居中设在每泳道中心线上，台面 50cm × 50cm。台面临水面前缘应高出水面 50～70cm，台面倾向水面不应超过 10°。游泳池的池岸宽一般出发台端不小于 5m，其余池岸不小于 3m。正式比赛池，出发台池岸宽不小于 10m，其他岸宽不小于 5m。国际比赛也有长 25m 游泳池（短池）。

（2）常规等级：①国际级竞赛游泳池规格为 50m × 25m × 2m；②国家级竞赛游泳池 50 m × 21m × 2m；③一般地区会所 25m 长游泳池，宽度没有限制。

2. 设备要求

（1）配备一定数量的遮阳伞。

（2）池底设低压防爆照明灯，底边满铺瓷砖，四周设防溢排水槽。

（3）泳池区各种设施设备配套，美观舒适，完好无损，其完好率不低于 98%。

（4）设有自动池水消毒循环系统和加热设施。

（5）池边满铺不浸水绿色地毯，设躺椅、座椅餐桌，大型盆栽盆景点缀其间。

（6）分深水区和儿童嬉水区，深水区水深不少于 1.8m，儿童嬉水区深度不超过 0.48m。

（7）游泳池设计美观，建筑面积宽敞，层高高大，顶棚与墙面玻璃应大面积采光良好。

（8）进入游泳池设有专用出入通道，入口处设浸脚消毒池。

3. 水质要求

（1）原水水质

1）游泳池初次充水、重新换水和日常使用过程中的补充水应采用城市给水管网的水。

2）当采用地下水（含地热水）、泉水或河水、水库水作为游泳池的初次充水、重新换水和正常使用过程中的补充水，且达不到现行国家标准《生活饮用水卫生标准》GB 5749—2022 的要求．应进行净化处理以达到该标准的要求。

（2）池水水质

1）水上运动都离不开对游泳池水质的控制、监测与处理。《游泳池水质标准》CJ/T 244—2016 要求池水的感官性状良好，水中不含有病原微生物，水中所含化学物质不得危害人体健康，保证游泳池水质的安全、可靠。标准要求对水质指标项目的确定应有足够的基础资料，具有可行检测方法，水质限值应确保水质感官良好，防止水性传染病暴发及其他健康的危险，还应考虑其他处理技术和化验检测费用。

2）水质标准

游泳池的水质应符合行业标准《游泳池水质标准》CJ/T 244—2016 的规定；举办重要国际竞赛和有特殊要求的游泳池池水水质，应符合国际游泳联合会 (FINA) 的相关要求。主要指标有：

浊度：浊度是反映游泳池物理性状的一项指标，从消毒和安全考虑，池水的浑浊度应高于等于生活饮用水卫生标准要求，依据我国执行的《生活饮用水卫生标准》GB 5749—2022 对浑浊度（散射浑浊度单位）的限值要求为龙头出水为 1NTU，考虑国内游泳池常规的水处理沉淀—砂滤—氯化在正常合理的运行条件下，浊度去除只能达到小于等于 2NTU。而参考世界卫生组织“游泳池环境指导准则”泳池水质浊度宜在 0.5NTU、德国游泳池水质浊度标准为 0.2NTU，过滤后下限值 ~0.5NTU、西班牙游泳池水质标准为 0.5～1NTU。考虑我国国情，浊度限值定为 1NTU。

总溶解性固体（TDS）：总溶解性固体是指溶解在水中的所有无机金属、盐、有机物的总和，但不包括悬浮在水中的物质，其监测意义在于控制池水的更新。在国外游泳池水质 TDS 的规定中，对 TDS 的控制是有相对于原水 TDS 的，如美国 ANSI/NSPI-1 标准规定游泳池水总溶解性固体（TDS）比原水高出 1000～3000mg/L；也有按照绝对值控制的，如澳大利亚要求游泳池水总溶解性固体（TDS）小于等于 1000mg/L，理想值 400～500mg/L。

pH：由于大多数消毒剂的杀菌作用取决于 pH，因此必须使 pH 保持在一种消毒剂的最佳有效范围内，所以在游泳池水处理中，调节池水的 pH 很重要，比生活饮用水的 pH 允许范围（6.5~8.5）对人们的饮用和健康的影响有更加严格的要求，pH 保持在 7.2~7.8。

池水温度：比赛游泳池 24~26℃、训练游泳池 25~27℃、跳水游泳池 26~28℃、儿童游泳池 24~29℃。室外游泳池水温不宜低于 22℃。

充水及补水

①游泳池初次充满水所需要的时间应符合下列规定：竞赛和专用类游泳池不宜超过 48h；休闲用游泳池不宜超过 72h。

②游泳池运行过程中每日需要补充的水量，应根据池水的表面蒸发、池排污、游泳者带出池外和过滤设备反冲洗的水量确定；当资料不完备时，可按表 5-3 确定。

每日需要补充的水量　表 5-3

游泳池类型	游泳池环境	补充水量（占游泳池总体水量的百分比）（%）
竞赛类游泳池	室内	3~5
	室外	5~10
休闲类游泳池	室内	5~10
	室外	10~15
儿童游泳池	室内	不小于 15
	室外	不小于 20
私家游泳池	室内	3
	室外	5
放松池	室内	3~5

③游泳池初次充水和使用过程中补水可采用通过平衡水池、均衡水池及补水水箱间接地向池内充水或补水。

④当通过池壁管口直接向游泳池充水时，充水管道上应采取防回流污染措施。

⑤游泳池的充水管和补水管的管道上应分别设置独立的水量计量仪表。

4. 清洁维护

（1）去除游泳池水中部分或全部杂质获得良好水质。一般是通过物理的手段清除游泳池水中的可见悬浮物，主要是采用循环过滤、吸污措施。但是循环过滤并不能过滤掉微小的颗粒，需要先将悬浮颗粒沉入池底，然后用吸污机对其进行吸污操作。泳池吸污机主要有两种：手动吸污机、全自动吸污机。

（2）添加水处理试剂获得良好水质。当游泳池水通过循环或吸污达不到目标效果时，则要先投放混凝剂，出现絮凝体并沉淀后，则使用吸污机进行吸污；或者是投入清水澄清剂（不需要沉淀吸污的澄清剂）后，打开循环过滤设备过滤即可。

（3）添加化学药剂进行处理获得良好水质。如对水中余氯含量的要求我们通过投放游泳池消毒剂（三氯异氰尿酸）达到，pH 的高低的控制则通过投放氢氧化钠或碳酸钠来实现，以及投放灭藻剂消除水中藻类。

5. 循环水处理

游泳池水相对来说是一种易处理中水，游泳池的水处理分为两个部分，即游泳池的循环水处理与游泳池消毒。

泳池的水循环主要有 3 种形式：

（1）顺流：从池底抽水经过水系统再从池壁送入池内。

（2）逆流：从池面溢水沟抽水经过水系统再从池底送入池内。

（3）混合流：既有顺流又有逆流。

其中顺流是最常用的，因为施工比较简单，而逆流施工复杂，但是水处理得干净，水质好。

游泳池水处理分物理过程和化学过程两部分：①物理过程是游泳池水通过循环水处理设备的过滤作用使池水得到净化。②化学过程是指在池水循环的同时加入化学药剂对其进行消毒、絮凝、除藻等处理，再通过物理过程的作用使池水清洁又卫生。这两个过程同时进行才能保证池水的水质达到国家标准，从而使游泳池顺利通过卫生防疫部门的检验。最重要的是到游泳池锻炼的人们能真正达到健身目的，而不会被传染上疾病。

6. 池水消毒处理

（1）基本要求

游泳池水消毒是一个非常重要的问题，如果解决不好，游泳池便可能成为传播疾病的场所。游泳池中水温相宜，是伤寒、副伤寒、痢疾、肝炎、急性结膜炎、脓疱病等致病菌的适宜生长环境，肝炎病毒、脑炎病毒往往是通过水的途径来传播疾病。游泳池水消毒一般应符合以下几个要求：

1）所采取的消毒方式须具有强烈的灭菌作用，能迅速而大量地杀灭细菌，即在 30s 内消灭 99.9% 的微生物；

2）灭菌效果应有合理的延续时间，能使游泳者带入池中的新的污染作用被有效地控制住；

3）对游泳者的黏膜、皮肤必须无刺激性，而且不会使空气中存有不良气味；

4）剂量必须容易控制，并能用简单的方法迅速测定水中药剂的存在量及其效果；

5）在考虑相关因素的同时，基本投资、运输费用等经济性必须合理。

（2）消毒方法

最常用的是氯消毒法。氯在水中可产生次氯酸，会扩散到细菌的表面，穿过细胞膜进入细胞内部，在细菌内部由于氯原子的氧化作用破坏了细菌中的酶系统，导致细菌的死亡。

氯消毒中常用的有液氯、次氯酸盐。液氯优越性在于简便、费用低，能杀死许多细菌、病原菌、病毒和寄生虫卵，为防止霍乱和伤寒的流行起到了关键性作用但是极易向外泄漏有毒物质，贮存、使用必须注意安全，次氯酸钠溶液是常用的强力杀菌剂、高效氧化剂和优良漂白剂，在国内得到广泛应用。次氯酸钠具有广谱、高效、快速的消毒效果，并且安全、无毒，对人体无毒副作用，用途十分广泛，是国内氯系消毒剂中理想的、制取方便且安全的高效消毒产品。其有效氯含量为 12.5%～13.5%，且十分不稳定，易分解，不能久存。

次氯酸钠发生器与其他消毒比较：

1）次氯酸钠在水中的溶解度高，挥发性小，几乎闻不见气味。而液氯消毒时，如操作不当就有部分氯气从水中逸出，气味较大，需要一定时间停池排气通风。而次氯酸钠消毒不需要停池，开池时间长，可边游泳边消毒，灵活性大，随机性好，约束因素少。

2）液氯运输困难、不易储存，且液氯属剧毒物，对人畜有很大危害，特别是长期操作的人员容易患气管炎和支气管炎。

3）次氯酸钠氧化、脱色、去臭、去味效果显著，可明显地改变水的色度、臭感，不与氨、氮及含氮有机物反应。次氯酸钠不与水中有机物发生取代反应，不生成氯胺、氯酚、三氯甲烷等有机氯化物。对水中的致癌物、有机毒物具有较强的氧化降解作用。

4）次氯酸钠杀菌广谱、高效，对病毒、芽孢等具有较强的杀灭能力，用量少，接触时间短，效果好。实践证明，它非常适合于游泳池水消毒。

5）次氯酸钠对水中的藻类生长具有杀灭及抑制能力，在投加次氯酸钠后，可在很短的时间内杀死繁殖的藻类。

6）次氯酸钠发生器产生的是液体，因此稳定性好，安全，无危险隐患，投加方便，易于实现定比投加。而二氧化氯发生器由于产生的是气体，稳定性差，投加量难控制；若投加过程中出现故障，还有发生爆炸的危险。

7）次氯酸钠发生器各项技术指标国家均有标准，而二氧化氯发生器却属于非标产品，用户无法对购进的设备进行质量检查。二氧化氯发生器通过电解饱和食盐水而产生综合消毒气体，其中二氧化氯气体含量（8%～10%）低。二氧化氯发生器是采用隔膜电解、过滤产生的，隔膜是一种渗透膜，容易堵塞，需经常更换，在电解过程中还要人工排碱和电解液。次氯酸钠发生器是无隔膜电解，无换膜之劳，也不需排碱和排淡电解液。

8）二氧化氯的投加是用水作运输载体加入待消毒水体，这无疑是对水资源的极大浪费，次氯酸钠可以直接投加，不需水作载体。

9）次氯酸钠的处理成本低。

总之，次氯酸钠消毒法高效、低耗、安全可靠，是游泳池水消毒的理想选择。

氯消毒时，根据需要保持适当的余氯量，在池水使用过程中，对不断地受到人体污染的池水持续地进行消毒，余氯量要求为 0.4～0.6mg/L。另外，为了既保证消毒剂效率，又不能引起设备和游泳池表面腐蚀，要求游泳池水中的 pH 保持在 7.4～7.6。

7. 池水混凝处理

"游泳池水质标准"规定池水浊度不得超过 0.5 度。游泳池水因泥沙、黏土、藻类、微生物及某些有机物引起水质混浊，为降低池水的浊度，必须对池水进行混凝处理，即向水中投加混凝剂，将水中小颗粒的浑浊物通过电中和与吸附架桥凝聚成大颗粒，形成沉淀物通过过滤器排出池外。

8. 池水除藻处理

游泳池的水温一般为 20～30℃，非常适合藻类的繁殖和生长。如不定期进行除藻处理，池水会变成墨绿色，还增大池水浊度，池底发黑并出现嗅味。通过以下步骤进行处理：依次加入消毒剂、除藻剂、絮凝剂，然后强化水循环将藻类带出游泳池。

9. 游泳的安全隐患与处置

炎夏，游泳池成为"避暑胜地"，每天都有很多人聚集在水中悠闲地消暑嬉戏。游泳池对大部分人来说，是健身的娱乐场所，但也存在一定安全风险。

（1）游泳池水质问题可引起诸多疾患。来游泳的人很多，会导致游泳池水变得浑浊，可能含有大量的有害细菌或病毒。如果不按期更换、消毒，驻留的大量细菌通过人体器官，包括口腔、鼻腔、咽喉、耳部进入体内，引发各种炎症疾病。投放漂白粉等消毒液是减少疾病传播的主要方法。

（2）水中消毒剂是发病的诱因。游泳池中投加的消毒液中主要成分是次氯酸钠，能刺激口腔、鼻腔、咽喉，耳膜，使患部过敏、感染，导致口臭、鼻炎、哮喘、麻疹、中耳炎等疾病的发生。引起口臭的主要原因是口腔细菌，水中的氯制剂（消毒剂）会损坏口腔黏膜，使口腔变得干燥，促使细菌进入口腔中并大量繁殖。如果不及时刷牙、漱口，病菌极易窝藏，加重口臭。因此，游泳后要用清水（或盐水）仔细漱口、防止口臭。

（3）注意耳朵进水，避免耳部感染。游泳时，要注意保护耳朵，避免耳朵进水。如果耳朵中进入少量水，要及时排除积水，具体方法是：站在原地，头部偏向一些，单腿用力跳几下，而后用棉棒轻轻擦拭耳道等。

第6章
建筑给水排水工程管道系统验收

6.1 给水管道、阀门强度、严密性试验

1. 给水管道系统水压试验，一般要求

（1）一般给水管道水压试验，水管的长度不能超过500m，并且在管道的两边都焊有法兰盘的地方装配密闭法兰板，中间部位可以使用硅胶板来密封，并且还需要用螺栓进行固定，还要配置球阀，一端进水，另一端出水，在进水口的地方装压力表。

（2）通过打压机在没有任何压力的情况下对管道进行注水，在注水的时候应该打开排气孔，将管道内的水充满以后把出水口关闭，逐渐地给管道里加压，增加到试验的压力时需要保持30min，如果压力这时有所减小，可以适当补充压力。查看是否有漏水的地方，如果有漏水的地方就要终止试验。

（3）给水管道水压试验有助于检测水管的受压能力，也可以检测到水管是否有渗漏的地方，并且进行适当的补救措施。

（4）给水管道的水压试验必须符合设计要求。当设计未注明时，各种材质的给水管道系统试验压力均为工作压力的1.5倍，但不得小于0.6MPa。金属及复合管给水管道系统在试验压力下观测10min，压力降不应大于0.02MPa，然后降至工作压力进行检查，应不渗不漏；塑料管给水系统应在试验压力下稳压1h，压力降不得超过0.05MPa，然后在工作压力的1.15倍状态下稳压2h，压力降不得超过0.03MPa，同时检查各连接处不得渗漏。

（5）消防管道试压，管道工作压力不超过1.0MPa的时候，试验压力是1.5倍工作压力；管道工作压力超过1.0MPa的话，是工作压力+0.4MPa，但是不小于1.4MPa；稳定压力30min压力下降不超过0.02MPa为合格；严密性试验是工作压力下24h，不渗不漏为合格。

一般现场给水管打压的时候，需要稳压24h后，观察压力是否有所下降，作为判定是否合格的标准。

2. 阀门试压

（1）试压程序

1）将阀门与管件连接在一起，两端用法兰盲板封闭，在试压管件上安装注水口、排水口、压力表、接头温度计接口以及排气口等。

2）试压管件与阀门组装好以后必须放在稳定的支座上，支座应能够在试压过程支撑所有的组件。同时应能保证试压组件大致水平放置。

3）强度试压阀门应处于半开半闭状态，严密性试压阀门应处于关闭状态。

4）试压准备工作完成后，开始升压，升压至 1/3 强度试验压力后停止升压，检查阀体、法兰阀盖等部位有无渗漏，无异常现象后继续升压，升压至 2/3 强度试验压力后停止升压，检查阀体、法兰、阀盖等部位有无渗漏，无异常现象发生后，再继续升压，缓慢升到强度试验压力后停止升压，稳压时间按照要求执行，经检查无渗漏无压降为合格。阀门泄压后，将阀门关闭重新升压进行严密性试验，按规定时间进行稳压，经检查无渗漏无压降为合格。如在试压过程中出现异常，应及时要找到位置和确定故障的原因，故障位置要彻底拍照，要降压后进行处理，属阀门制造厂家的问题要联系厂家解决，处理后要重新试压，合格为止。泄压按照一定的速率减压，防止引起颤动。泄压的整个过程中要特别小心。要缓慢地开关放水阀，防止水击荷载损伤组装管道，阀门一定不要完全打开降压。

（2）阀门试压规程

1）阀门试压前进行外观检查，各项指标须符合相关要求。

2）根据设计要求，阀门逐个进行压力试验和密封试验。

3）阀门强度试验按下列规定进行，试验时间：强度试验不小于 5min，严密性试验不小于 10min；以阀门壳体、填料无渗漏为合格。公称压力小于 1.0MPa，且公称直径大于等于 600mm 的闸阀，不单独进行水压强度和严密性试验。强度试验在系统试压时按管道系统的试验压力进行；严密性试验可用色印等方法对闸板密封面进行检查，接合面应连续。

4）严密性试验不合格的阀门，在现场设置不合格区域，阀门试验结束后，通知施工单位更换。

5）试验合格的阀门，及时排尽内部积水。密封面涂防锈漆（需脱脂的阀门除外），关闭阀门，封闭出入口。阀门试验结束后填写（阀门试验记录）。

6）阀门的传动装置和操作机构须进行清洗检查，要求动作灵活可靠，无卡涩现象。

7）带蒸汽夹套的阀门，夹套部分以 1.5 倍的工作压力强度试验。

（3）试验方法

试验时，须排净阀体内的空气。加压时，压力逐渐升至试验压力，不能急剧升压。在规定的持续时间内，压力保持不变，无渗漏现象发生则为合格。

1）强度试验：阀件做水压强度试验时，尽量将体腔内的空气排尽，再往体腔内灌水。试验止回阀，压力从进口一端引入，出口一端堵塞。试验带有旁通的阀件，旁通阀也应打开。试验直通旋塞阀，塞子调整到全开位置，压力从通路的一端引入，另端堵塞。

2）严密性试验：试验闸阀时，保持体腔内压力和通路一端压力相等。试验方法是将闸板关闭，介质从通路端引入，在另一端检查其严密性。在压力逐渐出去后，从通路的另一端引入介质，重复进行上述试验。或者在体腔内保持压力，从通路两端进行检查，这样进行一次试验就可以了。试验截止阀时，阀杆处于水平位置，将阀瓣关闭，介质按阀体上箭头指示的方向供给，在另一端检查其严密性。止回阀在试验时，压力从介质出口通路的一端引入，从另一端通路进行检查。节流阀不做严密性试验。

3）阀体和阀盖的连接部分及填料部分的严密性试验，应在关闭件开启、通路封闭的情况下进行。

（4）安全措施

1）阀门试压前，检查管道阀门与支架的紧固性和盲板的牢靠性，确认无问题后方可进行强度和严密性试验。

2）阀门试压时，划定危险区，并安排人员负责警戒，禁止无关人员进入，升压和降压都应缓慢进行，不能过急。

3）阀门试压时，如有泄漏，不允许带压检修，待卸压后检查检修。

4）阀门试压完后，试压水引至下水道排放。

6.2 消防喷头气密性、温测试验

消防喷头在使用前，必须进行气密性、温测试验，只有检测合格才能使用。

（1）密封性能试验的试验压力为 3.0MPa，保压时间不少于 3min。

（2）随机从每批到场喷头中抽取 1%，且不少于 5 只作为试验喷头。当 1 只喷头试验不合格时，再抽取 2%，且不少于 10 只到场喷头进行重复试验。

（3）试验以喷头无渗漏、无损伤判定为合格。累计 2 只以及 2 只以上喷头试验不合格的，不得使用该批喷头。

（4）随机抽取 5 个喷头，对喷头进行温度测试，如图 6-1、图 6-2 所示，按照规范标准进行温测试验。

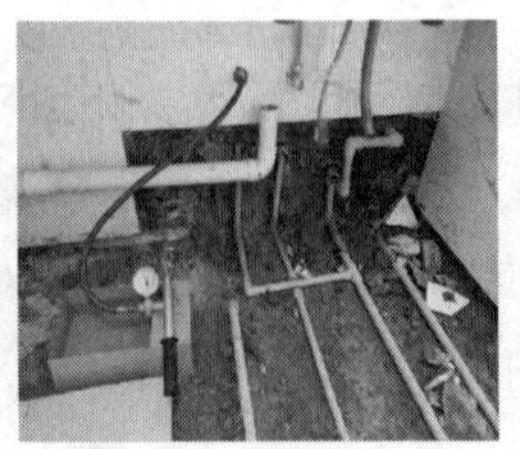
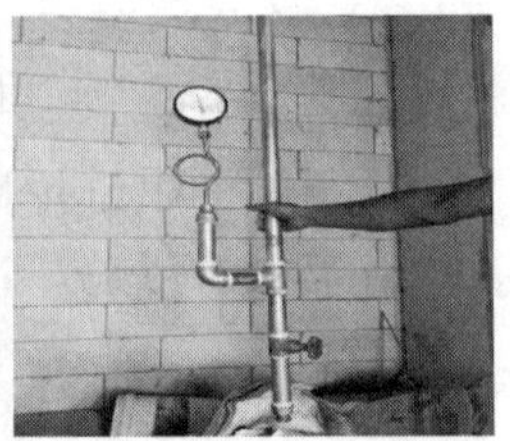

图 6-1 管道试压

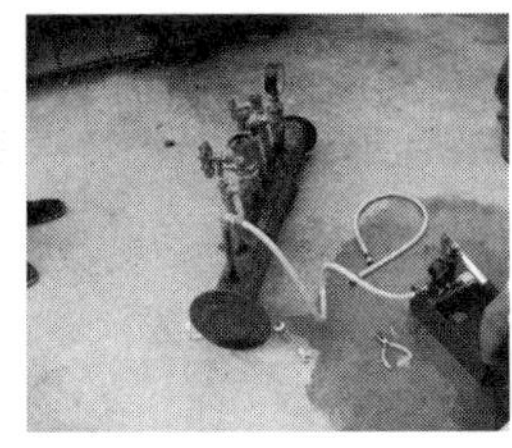

（a）　（b）　（c）　（d）

图 6-2　阀门强度试验、消防喷头温测试验
（a），（b）阀门强度试验；（c），（d）消防喷头温测试验

6.3　给水排水管道系统通水试验

1. 给水系统交付使用前必须进行通水试验并做好记录。

检验方法：观察和开启阀门、水嘴等放水。

2. 卫生器具交工前应做满水和通水试验（图 6-3）。

检验方法：满水后各连接件不渗不漏；通水试验给水、排水畅通。

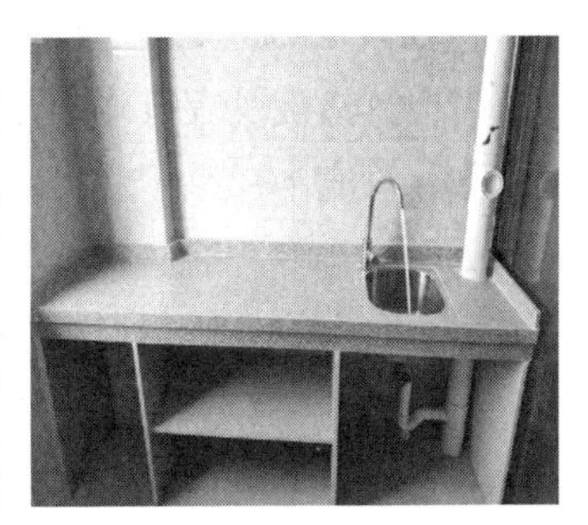

图 6-3　通水试验

6.4　室内、外排水管道、设备满水、灌水、闭水等试验

（1）室内隐蔽或埋地的排水管道在隐蔽前必须做灌水试验，其灌水高度应不低于底层卫生器具的上边缘或底层地面高度。检验方法：满水 15min 水面下降后，再灌满观察 5min，液面不降，管道及接口无渗漏为合格。

（2）安装在室内的雨水管道安装后应做灌水试验，灌水高度必须到每根立管上部的雨水斗。检验方法：灌水试验持续 1h，不渗不漏。

（3）敞口水箱的满水试验和密闭水箱（罐）的水压试验必须符合设计与规范的规定。检验方法：满水验静置 24h，观察不渗不漏；水压试验在试验压力下 10min 压力不降，不渗不漏。

（4）室外排水管道埋设前必须做灌水试验和通水试验，排水应畅通，无堵塞，管接口无渗漏。检验方法：按排水检查井分段试验，试验水头应以试验段上游管顶加1m，时间不少于30min，逐段观察。

（5）室外排水管道闭水试验。

根据《给水排水管道工程施工及验收规范》GB 50268—2008的强制规定，污水、雨水合流至管道及湿陷土、膨胀土、流砂地区的雨水管道必须经严密性试验合格后方可投入运行。施工完成后应做功能性无压闭水试验，以检测安装的管道及砌筑的检查井质量。

1）闭水试验实施准备

闭水试验应编制闭水试验方案，主要内容应包括：

①明确基本情况：试验段排水管的性质（污水、雨水或污雨水），沟槽土质，管材名称、型号、规格、直径，试验段长度、标准井距、雨水井、检查井的型号、尺寸；

②管道两端堵头的设计；

③进水、排水、排气孔等设计；

④计时，加水量计量设备及试验用水保障；

⑤井距之间分隔分段；按照下列原则划分试验分段：

a. 试验管段应按井距分隔，抽样选取，带井试验；

b. 管道内径大于700mm时，可按管道井段数量抽样选取1/3进行试验；

c. 试验不合格时，抽样井段数量应在原抽样基础上加倍进行试验；

d. 对于无法分段试验的管道，应由工程有关方面根据工程具体情况确定。

⑥参加试验人员组成；

⑦观测与记录；

⑧安全保障措施。

2）关于试验管段的规定

①施工完的管道及检查井外观质量及“量测”检验均已合格；

②管道未回填土且沟槽内无积水；

③管道两端的管堵（砖砌筑）应封堵严密、牢固，下游管堵设置放水管和阀门，管堵经核算应大于水压力的合力；除预留进出水管外，应封堵坚固，不得渗水；

④现场的水源满足闭水试验的需要，不影响其他用水；

⑤已选好排放水的位置，不得对周围环境造成影响；

⑥试验前，用1 ∶ 3水泥防水砂浆将试验段首尾两井内的上游管口砌24cm厚的砖堵头，并用1 ∶ 2.5防水砂浆抹面，将管段封闭严密。当堵头砌好后，养护3~4d达到一定强度后，方可进行灌水试验。灌水前，应先对管接口进行外观检查，如发现有裂缝、脱落等缺陷，以便及时进行修补，以防灌水时发生漏水而影响试验；

⑦灌水时，检查井井边应设临时防护，以保证灌水及检查渗水量等工作时的安全。严禁站在井壁上口操作，上下沟槽必须设置爬梯、戴上安全帽，如有异常现象应及时排除，以保证闭水试验过程中的安全。

3）试验方法（图 6–4）

①封堵管道两端，且预留进水孔（带阀门）、排水孔（带阀门）与排气孔。

②试验段管道加水浸泡 24h，且管外壁均不得有渗漏水现象。

③试验段管道设计水头不超过管顶内壁时，试验水头应以试验段上游设计水头加 2m 计。

④试验段管道设计水头超过管顶内壁时，试验水头应以上游设计水头加 2m 计。

⑤计算出的试验水头小于 10m，但已超过上游检查井井口时，试验水头应以上游检查井口高度为准。

⑥试验水头达到规定水头时开始计时，观测管道的渗水情况，试验中应不断地向试验段管内补水，保持试验水头恒定。

⑦渗水量观测时间不得少于 30min，以 60min 为宜。

⑧观测完毕后，整理“闭水试验记录表”，计算实测渗水量，相关责任主体的参试人员签字。

⑨打开出水孔阀门排水，拆除堵头等试验装置，试验结束。

⑩闭水试验宜从上游往下游进行分段，上游试验完毕，可往下游段倒水，以节约用水。

图 6–4　闭水试验

4）管道闭水试验应符合下列规定：

管道闭水试验时，应进行外观检查，不得有漏水现象，且符合下列规定时，管道闭水试验为合格。

实测渗水量小于等于表 6–1 规定的允许渗水量；

管道内径大于表 6–1 规定时，实测渗水量应小于等于按式（6–1）计算的允许渗水量；

$$q = 1.25\sqrt{Di} \qquad (6-1)$$

异型截面管道的允许渗水量可按周长折算为圆形管道计算；

化学建材管道的实测渗水量应小于等于式（6-2）计算允许渗水量。

$$q = 0.0046Di \qquad (6-2)$$

式中 q——允许渗水量，m^3/（24h · km）；

Di——管道内径，mm。

无压管道闭水试验允许渗水量　　表 6-1

管材	管道内径 Di(mm)	允许渗水量 [m^3/(24h · km)]	管道内径 Di(mm)	允许渗水量 [m^3/(24h · km)]
钢筋混凝土管	200	17.60	1200	43.30
	300	21.62	1300	45.00
	400	25.00	1400	46.70
	500	27.95	1500	48.40
	600	30.60	1600	50.00
	700	33.00	1700	51.50
	800	35.35	1800	53.00
	900	37.50	1900	54.48
	1000	39.52	2000	55.90
	1100	41.45		

6.5　室内排水管道系统通球试验

排水主立管及水平干管管道均应做通球试验（图 6-5），通球球径不小于排水管道管径的 2/3，通球率必须达到 100%。试验方法如下：

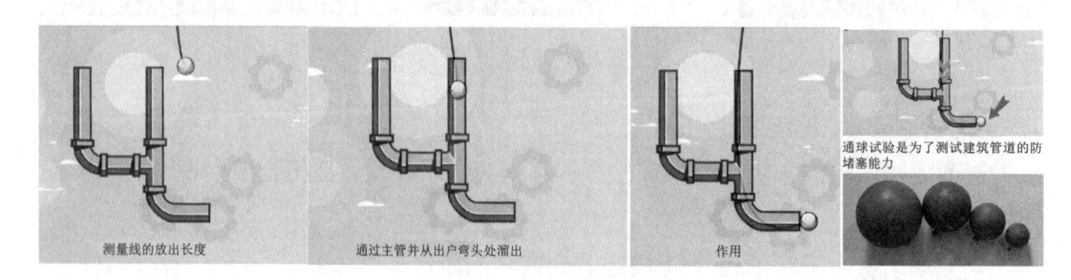

图 6-5　通球试验

1. 排水立管应自立管顶部将试球投入，在立管底部引出管的出口处进行检查，通水将试球从出口冲出。

2.横干管及引出管应将试球在检查管管段的始端投入，通水冲至引出管末端排出。室外检查井（结合井）处需加临时网罩，以便将试球截住取出。

6.6　室内、外给水管道系统冲洗与消毒

（1）冲洗消毒准备工作应符合下列规定：

1）用于冲洗管道的清洁水源已经确定；

2）消毒方法和用品已经确定，并准备就绪；

3）排水管道已安装完毕，并保证畅通、安全；

4）冲洗管段末端已设置方便、安全的取样口；

5）照明和维护等措施已经落实。

（2）冲洗与消毒应符合下列要求：

1）给水管道严禁取用污染水源进行水压试验、冲洗，施工管段与污染水域较近时，必须严格控制污染水进入管道；如不慎污染管道，应由水质检测部门对管道污染水进行化验，并按其要求在管道并网运行前进行冲洗与消毒；

2）管道冲洗与消毒应编制实施方案；

3）施工单位应在建设单位、管理单位的配合下进行冲洗与消毒；

4）冲洗时，应避开用水高峰，冲洗流速不小于 1.0m/s，连续冲洗；

5）管道第一次冲洗应用清洁水冲洗至出水口水样浊度小于 3NTU 为止，冲洗流速应大于 1.0m/s；

6）第一次冲洗后，用有效氯离子含量不低于 20mg/L 的清洁水浸泡 24h 后，再用清洁水进行第二次冲洗直至管理部门取样化验水质合格为止。

第7章
建筑给水排水工程系统调试

（备注：以下调试是按照一个具体项目常规调试为参考，具体项目具体分析。）

7.1 调试范围

给水排水工程主要调试内容分为给水系统调试及排水系统调试。给水系统调试分为：管道试压，管道冲洗、通水试验，水泵单机试运转，生活水泵试运行，给水系统管道调试；排水系统调试：潜污泵调试，排水管道通球灌水试验，重力雨水系统调试。

调试前应检查室外水源管道的压力和流量，需符合设计要求；水源及排水系统准备充分，冲洗排放管必须接入可靠畅通的排水管网，并保证排泄畅通和安全；调试过程中采用的仪器设备需检验合格。

7.2 调试依据

1.《建筑给水排水及采暖工程施工质量验收规范》GB 50242—2002

2.《给水排水管道工程施工及验收规范》GB 50268—2008

3. 设计图纸及产品技术要求说明书及各有关资料等

7.3 调试仪器、设备

主要调试仪器、仪表配置见表7-1。

主要调试仪器、仪表配置表　　表7-1

序号	设备名称	数量	规格型号	主要性能指标
1	电动试压泵	2	DYS-60	D-60kg/min
2	智能数显压力表	5	EL-Y190	0.1级，0~6MPa
3	专用胶球	10	ϕ100、ϕ70、ϕ50	—
4	红外测温仪	2	AR320+	-32~380℃

7.4　调试内容与步骤

1. 调试准备与系统检测步骤（表 7-2）

调试准备与系统检测步骤　　表 7-2

序号	调　试　准　备
1	电气系统调试完毕，能够把电安全送到相关的设备电机内
2	所调试的系统安装完毕
3	所调试的系统试压及冲洗完毕，确保系统安全运行
4	室外市政给水工程已接入，室内所有排水设备达到运行条件
序号	系 统 检 查 内 容
1	检查系统是否按照最终设计图纸施工
2	管道系统安装完毕，支架和管卡差不多固定牢靠
3	确认过滤器是否已清洗洁净
4	确认所有阀门的启闭状态是否合适
5	检查潜水泵吸入口处有无异物堵塞
6	检查水泵及水箱安装基础状况，水泵减振系统是否调整，测量外表是否安装到位
7	检查轴承润滑油的注入状况，确认手动盘车轻便灵活
8	水箱接口处无渗漏、浮球阀工作正常、溢水管畅通

2. 调试步骤

（1）消防水泵

1）消防水泵单机调试步骤（表 7-3）

消防水泵单机调试步骤　　表 7-3

步骤	调　试　方　法
1	确定系统检查工作完毕并差不多将所有发现问题解决
2	现场再次检查认可后，预备启动泵；单台点动水泵，检查电机的旋转方向是否正确
3	用手盘动轴承，应轻便灵活，不得有卡阻、摩擦现象
4	判定水泵运行声音是否正常，测试噪声，确定是否在设备技术文件要求范畴内
5	核查电流是否过载；通过操纵器面板键盘设定压力给定值及参数
6	调好交流变频器及自动启停系统

2）消防水泵联机调试步骤（表 7-4）

消防水泵联机调试步骤　　表 7-4

步骤	调 试 方 法
1	确认各接线正确无误后，合上柜内空气开关，电源指示灯亮，变频器显示为“0.00”
2	再按下启动键，柜内继电器吸合，设定压力、实际压力均有显示，操纵方式选为自动工作状态
3	大约 40s 后开始启动第一台泵，变频器频率逐步加大，实际压力数值增加，最终达到设定压力值
4	多台泵软启动过程为：当第一台泵变频启动到 50Hz 时，该泵将自动切换至工频运行，变频器自动启动第二台泵，以此类推，依次启动其他给水泵

3）潜污泵的试运转步骤（表 7-5）

潜污泵的试运转步骤　　表 7-5

步骤	调 试 方 法
1	运行前，放水到相应潜水泵集水坑内，水位升至高于停泵限位液面时，手动启动水泵，检查液面是否下降，假设不下降，查明缘故，重新启动水泵
2	再次将水泵投入手动运行状态，轮换启动水泵，每台水泵短时运行
3	运行时刻不超过 1min。认真观看水泵，检查其运行中有无不正常声响，各紧固部分有无松动现象
4	水泵运行时，利用检查仪器设备，分别检查水泵电机的启动电流和运行电流，是否符合产品说明书中所标注的数值范畴
5	将水泵投入自动运行状态，放水到集水坑内，分别检查各限位操纵的灵敏度及正确性

（2）给水系统调试

1）给水系统调试内容（表 7-6）

给水系统调试内容　　表 7-6

序号	调试项目	调 试 内 容
1	水源测试	用压力表、流量计等外表测定室外水源管道的压力和流量；测算水池的容积和保证用水储量的技术措施；水质的检测
2	系统水压试验	按照试压分区或分段地划分范畴，按照试验压力的标准和质量标准，将整个系统注水并启动泵组达到设计流量后，在试验压力下管道系统 10min 内压力降不应大于 0.02 MPa，工作压力下全系统无渗漏
3	给水系统调试	给水系统中各设备、附件及用水点的压力和流量均达到设计要求后，检查各操纵设备及附件、器具无渗漏、损坏

2）给水系统调试步骤（表 7-7）

给水系统调试步骤　　表 7-7

步骤	调　试　方　法
1	市政原水经给水环网进入地下室给水机房，调试给水泵组、过滤装置、加药装置、软水器等设备
2	卫生间、租户等用水点阀门部件、用水设备调试
3	全楼生活给水系统配合弱电、消防联动调试

（3）排水系统调试（表 7-8）

排水系统调试　　表 7-8

序号	调试项目	调　试　内　容
1	排水泵调试	每台水泵电机能在泵房通过紧急停止按钮停止运行；测试每组排水泵的先后启动选择和自动交替装置
2	排水系统调试	排水系统中设备、管道及附件排水通畅，虹吸雨水系统排水通畅，达到设计规范要求

3. 合理化建议

管道试压时，做好末端固定，特别是消防管打压，压力大，末端不固定，容易造成末端管道摆动，甚至会碰伤人；

消火栓喷水试压时，拉好警示带，确保周边人员安全；

各种管道试压时，挂好警示语，提醒无关人员靠近；

在管道试压后，建议给给水管道保压，在 0.4MPa 左右，一旦管道破坏后，立刻知道，以便及时维修，减少整改量；

为了更好稳定供水，在每根给水立管顶最高处设置排气阀；

为了减少杂物阻塞，只有所有管道冲洗、消毒后，才能接入各种设备。

7.5　单机调试

1. 水泵单机试运转

（1）试运转前，各紧固件连接部位不松动；手动盘动泵轴转子，转动应灵活自由、无卡滞现象；润滑油充注符合要求；与泵相连的管道通畅，并吹扫检验合格。

（2）脱开联轴器点动电机，查看电机叶轮转向是否正确。随后启动电机进行试运行，运转 2h，运转稳定无异常现象为合格。水泵启动时，应用钳形电流表测量电机的启动电流，待水泵正常运转后，再测量电机的运转电流，保证电机的运转功率或电流不超过额定值。

（3）重新连接并校对好联轴器，打开泵进水阀门，使泵和管路充满水，排尽空气后，点动电机，叶轮正常运转后再正式启动电机，待泵出口压力稳定后，缓慢打开出口阀门调节流量。泵在额定负荷下运行 2h 后，做好试车记录，当温升、泄漏、振动均符合要求且无异常现象即为合格。

（4）泵体水平度的测试：用框式水平仪在法兰面或精加工面上测量。

（5）泵体同轴度的测试：用百分表架在联轴节上，测量横向（径向）偏差，用塞尺测量轴向间隙。

（6）水泵试运转测试：机泵试运转时，用表面温度计测量机泵的轴承温升；用转速表测量电机的转速；用测振仪测量泵体的振动。

（7）在水泵运转过程中应用金属棒或长柄螺丝刀，仔细监听轴承内有无杂音，以判断轴承的运转状态。

（8）水泵连续运转 2h 后，滑动轴承外壳最高温度不得高于 70℃；滚动轴承温度不得高于 75℃。

（9）水泵运转时，填料温升也应正常。在无特殊要求情况下，普通软填料允许有少量的泄漏，即每分钟不超过 10～20 滴；机械密封的泄漏不允许超过 10mL/h，即每分钟不超过 3 滴。

2. 生活给水泵的试运行

生活水泵的调试须在设备正确安装完毕，经过通电试验、空载试验（变频、工频）、调整每台电机的旋转方向（工频、变频）以后、确认一切正常后，按下列步骤进行试验：

（1）正确接通电源；

（2）手动方式电机试转，调整相序至电机转向正确；

（3）根据需要，通过控制器面板键盘设定压力给定值及参数；

（4）调好交流变频器及自动启停系统；

（5）上述工作完成后，接通电源，进行联机、调试；

（6）联机调试具体操作步骤为：确认各接线正确无误后，合上柜内空气开关，电源指示灯亮，按下启动键，柜内继电器吸合，设定压力，实际压力均有显示，控制方式选为自动工作状态。大约 40s 后 1 号泵开始起动，面板上 1 号泵灯亮，变频器频率逐渐加大，实际压力数值增加，最终达到设定压力数。多泵软启动为：当 1 号泵变频启动到 50Hz 时，则该泵将自动切换至工频运行，变频器自动启动 2 号泵，以此类推。

立式离心水泵的垂直联轴器应保持同轴度，轴向不得倾斜，径向不得位移。水泵试运转前，应注油、填满填料，连接法兰和密封装置不得有渗漏，叶轮与泵壳体不应有碰撞，各部位阀门应灵活；分别以自动或手动方式启动生活水泵，达到设计流量和压力时，其压力表指针应稳定。运转中无异常声响和振动，各密封部位不得有泄漏现象，各滚动轴承温度应不高于 75℃，滑动轴承的温度不得高于 70℃；水泵试运转必须带负荷运行，介质为水，泵运行时间为 2h；以备用电源切换供电时，生活水泵的上述多项性能应无变化。随时做好水泵单体试运转记录。

7.6 系统调试

7.6.1 给水系统调试

给水系统调试主要内容是管道系统试压、冲洗、消毒试验，通水能力检查。调试前认真检查管道安装质量，按系统图核对设备和管道连接的准确性和可靠性；水泵、水箱等设备调试前应进行完整性检查、加油、清洗，确保设备能正常投入运行。

系统试压流程如下：

（1）灌水前检查工作

检查全系统管路、设备、阀件、支架等必须安装无误。各连接处均无遗漏。

检查全系统试压的实际情况，检查系统上各类阀门的开、关状态，不得漏检。

检查试压用的压力表灵敏度。

水压试验系统中的阀门都处于全关闭状态。待试压中需要开启时再打开，控制阀门打开后，派专人巡视。

（2）向管道系统注水

用自来水从下往上向系统送水，注水时，应该将楼内给水系统最高点的阀门打开，待管道系统内的空气全部排净，见到水后，才可将阀门关闭，此时表明管道系统注水已满（应反复关闭数次进行验证）。

（3）向管道系统加压

管道系统注满水后，启动加压泵使系统水压逐渐升高，先升至工作压力 0.6MPa，停泵检查，观察各部位无破裂、无渗漏时，再将压力升至试验压力 0.9MPa，并稳压 1h 小时，压力降不大于 0.05MPa，表明系统强度试验合格。然后再将试验压力缓慢降至 0.6MPa ，在较长时间观察，此时全系统的各部位仍无渗漏，试压合格（注：如果是超高层，管道系统必须按照图纸、规范要求进行试压）。

（4）泄水

系统试压合格后，放掉管道内的全部存水，特别注意将系统底处的存水泄掉。

（5）冲洗、消毒

给水系统冲洗应该先冲洗底部干管，后冲洗各环路支管。冲洗前，将管道系统内的止回阀阀芯等拆除，待冲洗合格后重新安上。将临时自来水接至供水水平主管向系统供水。关闭其他支管控制阀门，只开启干管末端支管最底层的阀门，由底层放水并引至排水系统内。观察出水口处水质的变化。底层干管冲洗后再依次冲洗各分支。直至全系统管路冲洗完毕为止。

冲洗前，结合生活饮用水消毒规定，先进行处理，即用每升水中含 20～30mg 游离氯的水灌满管道，并在管中留置 24h 以上，然后再进行冲洗。

冲洗时水压应该大于系统供水工作压力 0.6MPa，保证出水口的排水流速 $v \geqslant 1.5$ m/s。出水口处的管径截面不小于被冲洗管径截面的 3/5。

（6）检查室内生活通水能力

按设计要求同时开放最大数量配水点，检验是否全部达到额定流量。

7.6.2 排水系统调试

排水系统调试主要内容为排水管道系统的灌水、通球试验。

1. 灌水实验

隐蔽或埋地的室内排水管道在隐蔽前必须做灌水试验，灌水高度应不低于底层卫生器具的上边缘或房屋地面高度。

检验方法：灌水到满水，观察 15min，水面下降以后再灌满观察 5min，液面不降，室内排水管道的接口无渗漏为合格。

2. 通球试验

排水主立管及水平干管管道均应做通球试验，通球球径不小于排水管道管径的 2/3，通球率必须达到 100%。

检验办法：立管进行通球试验时，为了防止球滞留在管道内，必须用线贯穿并系牢（线长略大于立管总高度）然后将球从伸出屋面的通气口向下投入，看球能否顺利地通过主管并从出户弯头处溜出，如能顺利通过，说明主管无堵塞。干管进行通球试验时，从干管起始端投入塑料小球，并向干管内通水，在户外的第一个检查井处观察，发现小球流出为合格。

如果通球受阻，可拉出通球，测量线的放出长度，则可判断受阻部位，然后进行疏通处理，反复做通球试验，直至管道通畅为止，如果出户管弯头后的横向管段较长，通球不易滚出，可灌些水帮助通球流出。通球试验必须 100% 合格后，排水管才可投入使用。

7.6.3 室内消火栓系统调试

消火栓系统调试主要内容有：消火栓系统安装质量检查、消火栓泵调试、消火栓功能试验及联动试验等。

1. 安装质量检查

（1）消火栓箱及系统检查

1）消火栓箱安装牢靠，箱体安装垂直偏差小于 3mm。检查方法：采用目测和吊线尺量。

2）消火栓箱附件齐备完好，箱门标识正确美观。

3) 栓口中心距地面 1.1m，栓口朝外且安装在门轴对侧。检查方法：采用目测和吊线尺量。

4)阀门中心距箱侧面大于 140mm，距箱后大于 100mm，偏差 +5mm。检查方法：采用目测和吊线尺量。

5）水龙带与水枪和快速接头绑扎牢靠，摆放整齐。

（2）消防泵安装质量检查

1）根据设计要求核对水泵规格、型号。

2）泵体安装要牢固。

3）检查水泵安装位置及坐标与设计图纸是否一致。

4）检查运转水泵的叶轮与泵壳有无摩擦声、其他不正常现象，核对水泵旋转方向是否正确。

（3）系统检查

1）对系统连接方式、管线走向进行核对，对支吊架构造、设置位置进行校核。

2）在每个消火栓箱自救卷盘处放水，检查各层系统是否畅通。

2. 消火栓泵调试

消火栓泵调试必须在单机运转合格，并经监理工程师检查签认后进行。消火栓泵调试按施工验收规范进行。

（1）消火栓泵和稳压装置调试

消防水池要注满水，关闭水泵出口阀门，打开水泵进口阀门，开启试验水阀。

手动启泵，水泵应在 60s 内投入正常运行。水泵运转时检查电机运转是否正常，轴温是否正常，有无异常声音；水泵运转是否正常、有无漏水，测试运转电压、启动电流等。

手动启泵，关闭试验水阀，给系统内充满水，手动启动稳压泵（稳压泵达到自动工作状态），并逐渐升压，当远传压力表表压升至规定值后停泵。

开启水泵试验水阀，系统降压，当压力降到规定值时稳压泵应自动启泵补水，此时应关闭水泵试验水阀，系统压力升高，当压力升至规定值后稳压泵应自动停泵。

以上水泵调试合格后填写调试记录（按施工验收规定执行）。

（2）互投试验

在消防泵房内直接启动水泵，泵运转正常后进行互投试验（水泵进行互投切换调试时，必须由两名正式电工操作。操作电工必须按规定穿戴绝缘鞋、手套等物品和用具）。

模拟故障进行主、备泵互投试验。

模拟故障进行主、备电源互投切换。

（3）静压测试

在管网系统压力正常后进行静压测试。在管最高点及二层以下分别测压，其栓口压力小于等于 0.5MPa。

（4）消火栓喷射试验

在系统正常运转后采用分层、分段进行喷射试验。各单位分别在本单位施工的区域一层和顶层最不利点各取两处消火栓做实际喷射试验，如图 7-1 所示。喷射要求：水枪喷射的充实水柱距离要大于等于 10m。检查方法：尺量或目测喷射水柱距离。喷出的水要有组织排放。一层的水喷射到室外，不得损坏其他成品。顶层水喷射地点根据现场情况待定。

（5）消防供水能力试验

根据设计确定，每段可同时满足至少 6 个消火栓的水流量。为验证系统全负荷下的水力情况，需在各段同时至少使用 6 枪同时试验，水柱充实长度同样以大于等于 10m 为准。在试验过程中检查消火栓开关，其开关应灵活，关闭后严密不漏水，快速接口完好无损，不随操作发生转动。

3. 消火栓系统联动

（1）系统联动关系

1）接收消火栓箱内手动启泵按钮信号，同时消火栓水泵运行状态信号返送至消火栓箱内指示灯显示。

2）在消防控制中心能手动 / 自动控制消火栓泵的启 / 停，同时显示其工作和故障状态。

3）消火栓泵启泵方式为 4 种：消火栓箱内启泵按钮直接启泵，直接硬线控制；报警控制器收到消火栓启泵按钮报警信号或火灾确认信号后，通过模块控制自动启泵；消防控制中心联动控制台手动远程启泵，直接硬线控制；消防泵房就地手动启泵。

4）每个消火栓箱内设有手动控制按钮，并附水泵起动后的信号指示。

（2）启泵试验

1）在消火栓箱内按动消火栓按钮，可直接联动启动消火栓泵，消火栓泵运行后将信号回馈至消防控制中心。

2）在消防控制中心通过硬线启动消火栓泵，消火栓泵运行后将信号回馈至消防控制中心。

3）在消防泵房直接启动消火栓泵，消火栓泵运行后将信号回馈至消防控制中心。

4）控制器接收信号自动启动消火栓泵，消火栓泵运行后将信号回馈至消防控制中心。

5）以上消防泵运转后，要在消防中心监视信号回馈情况，在泵房观察水泵运转情况，并打开水泵试验阀放水。水泵运转试验后，在泵房内就地停泵。

6）消火栓联调，一是检查消火栓报警按钮启泵电气控制电路；二是检查水泵在接到控制信号是否能自动启泵及水泵运转信号是否能及时反馈到消防控制中心。

图 7-1　消火栓喷射效果图

4. 水泵接合器试验

水泵接合器（消火栓系统、自动喷水灭火系统、水炮系统）接口处，用临时泵将水压提升到 0.6MPa 送入水泵接合器（可利用室外地下消火栓作水源），观察系统上的压力表是否升压。一方面检查接合器的止回阀安装方向是否正确，检查有无漏水；另一方面检查接合器流量。

另外，检查水泵接合器的永久性标志牌是否设在附近而且便于观察。

7.6.4　自动喷水灭火系统调试

消防喷淋泵调试必须在单机运转合格，并经监理工程师检查签认后进行。消防喷淋泵调试按施工验收规范进行。

1. 消防喷淋泵和稳压泵调试

（1）消防水池要注满水，关闭水泵出口阀门，打开水泵进口阀门，开启试验水阀。

（2）手动启泵，水泵应在 60s 内投入正常运行。水泵运转时检查电机运转是否正常，轴温是否正常，有无异常声音；水泵运转是否正常、有无漏水及测试运转电压、启动电流等。

（3）手动启泵，关闭试验水阀，给系统内充满水，手启稳压泵（稳压泵达到自动工作状态），并逐渐升压，当远传压力表表压升至规定数值后停泵。

（4）开启水泵试验水阀，系统降压，当压力降到规定数值时，稳压泵应自动启泵补水，此时应关闭水泵试验水阀，系统压力升高，当压力到规定数值后稳压泵应自动停泵。

（5）稳压泵自动启、停泵试验：系统充满水后，在泵房内打开检验装置放水（开启任一个末端检验装置放水），稳压泵应能根据系统压力变化，自动启泵对系统补水；当系统水补满后，稳压泵应能自动停泵。

（6）以上水泵调试合格后填写调试记录（按施工验收规定执行）。

2. 互投试验

在消防泵房内直接启动水泵，泵运转正常后进行互投试验。（水泵进行互投切换调试时，必须由两名正式电工操作。操作电工必须按规定穿戴绝缘鞋、手套等物品和用具。）

（1）模拟故障进行主泵、备泵互投试验。

（2）模拟故障进行主泵、备电源互投切换。

3. 自动喷水灭火系统联动

（1）联动关系

1）接收水流指示器、检修阀阀位、湿式报警阀压力开关及湿式报警阀阀位的报警信号。

2）探测器报警火灾确认后，启动预作用系统相应区域的喷淋管道末端排气阀，开启预作用阀，启动喷淋泵。

3）在消防控制中心能手动 / 自动控制各自喷淋泵的启 / 停，同时显示其工作和故障状态。

4）喷淋泵启泵方式分为 3 种：报警控制器收到湿式报警阀压力开关动作，系统压力变化，低压启泵；消防控制中心联动控制台手动“硬线控制”远程启泵；消防泵房就地手动启泵。

（2）报警阀功能试验

报警阀功能试验时，系统应保持在正常工作状态。

1）逐个开启报警阀的试验阀放水。对其所放的水，要有组织地排放到附近的地漏里。在消防控制中心接收反馈信号，此时现场水力警铃鸣铃报警，其声音应响亮。

2）手动关闭检修阀，在消防控制中心接收反馈信号。此时现场水力警铃鸣铃报警，其声音应响亮。然后恢复接电信号。

3）将测试的结果记录填表。

（3）水流指示器功能试验

1）水流指示器功能试验时，系统应保持在工作状态。逐个开启每个水流指示器的末端试验阀门放水。对其所放的水，要有组织地排放到附近的地漏里。

2）在消防控制中心接收反馈信号，此时现场水力警铃鸣铃报警，其声音应响亮。其报警信号回馈到消防控制中心后，关闭阀门停止放水。

3）将测试的结果记录填表。

4）各区段调试完成后，应将整个系统恢复至设计要求的正常工作状态，待消防检测。

7.6.5　气体自动灭火系统调试

气体自动灭火系统调试顺序，按照先有管网、后无管网气体灭火系统；有管网系统又按照先地下再地上的顺序进行。

1. 检测设备安装的完整情况及外观

（1）要检查设备的规格、型号是否符合设计要求和图纸一致。

（2）对于已经安装的设备要保持外观完好，各种瓶、罐要按规定关闭，不得有渗漏现象。

2. 在上述系统检查完成后，进行设备通电试验

通电后观察控制器的指示灯是否工作正常，各联动设备是否有异常情况。

3. 通电试验后进行系统的调试

（1）自动状态：首先把气体灭火控制器设置在自动状态，给控制器一个模拟感烟探测器报警信号，报警控制器应启动保护区内警铃鸣响，然后再给控制器一个模拟感温探测器的报警信号，控制器应立刻启动室内外的声光报警器，在 30s 延时后控制器应发出气体灭火信号，启动钢瓶间的电磁阀，调试人员应在瓶头阀观察启动情况，如果正常应按下压力开关，模拟气体喷放，此时室外的放气指示灯（只有气体灭火系统有）应点亮。

（2）手动状态：在声光报警器启动后 30s 内按下室外紧急停止按钮，灭火控制器应停止气体灭火启动程序，中止发出灭火的命令。在设备处于正常工作状态下，按下室外紧急启动按钮，此时控制器应立即启动气体灭火程序。调试人员应在上述两种情况下观察灭火钢瓶电磁阀的动作情况，在符合要求的情况下才可以进行下一步的调试工作。

4. 气体灭火系统联动关系

（1）系统在报警或释放灭火剂时，在消防中心有显示信号。

（2）系统应有自动控制，手动控制和机械应急操作 3 种启动方式，而自动控制应在接到两个独立的火灾信号后才能启动。

（3）机房出入口外门框上方设放气灯并有明显标志，机房内门上方设声光报警器；同时门外设手动紧急控制按钮并有防误操作措施和特殊标志。

（4）控制装置应具有 30s 可调的延时功能。机房内设有在释放气体前 30s 内人员疏散的声警报器。在报警、喷射各阶段控制室及机房外应有相应的报警信号，并能切除信号。

（5）在释放气体前，自动切断与该区域有关的所有风机，关闭该区域内的所有风阀、门窗；灭火剂释放灭火后，能启动专用设施（风机）排出灭火剂。

5. 报警系统的联动调试

（1）将灭火控制器设置在自动状态，消防控制中心应显示灭火控制器的工作状态，包括手 / 自动状态、正常 / 故障等。

（2）在消防控制中心发出气体灭火信号后，灭火控制器应能接收设备启动情况信号。

（3）在气体灭火控制器处于手动状态下，消防控制中心发出的灭火控制信号不被气体灭火控制器执行。

7.7 联动调试

联动调试是检验安装工程各分部设计、安装等环节的一个重要工序，是保证工程产品质量优良的一个重要依据。

一般地，建筑工程项目施工范围为给水、排水、电气动力、照明部分。联动调试时，需电气动力专业提供配电箱通电、照明部分。

1. 调试主要原则

（1）电气工程是其他系统的前提条件，并且电气工程应该先动力后照明，最后调试柴油发电机；

（2）先单机调试后再联动调试；

（3）调试主线：前期电气系统调试，而后给水、排水、消防、空调等其他专业系统调试。

2. 联动调试流程

联动调试流程为：设备单机调试→系统调试→系统联合调试。

（1）各用电点正常、安全的供电是其他专业调试的前提条件，故建筑电气各系统检测、调试应于其他各专业先行进行，确保供电安全、正常，以保证调试工作的顺利进行。

（2）各专业调试时相互交叉、又需相互提供条件，调试流程的合理安排，先后工序的相互配合是保证总体调试目标的重要因素。

（3）联动调试之前各系统单机调试均应完成，单系统调试、检测完成。

3. 联合调试阶段与相关方配合与协调

（1）向业主、调试顾问和监理单位提出报告，报请监理单位完成调试前的复查；

（2）针对系统的安全性、调试参数，调试前与设计单位沟通，当设计单位提出意见时及时对系统进行优化；

（3）调试过程中发现问题时，及时处理并向监理单位汇报，如检测数据达不到设计参数时，应会同业主、调试顾问、设计单位、监理单位进行会诊，制订解决方案；

（4）调试需要第三方检测的分项，及时与业主、调试单位和监理单位进行沟通，联系第三方检测单位，制订各项应急预案；

（5）督促专业承包单位，严格按施工进度计划，分区段完成安装工作，并制订调试计划，进行自检工作；

（6）调试用机具、仪器、仪表的审查；确保投入工程调试使用的机具、仪器、仪表合格、安全、可靠，以保证调试质量。

4. 调试保证措施的制定与落实

（1）调试前应通知相关设备厂家指派技术人员到场，参与设备调试；

（2）调试前通知各单位做好范围内杂物清理和保洁工作，应有装饰装修单位人员的配合；

（3）系统联动调试时，确保各专业配备足够的调试人员，保证本专业设备、系统运行安全可靠；

（4）调试时应加强对成品的保护。

7.8　调试要求及注意事项

1. 调试要求

（1）调试工作应对所有系统和设备进行全部测试。

（2）在调试中要将测试的结果记录填表。

2. 调试注意事项

（1）加强组织领导、分工明确，坚守调试岗位，调试期间操作由各专业人员负责，非本专业的设备、构件、仪表严禁乱动。

（2）参加调试人员应熟悉设备结构，了解调试流程，熟悉调试方案，掌握调试操作要领。

（3）参加调试人员应认真进行系统检查，详细做好调试记录。

（4）调试操作人员在检查中发现紧急事故无法处理，应及时上报并有权紧急停止。

（5）调试区域设置围栏和警告牌，该区域外的调试采用的相关阀门及其他器件上设置“禁动”的标记牌。

7.9　环境保护的措施

1. 环境影响因素识别

实行环保目标责任制，把环保指标，以责任的形式分到个人，列入岗位责任制，建立一支环保自我监控体系，项目经理是环保工作的第一责任人，加强对施工现场废水、噪声、废气的监测和监控工作。

根据调试内容对可能产生的环境影响进行识别：管道阀门漏水现象、管道堵塞溢水现象、线路破损漏电现象、线路短路起火现象。

2. 控制措施

（1）管道阀门漏水现象控制

调试前严格检查螺栓紧固程度、阀门开闭状态，通水时逐段、分区送水，过程中仔细检查，确认无漏水现象后开启下端阀门。若出现漏水现象，及时关断本段阀门并进行处理，确定严密后再次进行试验。

（2）管道堵塞溢水现象控制

调试时进行通水试验，将管道内杂物冲出，最大限度避免堵塞。若出现堵塞则立即停止灌水，并分段拆除检修口进行观察，找到后及时疏通，将水排至预先准备的排水管道中。

（3）线路破损漏电现象控制

调试前严格测试线路是否绝缘，不合格线路严禁通电，线路正常则送电前需对线路进行挂牌。若过程中发现漏电现象，须立即断开电源，并仔细检查线路，找到破损处后及时进行绝缘处理，测试合格后方可再次通电。

（4）线路短路起火现象控制

调试前严格测试线路是否短路，短路时严禁通电。若出现短路起火现象，须立即切断电源并使用干粉灭火器进行扑灭，禁止使用水进行扑火。短路点需进行更换绝缘处理，保证绝缘完好后方可再次通电。

（5）噪声控制

1）严格控制人为噪声，进入施工现场不得高声喊叫，无故甩打模板，乱吹哨，使用对讲机进行远距通话，车辆进场禁止鸣喇叭，最大限度减少噪声扰民。

2）严格控制作业时间，一般晚 10 点到次日早 6 点之间停止强噪声作业，确定特殊情况必须昼夜施工时，尽量采取降低噪声措施。

3）从噪声源上降低噪声。尽量选用低噪声设备和加工工艺代替高噪声设备和加工工艺，如低噪声的电锯、低噪声冲击钻等；尽可能在声源处安装消声器消声；给水排水安装的噪声主要来自于材料加工与开孔槽作业,因而尽可能将材料在场地外加工，非特殊情况，不得在施工现场加工材料；从传播途径上尽量控制噪声，采用吸声、隔声、隔振和阻尼等声学处理的方法来降低噪声。

（6）其他控制

1）施工过程中产生的废料要及时清理，做到工完场清。

2）现场不得随意倒污水、污物、废水排入污水管网等。

第 8 章 建筑给水排水工程质量通病及其处理措施

8.1 给水排水工程中的共性问题

◇ **通病 1**：施工使用的主要材料、设备及制品，缺少符合国家或部颁现行标准的技术质量鉴定文件或产品合格证。

√ **后果**：工程质量不合格，存在事故隐患，不能按期交付使用，必须返工修理；工期拖延，增加人工和物资投入。

√ **措施**：给水排水及暖卫工程所使用的主要材料、设备及制品，应有符合国家或部颁发现行标准的技术质量鉴定文件或产品合格证；应标明其产品名称、型号、规格、国家质量标准代号、出厂日期、生产厂家名称及地点、出厂产品检验证明或代号。

◇ **通病 2**：阀门安装前不按规定进行必要的质量检验。

√ **后果**：系统运行中阀门开关不灵活，关闭不严及出现漏水（汽）的现象，造成返工修理，甚至影响正常供水（汽）。

√ **措施**：阀门安装前，应做耐压强度和严密性试验。试验应从每批（同牌号、同规格、同型号）数量中抽查 10%，且不少于一个。对于安装在主干管上起切断作用的闭路阀门，应逐个做强度和严密性试验。阀门强度和严密性试验压力应符合《建筑给水排水及采暖工程施工质量验收规范》GB 50242—2002 规定。

◇ **通病 3**：安装阀门的规格、型号不符合设计要求。例如阀门的公称压力小于系统试验压力；给水支管当管径小于等于 50mm 时采用闸阀；热水供暖的干、立管采用截止阀；消防水泵吸水管采用蝶阀。

√ **后果**：影响阀门正常开闭及调节阻力、压力等功能。甚至造成系统运行中，阀门损坏被迫修理。

√ **措施**：熟悉各类阀门的应用范围，按设计的要求选择阀门的规格和型号。阀门的公称压力要满足系统试验压力的要求。按施工规范要求：给水支管管径小于等于 50mm 应采用截止阀；当管径大于 50mm 应采用闸阀。热水供暖干、立控制阀应采用闸阀，消防水泵吸水管不应采用蝶阀。

◇ **通病 4**：阀门安装方法错误。例如截止阀或止回阀水（汽）流向与标志相反，阀杆朝下安装，水平安装的止回阀采取垂直安装，明杆闸阀或蝶阀手柄没有开、闭空间，暗装阀门的阀杆不朝向检查门。

√ **后果**：阀门失灵，开关检修困难，阀杆朝下往往造成漏水。

√ **措施**：严格按阀门安装说明书进行安装，明杆闸阀留足阀杆伸长开启高度，蝶阀充分考虑手柄转动空间，各种阀门杆不能低于水平位置，更不能向下。暗装阀门不但要设置满足阀门开闭需要的检查门，同时阀杆应朝向检查门。

◇ **通病 5**：蝶阀法兰盘用普通阀门法兰盘。

√ **后果**：蝶阀法兰盘与普通阀门法兰盘尺寸大小不一，有的法兰内径小，而蝶阀的阀瓣大，造成打不开或硬性打开而使阀门损坏。

√ **措施**：要按照蝶阀法兰的实际尺寸加工法兰盘。

◇ **通病 6**：建筑结构施工中没有预留孔洞和预埋件，或预留孔洞尺寸偏小，预埋件没做标记。

√ **后果**：暖卫工程施工中，剔凿建筑结构，甚至切断受力钢筋，影响建筑物安全性能。

√ **措施**：认真熟悉暖卫工程施工图纸，根据管道及支吊架安装的需要，主动认真配合建筑结构施工预留孔洞和预埋件，具体参照设计要求和施工规范规定。

◇ **通病 7**：管道焊接时，对口后水管错口不在一个中心线上，对口不留间隙，厚壁管不铲坡口，焊缝的宽度、高度不符合施工规范要求。

√ **后果**：水管错口不在一中心线直接影响焊接质量及观感质量。对口不留间隙，厚壁管不铲坡口，焊缝的宽度、高度不符合要求时焊接达不到强度的要求。

√ **措施**：焊接管道对口后，水管不能错口，要在一个中心线上，对口应留间隙，厚壁管要铲坡口，另外焊缝的宽度、高度应按照规范要求焊接。

◇ **通病 8**：管道直接埋设在冻土和没有处理的松土上，管道支墩间距和位置不当，甚至采用干码砖形式。

√ **后果**：管道由于支承不稳固，在回填土夯实过程中遭受损坏，造成返工修理。

√ **措施**：管道不得埋设在冻土和没有处理的松土上，支墩间距要符合施工规范要求，支垫要牢靠，特别是管道接口处，不应承受剪切力。砖支墩要用水泥砂浆砌筑，保证完整、牢固。

◇ **通病 9**：固定管道支架的膨胀螺栓材质低劣，安装膨胀螺栓的孔径过大或者膨胀螺栓安装在砖墙甚至轻质墙体上。

√ **后果**：管道支架松动，管道发生变形，甚至脱落。

√ **措施**：膨胀螺栓必须选择合格的产品，必要时应抽样进行试验检查，安装膨胀螺栓的孔径不应大于膨胀螺栓外径 2mm，膨胀螺栓应用于混凝土结构上。

◇ **通病 10**：管道连接的法兰盘及衬垫强度不够，连接螺栓短或直径细。热力管道使用橡胶垫，冷水管道使用石棉垫，以及采用双层垫或斜面垫，法兰衬垫突入管内。

√ **后果**：法兰盘连接处不严密，甚至损坏，出现渗漏现象。法兰衬垫突入管内，会增加水流阻力。

√ **措施**：管道用法兰盘及衬垫必须满足管道设计工作压力的要求。供暖和热水供应管道的法兰衬垫，宜采用橡胶石棉垫；给水排水管道的法兰衬垫，宜采用橡胶垫。法兰的衬垫不得突入管内，其外圆到法兰螺栓孔为宜。法兰中间不得放置斜面垫或几个衬垫，连接法兰的螺栓直径比法兰盘孔径宜小于 2mm，螺栓杆突出螺母长度宜为螺母厚度的 1/2。

◇ **通病 11**：管道系统水压强度试验和严密性试验时，仅观察压力值和水位变化，对渗漏检查不够。

√ **后果**：管道系统运行后发生渗漏现象，影响正常使用。

√ **措施**：管道系统依据设计要求和施工规范规定进行试验时，除在规定时间内记录压力值或水位变化，特别要仔细检查是否存在渗漏问题。

◇ **通病 12**：污水、雨水、冷凝水管不做闭水试验便做隐蔽。

√ **后果**：可能造成漏水，并造成用户损失。

√ **措施**：闭水试验工作应严格按规范检查验收。地下埋设、吊顶内、水管间等暗装的污水、雨水、冷凝水管等要达到确保不渗不漏。

◇ **通病 13**：管道系统竣工前冲洗不认真，流量和速度达不到管道冲洗要求。甚至以水压强度试验泄水代替冲洗。

√ **后果**：水质达不到管道系统运行要求，往往还会造成管道截面减少或堵塞。

√ **措施**：用系统内最大设计流量或不应小于 3m/s 的水流速度进行冲洗。应以排出口水色、透明度与入口水的水色、透明度目测一致为合格。

◇ **通病 14**：冬期施工在负温度下进行水压试验。

√ **后果**：由于水压试验时管内很快结冰，使管冻坏。

√ **措施**：尽量在冬期施工前进行水压试验，并且试压后要将水吹净，特别是阀门内的水必须清除干净，否则阀门将会冻裂。工程必须在冬期进行水压试验时，要保持室内正温度下进行，试压后要将水吹净。在不能进行水压试验时，可用压缩空气进行试验。

◇ **通病 15**：隐蔽工程项目不经检查或不合格时，便开始进行下道工序施工。

√ **后果**：工程遗留隐患，往往会造成返工损失。

√ **措施**：凡是工程中埋地或埋入混凝土的部位，有隔热保温要求的管道或设备，以及安装在人不能进入的管沟、管井和设备层内的管道及附件，都应及时进行隐蔽工程检查，合格后方可进行下道工序施工。

◇ **通病 16**：管道相同的同类型房间不做样板间。

√ **后果**：造成房间内的水管相同而做法不一样，甩口尺寸不统一，造成返工。

√ **措施**：管道相同的同类型房间，如卫生间管道施工必须先做样板，检查管道横平竖直，甩口尺寸符合设计图纸及厂家样本要求，确保每个工人施工的每一间管道做法都一致，而且与其他专业不交圈的地方要进行改正。然后按照样板的做法进行大面积管道施工。

◇ **通病 17**：水泵进出口处的配管和阀门不设固定支架。

√ **后果**：水泵配管和阀门的重量直接由水泵接口承受，以及造成水泵进出门连接柔性短管扭曲变形。

√ **措施**：水泵配管或阀门处应设独立的固定支架，同时保证水泵进出口连接柔性短管轴线，在管道与泵接口两个中心的连线上。为保证准确度，在安装过程中应做临时固定。

8.2 室内给水工程中的问题

◇ **通病 18**：埋设管道使用管补心、法兰等活接头部件。

√ **后果**：管道在施工中由于成品保护不够遭受外力，或者因系统运行产生的水锤现象而损坏。

√ **措施**：埋设管道变径，应采用异径管箍连接，不应使用管补心、法兰等活接头部件。

◇ **通病 19**：管道直接埋设在焦渣层或含有腐蚀性土中。

√ **后果**：管道遭受腐蚀后，缩短正常使用年限。

√ **措施**：管道直接埋设在焦渣层等含有腐蚀性土中，应采用砂浆保护等技术措施。

◇ **通病 20**：埋地管道的地面立管预留甩口不能满足立管安装的距墙尺寸要求。

√ **后果**：返工修理，甚至破坏地面。

√ **措施**：管道立管甩口施工前应准确了解墙体尺寸，特别是装饰层的厚度，保证管道或附件外边距墙体表面不小于规定间隙。

◇ **通病 21**：管道通水后，夏季管道周围积结露水，并往下滴水。

√ **后果**：污染装修吊顶，地面存有一定积水。

√ **措施**：选择满足防结露要求的保温材料，认真检查防结露保温质量，按要求做好保温，保证保温层的严密性。

◇ **通病 22**：安装水表时，水表贴着墙面，以及水表前后没有足够的直线管段。

√ **后果**：水表贴紧墙面，则给水表的安装、检修和查看水表数据带来困难；水表前后没有足够的直线管段，那么流过水表的水的形态是杂乱无章的，造成很大阻力。

√ **措施**：水表应安装在便于检修、查看和不受暴晒、污染、冻结的地方；安装螺翼式水表时，表前阀门应有 8～10 倍水表直径的直线管段，其他水表的前后应有不小于 300mm 的直线管段；室内分户水表表外壳距墙表净空不得小于 30mm，表前后直线管段长度大于 300mm 时，其超出管段应械弯沿墙敷设。

◇ **通病 23**：水表的前后两连接管段不在同一直线上，强行用活接头连接。

√ **后果：**水表的活接头处承受很大内应力，造成水表活接头破裂、漏水。

√ **措施：**安装水表时，首先应检查活接头质量是否可靠、完整无损，若水表与其连接的前后管段不在同一直线上，必须认真调整，调整合适后，先用手把水表两端活接头拧上 2～3 扣，左右两边必须同时操作，再检查一遍，到水表完全处于自然状态下，再同时拧紧活接头。

◇ **通病 24：**生活热水管道安装位置不符合施工规范的要求。

√ **后果：**影响使用，甚至造成烫伤人的事故。

√ **措施：**冷、热水管和水龙头并行安装，应符合施工规范要求，上下平行安装时，热水管应在冷水管上面；垂直安装时，热水管应在冷水管面向的左侧；在卫生器具上安装的冷热水龙头，热水龙头应安装在面向的右侧。

◇ **通病 25：**高层热水供应系统管道间支管阀门与立管直接连接。

√ **后果：**因立管的伸缩变形，使支管阀门损坏断裂。

√ **措施：**高层热水供应系统管道间支管阀门与立管连接时，支管不能直接与立管连接，支管必须使用两个弯头以利于伸缩。

◇ **通病 26：**给水管道布置在遇水会引起燃烧、爆炸或损坏原料、产品和设备。

√ **后果：**当管道渗漏时会造成财产损失甚至产生爆炸或燃烧。

√ **措施：**给水管道不得布置在遇水会引起燃烧、爆炸或损坏原料、产品和设备的上面，同时也应避免在生产设备上通过。

◇ **通病 27：**给水管道埋地布置在受重物压力下方。

√ **后果：**可能将给水管道压坏，造成供水中断事故。

√ **措施：**给水埋地管道应避免布置在可能受重物压坏处。

8.3　室内排水工程的问题

◇ **通病 28：**管道口封堵不及时；排水塑料管件质量粗糙，内部注塑膜未清除干净，造成管径缩小。

√ **后果：**管道堵塞，甚至清通不成，只好截断管道重新设计安装。

√ **措施：**管道安装前，应认真清除管道和管件中的杂物，管道甩口特别是向上甩口应及时封堵严密，防止杂物进入管道中。为了截留掉入立管中的杂物，当首层立管检查口安装后，在立管检查口处及时安装防堵铁簸箕。具体做法是：当排水立管安装开始时，在首层立管检查口处拆除检查口盖，及时装入铁簸箕，铁簸箕前端应与管内壁贴紧，下部伸出管外。铸铁排水管上的铁簸箕在其尾部开孔，以便将其固定在立管检查口下部的螺栓上；PVC-U 管道上的铁簸箕宜将其尾部焊好，安装自制的扁钢抱卡，抱紧在立管上。在施工时掉入排水立管中的杂物就可以从铁簸箕排出管外，避免进入立管底部。

◇ **通病 29：** 对墙体位置及卫生器具安装尺寸了解不准确，造成管道层或地下埋设管道首层立管甩口不准。

√ **后果：** 管道返工修理。

√ **措施：** 管道施工中，要详细了解地上墙体位置和卫生器具安装尺寸，同时管道甩口应及时固定牢靠。

◇ **通病 30：** 铸铁生活污水立管检查口设置位置和数量不符合施工规范和管道灌水试验要求。

√ **后果：** 当排污立管及横管堵塞时，无法进行疏通，有时只能截断管道或在管道上凿洞，给维修管理带来很大困难。另外托吊管为隐蔽部位，需要逐层进行灌水试验时，如果不是每层设置检查口，或污水立管与专用透气管采用 H 管件连接情况下，每层污水立管检查口不设在 H 管件以上，都将造成每层托吊管灌水试验无法进行。

√ **措施：** 铸铁污水排水立管应每隔两层设置一个立管检查口，并且在最低层和有卫生器具的最高层必须设置，其高度由地面到检查口为 1m，并应高于该层卫生器具上边缘 150mm，检查口的朝向应便于修理。当托吊管需进行逐层灌水试验时，应每层设置立管检查口，如果设计有专用透气管，并与污水立管采用 H 形管件连接时，立管检查口应设置在 H 形管件的上边。

◇ **通病 31：** 连接 2 个及 2 个以上大便器或 3 个及 3 个以上卫生器具的污水横管起端处不设置清扫口，或将清扫口安装在楼板下托吊管起点；在污水横管的直线管段或在转角小于 135° 的污水横管上，不按施工规范规定，设置检查口或清扫口。

√ **后果：** 污水管道发生阻塞时，无法正常打开清扫口或检查口进行清通。

√ **措施：** 污水管道当连接 2 个及 2 个以上大便器或 3 个及 3 个以上卫生器具时应在起端处设置清扫口，同时当污水管在楼板下悬吊敷设时，宜将清扫口设在上一层楼板地面上，方便管道清通工作。在污水横管转角小于 135° 时，以及污水横管的直线管段上，应按规定设置检查。

◇ **通病 32：** 排水横管支、托卡架间距过大，甚至用地面甩口代替管支吊卡。

√ **后果：** 管道接口松动或断裂。

√ **措施：** 排水管道上的吊钩或卡箍应固定在承重结构上，横管固定件间距不得大于 2m。并应保证管道和卡架接触紧密，严格按照设计规范执行。

◇ **通病 33：** 铸铁排水管道连接用正三通、正四通，弯头用 90° 弯头，使用零件不符合施工规范要求。

√ **后果：** 造成管道局部阻力加大，重力流速减小，管道中杂物容易在三通、弯头处形成堵塞。

√ **措施**：铸铁排水管道的横管与横管、横管与立管的连接，应采用 45° 斜三通、45° 斜四通、90° 斜三通、90° 斜四通，管道 90° 转弯时，应用 2 个 45° 弯头或弯曲半径不小于 4 倍管径的 90° 弯头连接。

◇ **通病 34**：卫生器具特别是大便器排水系统立管上不设置透气管或辅助透气管。

√ **后果**：不但影响管道中异味散出，同时在第一次排污后，管内形成真空，造成卫生器具水封破坏，异味溢到室内，而且还使第二次排污困难。

√ **措施**：一般层数不高、卫生器具不多的建筑物，应设置排水立管上部延伸出屋顶的通气管，对于建筑物层数较高或卫生器具设置多的排水系统，应设辅助通气管或专门通气管。

◇ **通病 35**：室内的排水通气管与风道或烟道连接，以及通气管出口设在建筑物的檐口、阳台和雨篷等不合适的部位。

√ **后果**：影响周围空气的卫生指标，同时当通气管与风道或烟道连接时，会破坏空气的参数，往往会影响烟囱的抽力。

√ **措施**：室内排水通气管不得与风道或烟道连接，通气管出口 4m 以内有门窗，通气管应高出门窗顶 0.6m 或引向无门窗一侧，同时通气管出口不宜设在建筑物挑出部分（檐口、阳台和雨篷等）的下面。通气管的管径一般应与排水立管的管径相同，为了防止雨雪或脏物落入通气管，顶端应装通气帽，在寒冷的地区，通气管内易结冰霜，有时通气管管径要大于排水立管管径。

◇ **通病 36**：雨水管接入生活污水管道。

√ **后果**：污水管道超过充满度的要求，造成污水外溢，影响周围卫生环境。

√ **措施**：雨水管道不得与生活污水的管道相连。

◇ **通病 37**：雨水管道接入可能产生有毒气体的合流排水管道或生产排水管道不加水封。

√ **后果**：污染环境，危害人身健康。

√ **措施**：雨水管道接入可能产生有毒气体的合流管道或生产排水管道时，应增加水封隔断装置。

◇ **通病 38**：卫生器具安装完毕以后，排水管道不做通水试验。

√ **后果**：卫生器具使用后，排水支管接口出现渗漏，影响使用。

√ **措施**：卫生器具安装完毕后，在竣工交付使用前，应逐个进行满水试验（充满水至溢水口处），保证排水通畅，管道连接处无渗漏。

◇ **通病 39**：排水管道通水试验后没有进行通球试验。

√ **后果**：因为排水管施工到卫生洁具通水试验的周期较长，难免有些杂物落入管内，在卫生洁具通水试验时，虽然净水能够通过，但如果管内有杂物，当粪便污水通过时还会造成管道堵塞。污水管只有通过通球试验才能检验出管道真正畅通与否。

如果不进行通球试验，当用户在使用中发生堵塞，不但影响使用，甚至造成用户投诉，给企业造成不应有的损失。

√ **措施**：排水管道通水试验后应进行通球试验，用不小于管道直径 2/3 的硬质塑料球，对管道的各立管以及连接立管的水平干管进行通球试验，具体做法是将球在立管顶部或水平干管的起端将球投入，球靠重力或水冲力，在排出口取到球体为合格。

◇ **通病 40**：污水透气管出屋顶的高度过低或透气罩不牢固。

√ **后果**：不上人的屋顶透气管出屋顶的高度过低时，寒冷地区的积雪使其不能达到透气效果。上人的屋顶透气管出屋顶的高度过低时，臭气影响周围环境卫生。透气罩不牢固不能保证屋顶施工中脏物落进使水管堵塞。

√ **措施**：污水透气管出屋顶的高度必须符合规范规定的标准要求，不上人屋面出屋面不得小于 0.3m，上人屋顶出屋面高度 2m 以上，透气罩必须使用较牢固的产品，并根据防雷要求设防雷装置。

◇ **通病 41**：排水管埋设深度不够。

√ **后果**：造成管道受力损坏或在寒冷地区排水冰冻，影响正常使用。

√ **措施**：排水管道出户管道的埋深，一般不应小于当地的冰冻线深度。

◇ **通病 42**：PVC-U 排水管道在地下室、半地下室或室外架空布置时，立管底部未采取加强和固定措施。

√ **后果**：污水从立管流入横管时，由于水流方向改变，立管底部会产生冲击和横向分力，使其造成抖动和损坏。

√ **措施**：PVC-U 排水立管底部宜设支墩或采取固定措施。特别是在高层建筑中，在立管的底部应采取必要的加强处理。

◇ **通病 43**：PVC-U 排水管立管穿越屋面混凝土层时不设套管或用塑料套管。

√ **后果**：立管穿越屋面连接处渗漏水。

√ **措施**：PVC-U 管立管穿越屋面混凝土层必须预埋金属套管，同时套管高出屋面不得小于 100mm，再在其上做防水面层。管道和套管之间缝隙用防水胶泥等密封。

8.4 卫生器具安装问题

◇ **通病 44**：蹲便器排污口与排水管地面甩口连接不好。

√ **后果**：污水外溢，地面和顶板大面积潮湿甚至积水和渗漏。

√ **措施**：排水管道地面甩口的承口内径和蹲便器排污口外径尺寸应相匹配，保证蹲便器排污口插入深度不小于 5mm，并应用油灰或 1 ∶ 5 熟石灰和水泥的混合灰填实抹平。

◇ **通病 45**：蹲便器冲洗管进水处渗漏水。

√ **后果**：地面大面积积水甚至向下层房间渗漏水。

√ **措施**：蹲便器冲洗管进水处绑扎胶皮碗时应首先检查胶皮碗和蹲便器进水处是否完好，胶皮碗应使用专用套箍紧固或使用 14 号铜丝两道错开绑扎拧紧，蹲便器冲洗管插入胶皮碗的角度应合适。同时蹲便器冲洗管连接口处应填干砂和装活盖，以便检修。

◇ **通病 46**：蹲便器、坐便器安装时，只用水泥为稳固安装材料。

√ **后果**：当维修时不便于拆卸，强行拆卸将会使卫生洁具损坏。

√ **措施**：蹲便器、坐便器安装时其稳固的材料不得只用水泥，要用白灰膏渗少量的水泥进行稳固安装，以便于维修拆装。

◇ **通病 47**：卫生器具安装时，修改管道甩口损坏地面防水层。

√ **后果**：地面渗漏水，影响下层房间正常使用。

√ **措施**：连接卫生器的管道地面甩口，必须在地面防水施工前检查和修改完毕，确保地面防水层的质量。

◇ **通病 48**：有防水做法的卫生间地漏，其上表面在防水层上边，以及地漏水封尺寸过小。

√ **后果**：地漏在防水层上边时，地漏四周积水可能造成楼板渗漏；地漏水封尺寸过小时，影响水封的存水量，地漏内水很快蒸发，污水管内的臭气流入室内。

√ **措施**：地漏安装时，地漏上表面与楼板结构面应一平或高出 1 cm，使防水层压在地漏四周，使卫生间积水很快从地漏排走，同时地漏箅子应该与装修地面一平（或加铜、不锈钢套）。地漏的水封不能小于 5cm。

第 9 章
BIM 技术在建筑行业的应用

BIM(建筑信息模型) 不是简单地将数字信息进行集成，而是一种数字信息的应用，并可以用于设计、建造、管理的数字化方法。这种方法支持建筑工程的集成管理环境，可以使建筑工程在其整个进程中显著提高效率、大量减少风险。BIM 技术应用，特别是在建筑给水排水工程施工过程中，减少很多返工，节省了成本，值得推广。

目前国内外建筑工程建设者对 BIM 所具有的巨大价值表示认同，众多建筑在新建或扩建过程中对 BIM 技术进行了相应探索与实践，BIM 应用主要由建设单位主导，BIM 从全生命周期实施应用管理进行统筹协调，基于互联网进行多方协同，实现工程数字化移交。

总之，从目前 BIM 技术在建筑行业的应用发展来看，有以下五大好处、五大应用及八大功能等。

1. 五大好处

（1）减少纠纷

传统上，建筑师和业主讨论建筑设计方案，都是在设计图上讨论，可能会造成沟通了解上面的盲点，至于 BIM 所产生的三维信息模型，将所有的设计条件参数化，可以从不同的参数内容形成另一个替代方案，建筑师与业主可以进行充分的讨论，选出最适合的设计方案，将双方的立场由对立转为协同，沟通变得更为清楚透明化，减少设计方案在中期修改或再度翻案的机会。

（2）工作区域的跨越

以往的工作内容总是划分得很清楚，建筑师和土木工程师之间的工作内容划分清楚，总是一个阶段后再进行讨论，无法进行随时随地的变更讨论，且互相衔接的接口不容易分清楚，导致可能建筑师的图和机电工程师的图都是对的，但放在一起之后，便合不起来了，要花相当多的时间进行修改。但如果利用 BIM 的概念，建筑师和机电工程师便可以在同一个平台上进行交流，用相同的模型，用共通的语言，进行双向式的探讨，这样的工作就像个团队，可以达到良好的沟通，专业间的界面重叠处衔接清楚，减少设计内容相互抵触的现象。

（3）建筑信息整合

以往数据含量大，各种平面图、立面图、结构图等，都处于不同档案，要修改总是分别将档案修改，而且修改过后可能还是会有些微误差，要经过多次校正检验，才可以确保图纸的正确性，但若利用建筑信息模型，所有信息都处于同一个模型当中，如有变更设计，所有的信息都会随之自动更动，陆续的各种平面图、立面图、结构图也都会一起变动，这样就不用一一去校正，省去了大量的沟通校正时间，当然也减少错误及遗漏的可能性。

（4）信息实时更新

有了这接口对于信息的更新更为便利，监理单位可以直接利用 ipad 或手机，来比对工程是否按图施工，如果有彼此不兼容的地方，便马上做记号标记，整个信息便会传到 BIM 的整合接口中，结构工程师再进行检核是否影响建筑的安全性，考虑是否要更改设计，缩减了沟通的时间，传统上，查核出错，便要带着施工图去找结构工程师询问，并且在图纸上做记号，还要讨论是否要修改设计，若必要的话可能还要找建筑师，过程相当琐碎，可见其平台重要性。

（5）化解交代不清楚的死角

以往利用二维图形去描述设计图，有些视觉死角会比较难沟通甚至造成误会，导致施工后工地现场和图纸不一，如果建筑设计过程上应用了 BIM 三维建筑信息模型，三维的空间可以清楚地交代设计图，减少沟通上面的误解，并且在设计时间上轻易地察觉到冲突断面，如管线冲突、钢筋冲突等，加以改善，不至于到了施工后才发现问题，可以厘清责任。

2. 五大应用

（1）碰撞检查

BIM 最直观的特点在于三维可视化，降低识图误差，利用 BIM 的三维技术在前期进行碰撞检查，直观解决空间关系冲突，优化工程设计，减少在建筑施工阶段可能存在的错误和返工，而且优化净空，优化管线排布方案。最后施工人员可以利用碰撞优化后的方案，进行施工交底、施工模拟，提高施工质量，同时也提高了与业主沟通的能力。

（2）模拟施工

有效协同三维可视化功能再加上时间维度，可以进行进度模拟施工。随时随地直观快速地将施工计划与实际进展进行对比，同时进行有效协同。施工方、监理方，甚至非工程行业出身的业主、领导都能对工程项目的各种问题和情况了如指掌。这样通过 BIM 技术结合施工方案、施工模拟和现场视频监测，减少建筑质量问题、安全问题，减少返工和整改。

（3）三维渲染

宣传展示三维渲染动画，可通过虚拟现实让客户有代入感，给人以真实感和直接的视觉冲击，配合投标演示及施工阶段调整实施方案。建好的 BIM 模型可以作为二次渲染开发的模型基础，大大提高了三维渲染效果的精度与效率，给业主更为直观的宣传介绍，提升中标概率。

（4）数据共享

因为建筑过程的数据对后面几十年的运营管理都是最有价值。可以把模拟的模型及数据共享给运营、维护方。

（5）积累经验

保存信息模拟过程可以获取施工中不易被积累的知识和技能。

3. 八大功能（图 9-1）

（1）施工现场可视化展示

通过可视化展示，使每个项目参与人员可直观地理解设计方案和意图，极大地提高了项目的管理能力和沟通效率。

（2）三维场地管理

模拟场地的整体布置情况，协助优化场地方案；展现项目的空间结构，提前发现和规避问题。

（3）过程中发现图纸问题

项目各专业在创建模型的过程中，会发现很多图纸问题，诸如构件尺寸标注不清、标高错误、详图与平面图无法对应等，在模型创建过程中将这些问题汇总，以备在图纸会审会议中进行协商，以修改设计。

（4）地下室管线综合设计

在保证机电系统功能和要求的基础上，结合装修设计的吊顶高度情况，对各专业模型（建筑、结构、暖通、电气、给水排水、弱电等）进行整合和深化设计，同时在管线综合过程中，遵循有压管让无压管、小线管让大线管、施工简单的避让施工难度大的原则，进行管线的初步综合调整。

（5）管井管线综合设计

对管井内立管位置进行精确定位，确定预留洞位置，避免返工，对支管预先排布，节约材料，美观实用，便于后期维护。

（6）模板工程及支撑架细化设计

对墙 / 柱 / 梁 / 板配模、加固体系、支撑体系进行三维创建，使方案策划、技术交底、材料加工等工作均可在三维可视的效果下进行，减小沟通难度。最后进行对模板、方木、钢管、扣件等材料用量进行汇总统计，有效控制材料用量。

（7）砌体工程细化设计

对砌体标准砌块、非标准砌块、芯柱、水平系梁、线盒等构件进行预排布及优化、细化设计，为实现砌块的集中加工、集中配送提供技术支持。

（8）工程量快速提取

把各施工段模型与施工进度计划进行关联，可以进行各施工段的施工进度模拟，并可以按时间、流水段等多维度方便快速查询工程量。

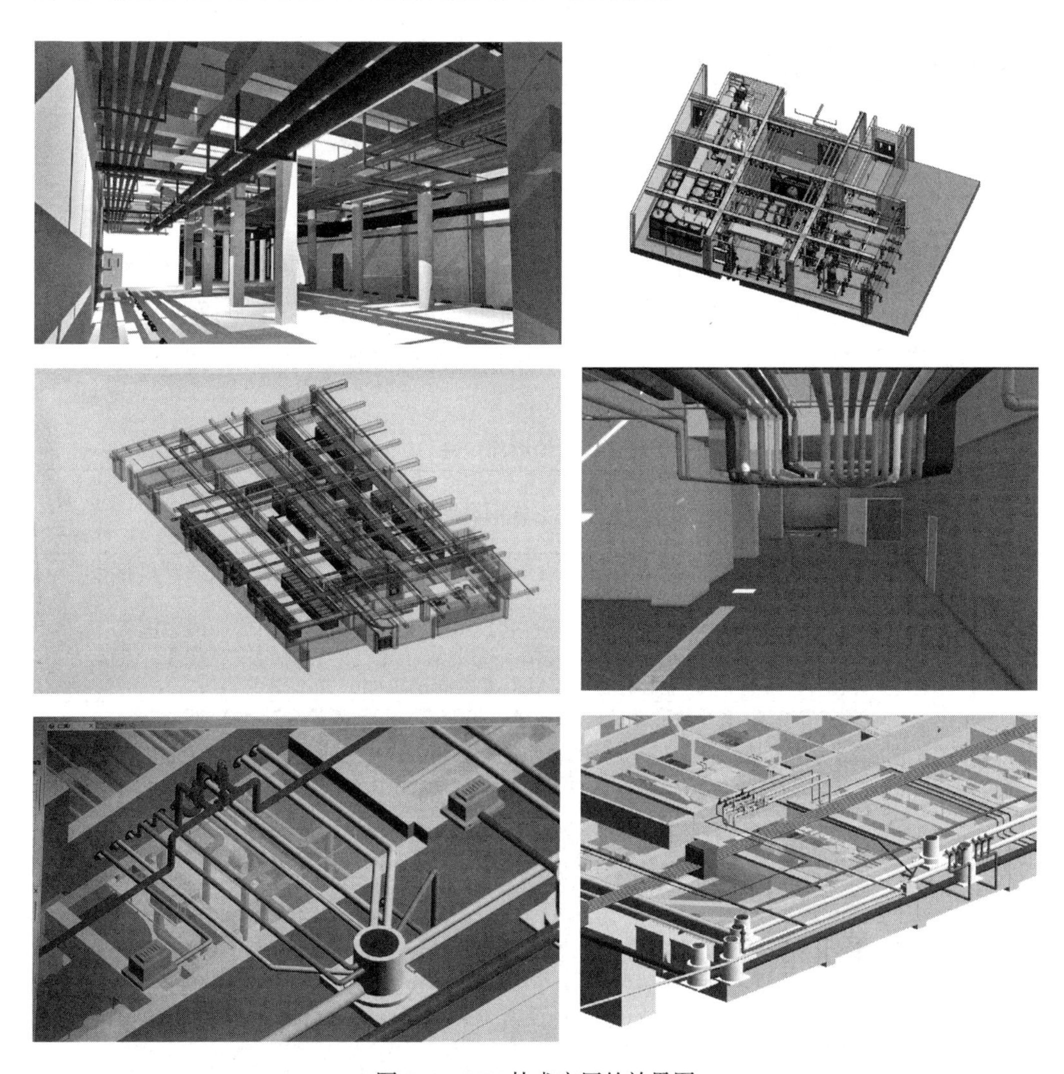

图 9–1　BIM 技术应用的效果图

第 10 章 建筑给水排水工程创优工程细部做法

建筑给水排水工程专业创优（国优、省优、市优等）工程对质量的要求很高，因此，不仅系统整体施工规范、达到高标准，而且其细部工艺要求同样要准确、精细。为了起到示范作用，本章重点介绍创优工程中的细部做法，按照项目分类列于表 10–1 中，工艺说明及图示如图 10–1～图 10–46 所示。

创优工程中的细部做法　　表 10–1

序号	项目名称	工艺说明及图示	备注
1	套管制作及安装	1）预埋套管通过钢筋固定，埋设位置应定位准确，套管安装完成后管口与墙、梁、柱完成面相平。 2）防水套管翼环和套管厚度应符合规范要求，防水套管的翼环两边应双面满焊，且焊缝饱满、平整、光滑、无夹渣、无气泡、无裂纹等现象。在安装时，套管两端应用钢筋三方以上夹紧固定牢固，并不得歪斜	
		图 10–1　给水排水套管施工及制作样板 （施工中应注意套管大小、套管长度及安装位置，一般套管比水管大 2 号）	双面焊 双面焊
2	套管定位	1）管道穿越墙面、楼板处应设套管，套管内部应采用型钢辅助管道定位，管道居中，环缝均匀。 2）安装在楼板内的套管顶部应高出装饰地面 20mm，安装在卫生间及厨房内的套管顶部应高出装饰地面 50mm，且套管底部应与楼板底面相平。 3）成排套管安装，套管安装高度一致、间距均匀	

续表

序号	项目名称	工艺说明及图示	备注
2	套管定位	 图 10–2　给水排水穿越楼板处套管施工样板 （施工中应注意套管大小、套管长度及安装位置）	
3	孔洞预留预埋	1）按给水排水施工图的平面位置和标高定位放线，预留孔洞尺寸符合设计规范的要求。 2）施工现场孔洞预留位置应做好标识，与土建交叉作业应协调一致  图 10–3　给水排水预留孔洞效果施工样板 （施工中应注意预留孔洞的定位、尺寸、协调）	

续表

序号	项目名称	工艺说明及图示	备注
4	管井管道及配件安装	1）管道沿墙整齐排列，管道排列间距均匀，各管道管件安装整齐划一。 2）优先采用共用支架形式，同规格管道支架形式、标高统一 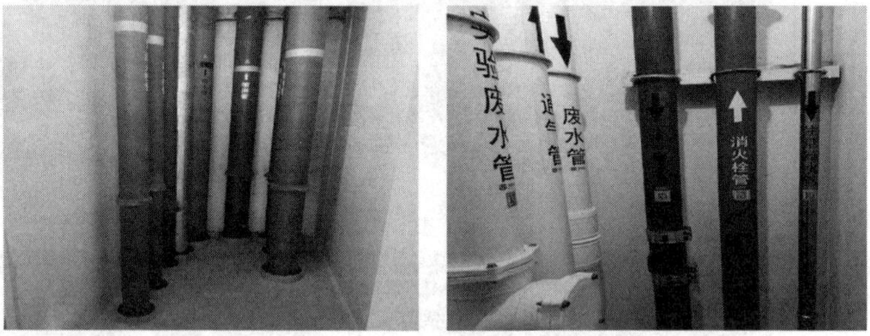 图 10–4　管道井管道安装样板 （施工中应注意管道排布整齐、管道支吊架设置合理）	
5	水表及配件安装	1）水表井阀门及配件水平安装高度一致，成行成线。 2）水表井阀门及水表竖直排列整齐，朝向一致  图 10–5　水表施工样板 （施工中应注意管道支架设置、水表及阀门安装排布整齐）	
6	空调水管井管道及配件安装	1)管道沿墙整齐排列,以管道保温最终外形尺寸为依据,保持管道间距均匀。 2）冷热水管道与支吊架之间，应有绝热衬垫（承压强度能满足管道重量的不燃、难燃硬质绝热材料或经防腐处理的木衬垫）。 3）竖井内立管每隔 2~3 层应设置导向支架。管道与套管不应采用硬性封堵	

续表

序号	项目名称	工艺说明及图示	备注
6	空调水管井管道及配件安装	 图 10-6　空调水管井施工样板 （施工中应注意管道支架设置安装排布整齐）	
7	管道井根部处理	管道穿越楼板处根部应设置套管或护墩，套管与管道之间应做防火封堵，顶部齐平光滑，并加设装饰圈  图 10-7　管道井根部处理施工样板	

续表

序号	项目名称	工艺说明及图示	备注
8	管道支吊架制作	1）根据管道的数量、管径、走向、空间布局合理选用支吊架形式。 2）下料应采用切割机，使用台钻钻螺栓孔，严禁使用电焊、气焊开孔孔径为螺栓直径 +2mm。 3）型钢切割面应打磨光滑，端部应进行 45° 倒角，支吊架固定的钢板采用圆形倒角。 4）支吊架不得有废孔，焊缝饱满、平滑。支吊架必须先油漆后安装，按规定进行两遍防锈漆，两遍面漆（如现场无特殊要求应为灰色），成品油漆应均匀、光亮	
		 图 10–8　管道支吊架制作样板 （施工中应注意支吊架焊接质量、开孔方式、油漆质量）	
9	管道支吊架安装	1）支吊架安装牢固、平整、整体朝向一致，焊缝饱满、平滑，油漆均匀光亮。 2）优先使用共用支架形式。对大面积使用的一些支架宜先做样板，以点带面。	
		 图 10–9　管道支吊架安装样板（一）	

续表

序号	项目名称	工艺说明及图示	备注
9	管道支吊架安装	 图 10–9 管道支吊架安装样板（二） （施工中应注意支吊架形式、支吊架安装方向、采用公用支吊架等）	
10	保温管道支吊架安装	1）空调管道、热水管道等需要保温管道在支吊架处应保持连续，管托厚度不得小于绝热层厚度，连接紧密，表面平整。 2）优先使用共用支架形式；对大面积使用的一些支架宜先做样板，以点带面  图 10–10 保温管道支吊架设置、示意图	
11	给水排水水平干管安装	1）管线排布整齐，间距合理，各专业管线层次清晰准确。 2）各系统大管优先，小管让大管，有压管让无压管。 3）电气管线不应垂直布置在水系统管路下方。 4）为防止饮用水污染，室内给水与排水管道平行敷设时，两管间的最小水平净距不得小于 0.5m	

续表

序号	项目名称	工艺说明及图示	备注
11	给水排水水平干管安装	 图 10-11　给水排水系统管道安装及综合排布样板	
12	压力排水管道安装	1）压力排水管道支架应牢固可靠。 2）立管及管件整体垂直度良好、各阀门配件朝向与墙面垂直，距墙间距合理 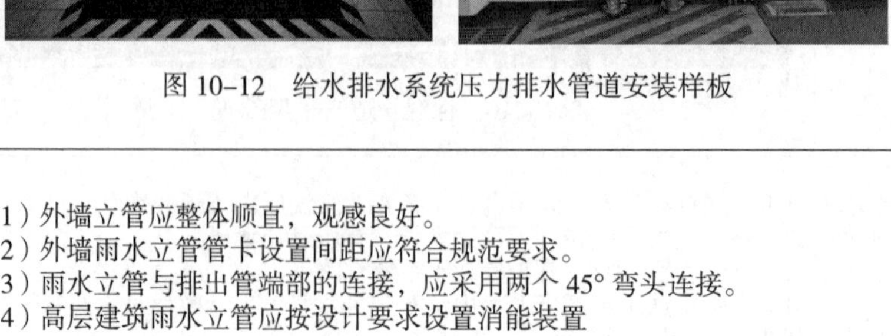 图 10-12　给水排水系统压力排水管道安装样板	
13	雨水立管、消能装置安装	1）外墙立管应整体顺直，观感良好。 2）外墙雨水立管管卡设置间距应符合规范要求。 3）雨水立管与排出管端部的连接，应采用两个 45° 弯头连接。 4）高层建筑雨水立管应按设计要求设置消能装置	

续表

序号	项目名称	工艺说明及图示	备注
13	雨水立管、消能装置安装	 图 10-13　雨水立管消能装置样板	
14	虹吸雨水管道安装	1）雨水管道固定件宜采用与虹吸式屋面雨水排水系统配套的专用管道固定系统，管道支吊架应固定在承重结构上，位置正确，埋设牢固。 2）HDPE 悬吊管采用方形钢导管进行固定。方形导管沿 HDPE 悬吊管悬挂在建筑物结构上，HDPE 悬吊管则采用导向管卡和锚固管卡连接在方形钢导管上。 3）HDPE 管采用热熔对焊连接或电熔套管连接，连接时管口切割应平整，无毛刺，严格按照厂家提供的技术资料要求的时间进行加热，避免过度加热或加热时间不够影响焊接质量	
		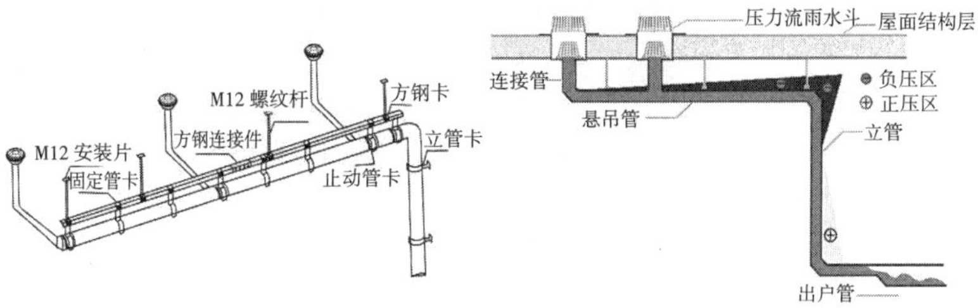 图 10-14　虹吸雨水管道安装样板（一）	

续表

序号	项目名称	工艺说明及图示	备注
14	虹吸雨水管道安装	 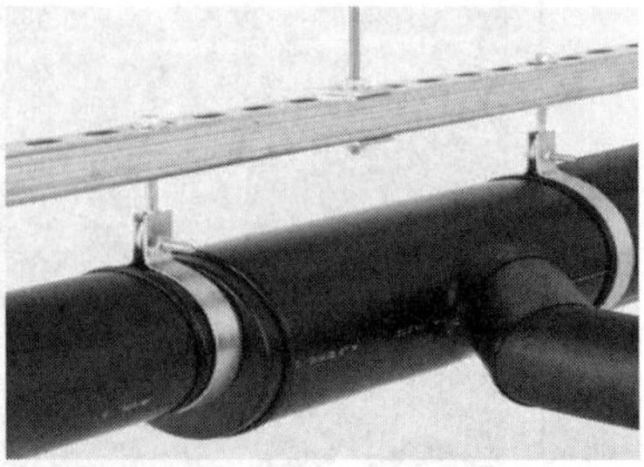 图 10-14　虹吸雨水管道安装样板（二） （施工中应注意支吊架设位置及形式、管道连接质量等）	
15	虹吸雨水斗	1）虹吸式雨水斗应设置在屋面或天沟的最低点，每个汇水区域的雨水斗数量不少于 2 个。 2）两个雨水斗之间的间距不超过 20m。雨水斗距屋面边缘的距离不小于 1m，并不大于 10m   图 10-15　虹吸雨水配件、安装样板	
16	不锈钢管卡压连接	1）管材切断后，应将毛刺去除干净、以免割伤密封圈，管道承插深度应符合产品说明及规范要求。 2）管道压接工具应为专用工具，操作人员安装前应进行技术交底   图 10-16　薄壁不锈钢管管道安装样板 （施工应注意管道连接质量、整体观感）	
17	不锈钢管焊接	1）焊缝表面不得有裂纹、气孔、夹渣、焊瘤等缺陷。 2）表面焊缝美观，过度光滑，高低宽窄一致	

续表

<table>
<tr><th>序号</th><th>项目名称</th><th>工艺说明及图示</th><th>备注</th></tr>
<tr><td>17</td><td>不锈钢管焊接</td><td>
图 10-17　不锈钢管道焊接施工样板
（施工中应注意管道焊缝质量观感）</td><td></td></tr>
<tr><td rowspan="2">18</td><td rowspan="2">不锈钢管道防护</td><td>1）不锈钢管道安装应注意采取相应隔离措施，避免碳钢支架与不锈钢管道接触发生电化学腐蚀。
2）管卡抱箍应采用塑胶套管保护，管道与支架接触面应采用橡胶垫隔离</td><td></td></tr>
<tr><td>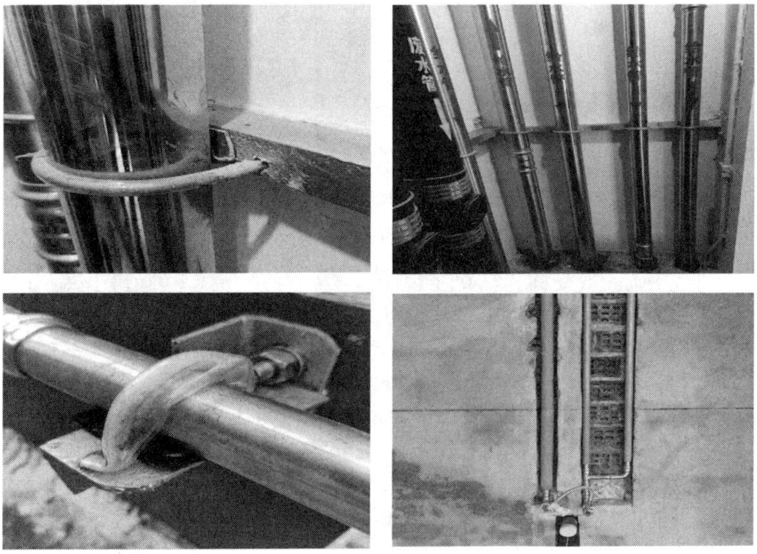
图 10-18　不锈钢管道保护施工样板
（应注意管道与钢构配件的隔离措施）</td><td></td></tr>
</table>

续表

序号	项目名称	工艺说明及图示	备注
19	空调水管道焊接	1）钢管对口焊接管道施焊前：坡口留有缝隙、不得出现错位。 2）钢管焊接焊缝成直线，表面平整，无焊瘤、咬肉、凹陷和飞溅	
		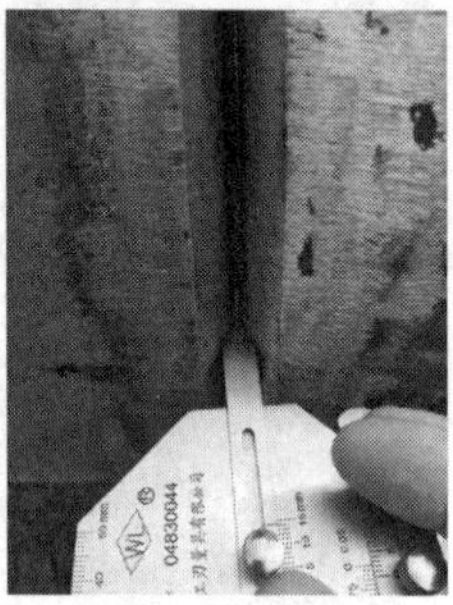 钢管焊接坡口样板 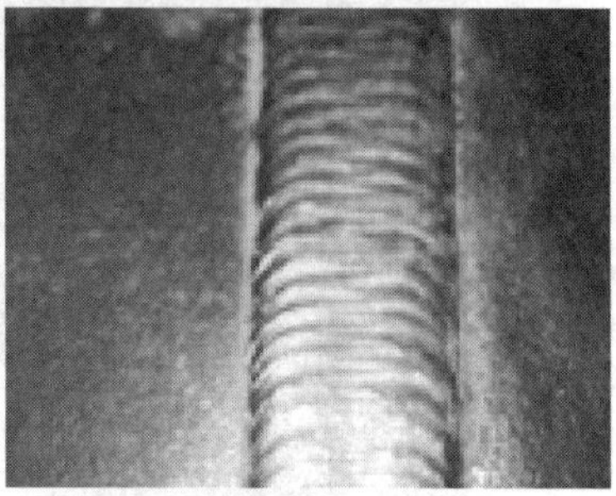　管道焊缝样板 图 10–19　空调水管道焊接质量样板	
20	消火栓箱安装	1）消火栓箱箱体安装平整顺直，箱门开启灵活，周边不得有阻挡箱门开启物。 2）消火栓栓口阀门中心距地面 1.1m。 3）消火栓栓口不应布置在箱体门轴侧。 4）消火栓箱体与装饰面齐平、铝合金门框应突出装饰面。 5）消防箱被装饰材料遮盖时，需要做好标识	
		 图 10–20　箱门安装方向错误 　图 10–21　消火栓箱安装样板   图 10–22　消火栓箱安装样板 （施工中应注意箱体安装垂直度、栓口高度、门轴方向等内容）	

续表

序号	项目名称	工艺说明及图示	备注
21	喷头安装	1）除吊顶型喷头及吊顶下安装的喷头外，直立型、下垂型标准喷头，其溅水盘与顶板的距离，不应小于 75mm，应大于 150mm。 2）喷头严禁喷涂装饰性涂层，施工中应避免墙体涂料及管道油漆污染喷头本体、溅水盘。 3）当梁、通风管道或成排布置的管道、桥架等障碍物的宽度大于 1.2 m 时，其下方应增设喷头，增设喷头的上方如有缝隙时应设集热板（注：风管等无缝隙平面下方可不设置集热板）	
		 图 10-23　自动喷水灭火系统喷头安装样板 （应注意喷头距顶间距、成品保护等问题）	
22	管道穿墙细部处理	1）管道穿墙缝隙均匀且与墙面齐平、间隙封堵密实。 2）管道排列整齐，相互间距一致，观感良好。 3）管道穿墙处加设装饰圈或色环	

续表

序号	项目名称	工艺说明及图示	备注
22	管道穿墙细部处理	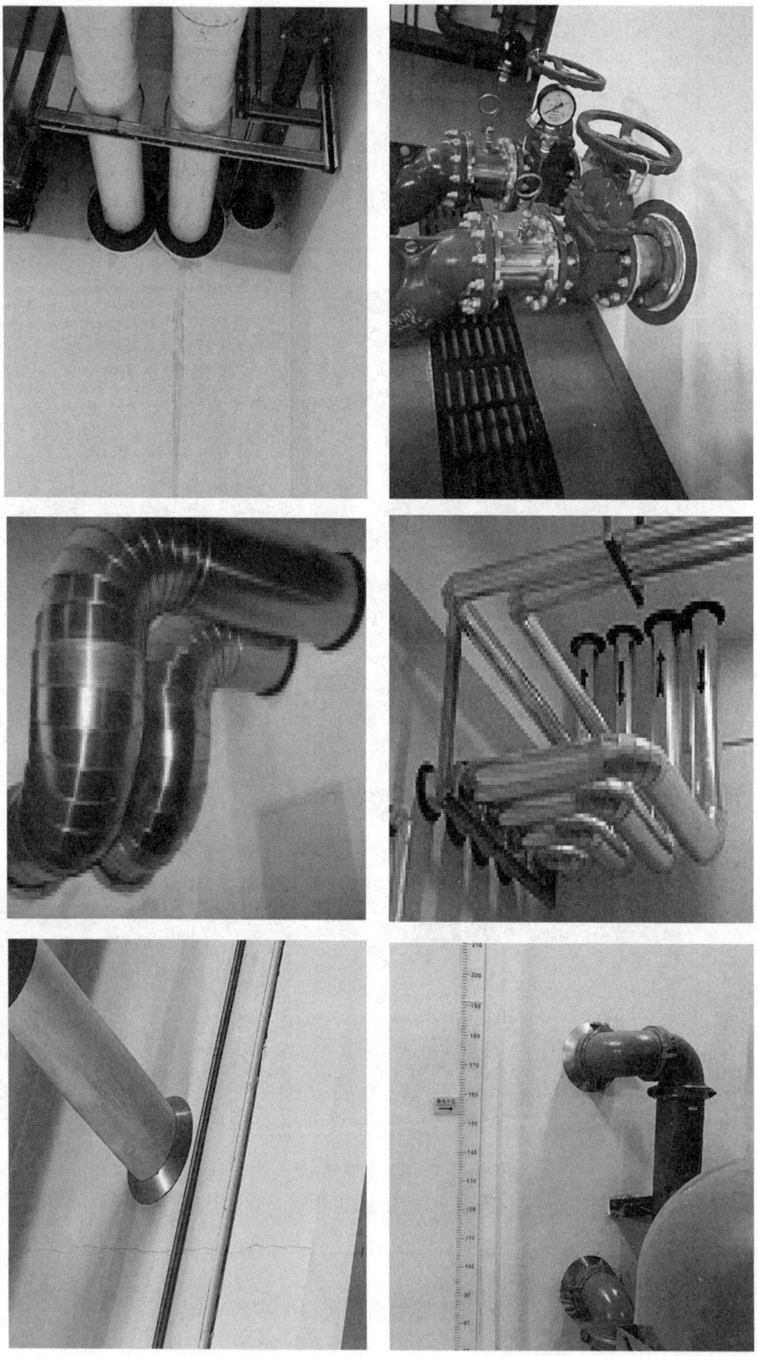 图 10-24　管道穿越墙体（楼板）细部处理施工样板	

续表

序号	项目名称	工艺说明及图示	备注
23	屋面设备安装	1）屋面设备及管道排布整齐，观感精美。 2）设备支吊架、基座、颜色及样式统一，综合观感良好	
		 图 10–25　天面给水排水系统设备安装施工样板	
24	天面管道安装	1）天面管线排布整齐，间距合理。 2）管道支架加设保护支墩。 3）保温管道护壳光洁精美，做工细腻	
		 图 10–26　天面给水排水及空调水管线施工样板	

续表

序号	项目名称	工艺说明及图示	备注
25	透气管安装	1）屋面透气管高度应大于 2000 mm。 2）透气管下部应设置保护性钢制套管或独立支架，套管长度应大于 1.20m。 3）管道穿越天面处根部处理细腻，宜加设支墩。 4）金属管或金属套管还需要做接地措施	
		 图 10–27　天面透气管安装 （注意透气管安装高度，应设置独立支架或保护套管）	
26	雨水斗安装	雨水口采用金属网罩保护，防阻塞能力强，观感良好	
		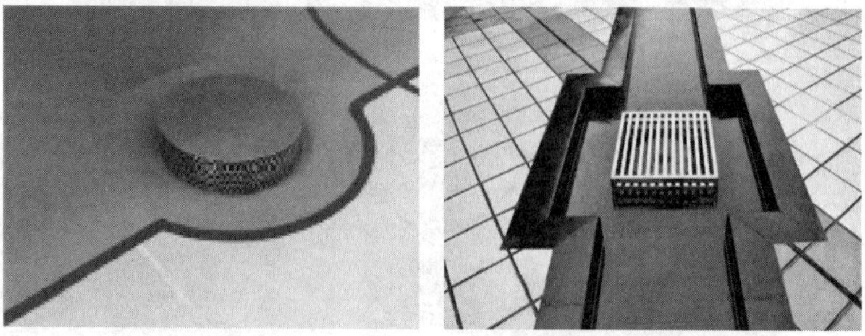 图 10–28　天面雨水斗安装样板（一）	

续表

序号	项目名称	工艺说明及图示	备注
26	雨水斗安装	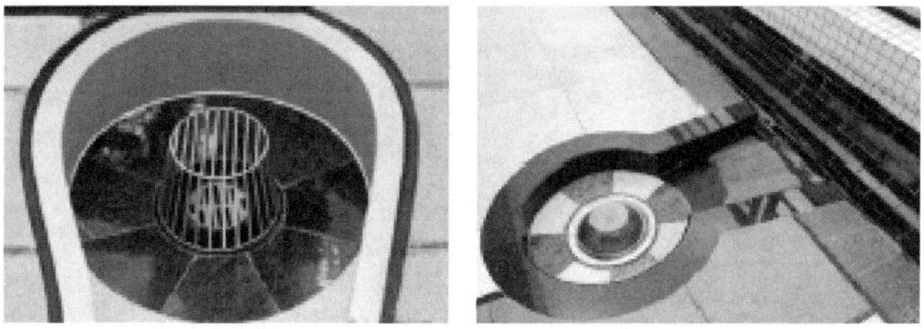 图 10-28　天面雨水斗安装样板（二） （施工中应注意加设金属防护网罩）	
27	雨水落水口做法	1）屋面雨水管落水口应制作水簸箕。 2）其制作样式应与土建、装饰装修的风格相互协调，个体精致美观，整体相得益彰	
		 图 10-29　天面水簸箕安装样板 （应注意制作风格与土建、装饰风格相互协调）	
28	机房整体布局	1）设备机房整体布置合理，设备及配件排列整齐。 2）设备、管件标高统一，朝向一致。 3）设备机房空间利用率高，优先采用共用支吊架形式	
		 图 10-30　设备房整体布局施工样板（一）	

续表

<table>
<tr><th>序号</th><th>项目名称</th><th>工艺说明及图示</th><th>备注</th></tr>
<tr><td>28</td><td>机房整体布局</td><td> 图 10-30　设备房整体布局施工样板（二）</td><td></td></tr>
<tr><td rowspan="2">29</td><td rowspan="2">机房设备减振措施</td><td>1）水泵应安装减振装置，可使用橡胶减振垫或阻尼弹簧减振器。
2）立式水泵机组减振安装使用橡胶减振器时，在水泵机组底座下，宜设置型钢机座并采用锚固式安装；型钢机座与橡胶减振器之间应用螺栓（加设弹簧垫圈）固定</td><td></td></tr>
<tr><td> 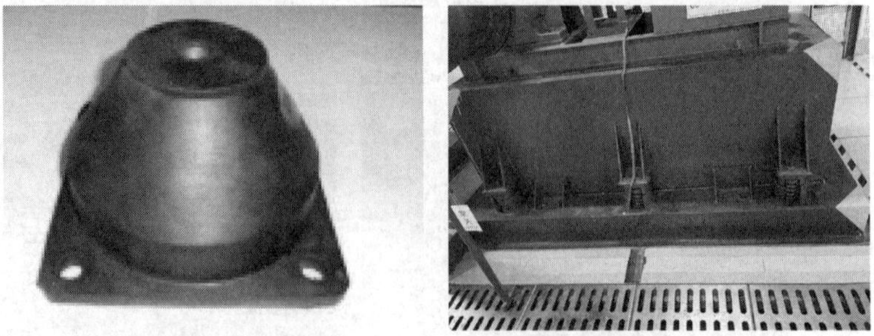图 10-31　设备机房设备减振器安装样板（一）</td><td></td></tr>
</table>

续表

序号	项目名称	工艺说明及图示	备注
29	机房设备减振措施	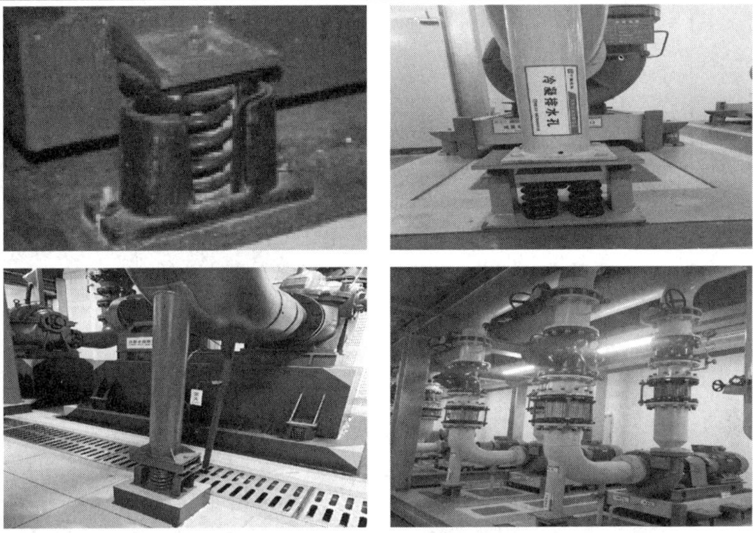 图 10-31　设备机房设备减振器安装样板（二）	
30	不锈钢水箱安装	1）不锈钢水箱基础可采用混凝土条形梁或工字钢，使用碳钢基础时应注意加设橡胶垫进行隔离，防止不锈钢水箱与基础接触处发生“晶间腐蚀”。 2）不锈钢水箱透气管应加设防虫网，防止水体污染  图 10-32　不锈钢水箱安装样板	
31	水泵吸水管路、阀门及附件安装	1）水泵吸水管路应采用偏心大小头变径，管顶平接，防止管路产生气囊。 2）管路法兰连接采用六角螺栓，螺母与法兰盘处采用平垫和弹簧垫。丝杆螺纹外漏 2～3 圈。 3）管路阀门安装整齐划一，排列顺直，观感良好	

续表

序号	项目名称	工艺说明及图示	备注
31	水泵吸水管路、阀门及附件安装	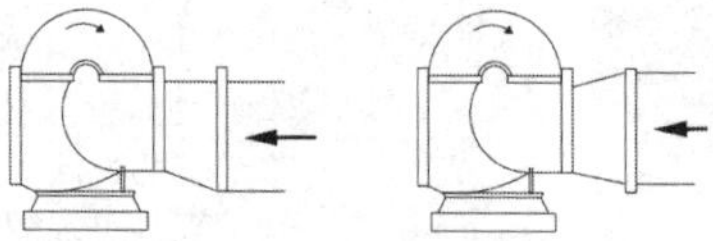 正确 错误 图 10-33 水泵吸水管路接驳方式  图 10-34 水泵吸水管路安装样板  图 10-35 水泵房阀门及附件安装样板	
32	湿式报警阀组水力警铃安装	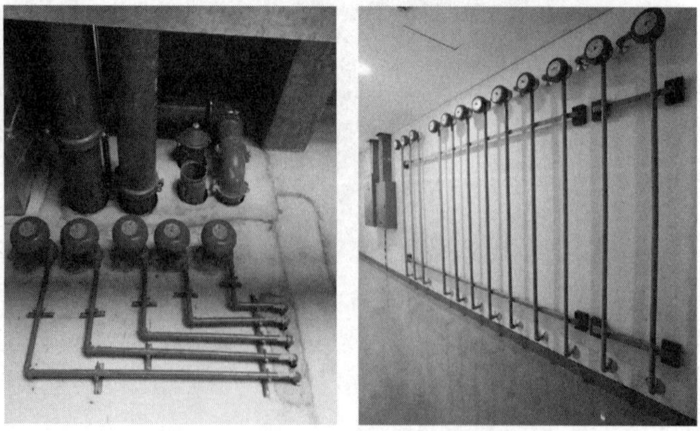 图 10-36 消防泵房湿式报警阀组水力警铃安装样板	

续表

序号	项目名称	工艺说明及图示	备注
33	管道橡塑保温做法	1）橡塑保温层包裹严密，接缝处粘接牢固，外观整齐美观。 2）为保证保温观感效果，保温层的纵向拼缝应置于管道上部，并且相邻保温层的纵向拼缝应错开一定角度	
		 图 10–37　设备机房管道设备保温安装样板	
34	管道保温护壳做法	1）冷水管弯头保温，虾弯过渡均匀，弧度平滑，观感精美。 2）阀门等活动部位或容易拆卸的部位保温应采用搭扣连接方式，搭扣与铝板采用铆钉连接	
		 图 10–38　设备机房管道设备、阀门保温安装样板（一）	

续表

序号	项目名称	工艺说明及图示	备注
34	管道保温护壳做法	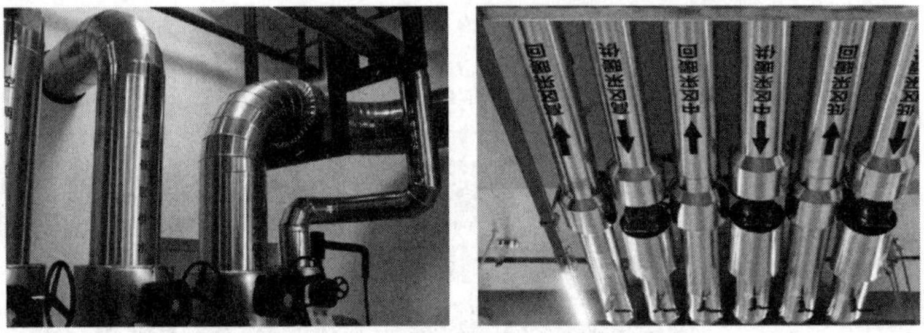 图 10–38　设备机房管道设备、阀门保温安装样板（二）	
35	弯头减振承重支架做法	1）弯管支架不应采用硬性连接方式安装。 2）弯头减振沉重支架、托架焊接饱满，托架与弯头连接处采用减振垫，支架底部采用两片法兰片焊接，法兰片与法兰片采用螺丝连接  图 10–39　设备机房弯管减振承重支架安装样板	
36	螺栓、阀门保护	1）设备地脚螺栓等易生锈部位螺栓应采用 PVC 保护管，充注黄油保护，防止螺栓生锈。 2）屋面、设备房等潮湿部位安装的明杆闸阀，其丝杠应采用 PVC 保护管注黄油保护，防止阀杆生锈  图 10–40　地脚螺栓及阀门保护样板（一）	

续表

序号	项目名称	工艺说明及图示	备注
36	螺栓、阀门保护	 图 10–40　地脚螺栓及阀门保护样板（二）	
37	管道油漆	1）管道及支吊架刷油漆前，铁锈、污垢、灰尘、焊渣应清除干净。面漆颜色应均匀一致，表面光亮、光滑。 2）管道及支吊架油漆不允许有脱皮、漏刷、反锈、气泡、流坠、皱皮、堆积及混色等缺陷  图 10–41　管道油漆施工样板 （施工中应注意管道除锈及油漆观感质量）	

续表

<table>
<tr><th>序号</th><th>项目名称</th><th>工艺说明及图示</th><th>备注</th></tr>
<tr><td>38</td><td>管道颜色规定</td><td>
<table>
<tr><td colspan="3">通用管道、吊架、支架颜色</td></tr>
<tr><td>系统名称</td><td>颜色及卡号</td><td>色样</td></tr>
<tr><td>给水系统</td><td>浅绿色 G01</td><td></td></tr>
<tr><td>污、废水系统</td><td>黑 色 B02</td><td></td></tr>
<tr><td>消防水系统</td><td>大红色 R03</td><td></td></tr>
<tr><td>冷冻水系统</td><td>浅绿色 G04</td><td></td></tr>
<tr><td>冷却水系统</td><td>天蓝色 PB05</td><td></td></tr>
<tr><td>冷凝水系统</td><td>白 色 W06</td><td></td></tr>
<tr><td>管道支吊架</td><td>银灰色 B07</td><td></td></tr>
<tr><td></td><td></td><td></td></tr>
</table>
图 10-42　为给水排水系统管道通用颜色规定
（如产品设定或设计无特殊要求应采用上述颜色规定）
</td><td></td></tr>
<tr><td rowspan="2">39</td><td rowspan="2">管道标识做法</td><td>1）管道转向、穿墙处及管道密集、难以辨别的部位，必须涂刷介质名称及介质流向箭头。
2）介质名称应使用管道归属系统全称。
3）管道的介质名称和介质流向箭头的位置和形状如图 10-43 所示，介质流向箭头的尖角为 60°。
4）管道标识如无特殊要求应采用油漆喷涂形式</td><td></td></tr>
<tr><td>图 10-43　管道标识施工样板（一）</td><td></td></tr>
</table>

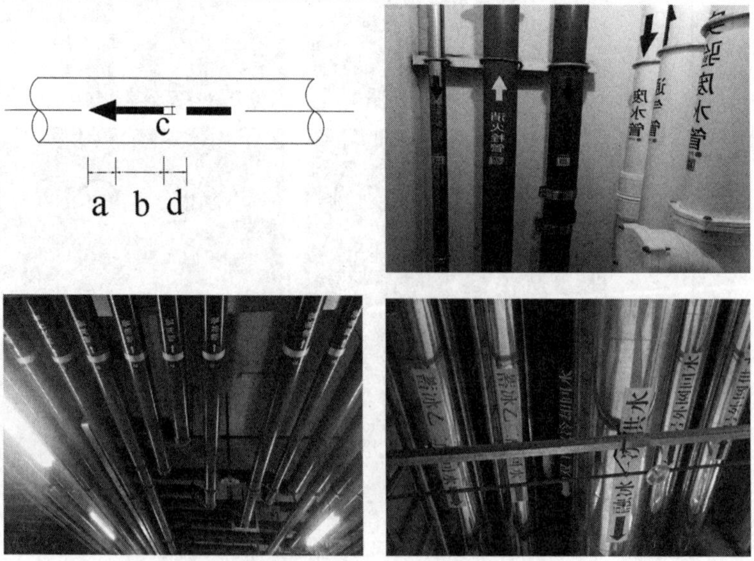

续表

<table>
<tr><th>序号</th><th>项目名称</th><th colspan="5">工艺说明及图示</th><th>备注</th></tr>
<tr><td rowspan="9">39</td><td rowspan="9">管道标识做法</td><td colspan="5"> 
</td><td></td></tr>
<tr><td colspan="5">管道的介质名称和介质流向箭头尺寸（单位：mm）</td><td></td></tr>
<tr><td>管道（参数）</td><td>a</td><td>b</td><td>c</td><td>d</td><td></td></tr>
<tr><td>≤ 100</td><td>40</td><td>60</td><td>30</td><td>100</td><td></td></tr>
<tr><td>101～200</td><td>60</td><td>90</td><td>45</td><td>100</td><td></td></tr>
<tr><td>201～300</td><td>80</td><td>120</td><td>60</td><td>150</td><td></td></tr>
<tr><td>301～500</td><td>100</td><td>150</td><td>75</td><td>150</td><td></td></tr>
<tr><td>＞ 500</td><td>120</td><td>180</td><td>90</td><td>200</td><td></td></tr>
<tr><td colspan="5">图 10-43　管道标识施工样板（二）
（施工中应注意标识喷涂位置及尺寸）</td><td></td></tr>
<tr><td rowspan="2">40</td><td rowspan="2">卫生洁具安</td><td colspan="5">1）小便器安装、感应开关与墙砖居中安装、排列整齐，高度安装一致。
2）蹲、坐便器安装平整，水平度、垂直度偏差应符合规范要求</td><td></td></tr>
<tr><td colspan="5">   
图 10-44　卫生间洁具安装样板
（施工中应注意洁具安装平整度，排列顺直）</td><td></td></tr>
</table>

续表

序号	项目名称	工艺说明及图示	备注
41	洗面盆安装	1）面盆边缘与装饰面贴合严密、成排安装间距一致、排列整齐。 2）面盆与支架固定牢固。 3）面盆下水管应使用不锈钢软管、并制作水封	
		  图 10–45 面盆安装样板 （施工中应注意面盆安装牢固、排列整齐等）	
42	地漏安装	1）地漏安装应充分考虑装修完成面高度，地漏安装面板应比完成面低 5 mm 为宜，且地坪的坡度要坡向地漏。 2）地漏安装应居中、牢固、平正，周边无渗漏	
		 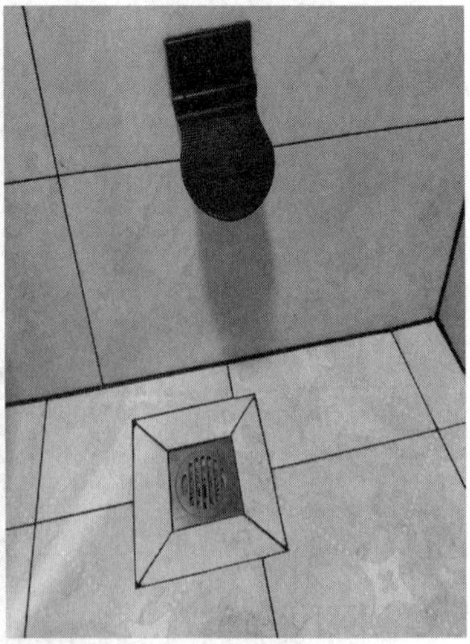 图 10–46 地漏安装样板 （施工中应注意地漏安装高度、排水坡度问题）	

参 考 文 献

[1] 中华人民共和国住房和城乡建设部．住宅设计规范：GB 50096—2011[S]. 北京：中国建筑工业出版社，2012.

[2] 中华人民共和国住房和城乡建设部．建筑给水排水设计标准：GB 50015—2019[S]. 北京：中国计划出版社，2020.

[3] 中华人民共和国住房和城乡建设部，国家市场监督管理总局．室外排水设计标准：GB 50014—2021[S]. 北京：中国计划出版社，2021.

[4] 中华人民共和国国家质量监督检验检疫总局，国家标准化管理委员会．冷热水用聚丙烯管道系统 第 1/2/3 部分：管件：GB/T 18742.1/2/3—2017[S]. 北京：中国标准出版社，2018.

[5] 中国工程建设标准化协会．建筑给水薄壁不锈钢管管道工程技术规程：T/CECS 153—2018 [S]. 北京：中国标准出版社，2019.

[6] 中国工程建设标准化协会．建筑给水钢塑复合管管道工程技术规程：T/CECS 125—2020[S]. 北京：中国标准出版社，2020.

[7] 北京市市政工程设计研究总院有限公司．钢筋混凝土及砖砌排水检查井：20S515[S]. 北京：中国计划出版社，2020.

[8] 中华人民共和国国家质量监督检验检疫总局，国家标准化管理委员会．全玻璃真空太阳集热管：GB/T 17049—2005[S]. 北京：中国标准出版社，2005.

[9] 国家能源局．全玻璃真空太阳集热管技术规范：NB/T 34070—2018[S]. 北京：中国农业出版社，2018.

[10] 中华人民共和国国家质量监督检验检疫总局，国家标准化管理委员会．排水用柔性接口铸铁管、管件及附件：GB/T 12772—2016[S]. 北京：中国标准出版社，2017.

[11] 中国建筑东北设计研究院．建筑给水排水及采暖工程施工质量验收规范：GB 50242—2002[S]. 北京：中国标准出版社，2002.

[12] 中华人民共和国住房和城乡建设部．给水排水管道工程施工及验收规范：GB 50268—2008[S]. 北京：中国建筑工业出版社，2009.

[13] 中国船舶工业集团公司．铜管接头 第 1 部分：钎焊式管件：GB/T 11618.1—

2008[S]. 北京：中国标准出版社，2009.

[14] 国家市场监督管理总局，国家标准化管理委员会 . 埋地用聚乙烯（PE）结构壁管道系统 第 1 部分：聚乙烯双壁波纹管材：GB/T 19472.1—2019[S]. 北京：中国标准出版社，2020.

[15] 中华人民共和国国家质量监督检验检疫总局，国家标准化管理委员会 . 混凝土和钢筋混凝土排水管：GB/T 11836—2009[S]. 北京：中国标准出版社，2009.

[16] 中华人民共和国国家质量监督检验检疫总局，国家标准化管理委员会 . 不锈钢卡压式管件组件 第 1 部分：卡压式管件 / 第 2 部分：连接用薄壁不锈钢管 / 第 3 部分：O 形橡胶密封圈：GB/T 19228.1/2/3—2011[S]. 北京：中国标准出版社，2012.

[17] 中国建筑标准设计研究院，北京市自来水设计公司 . 室外给水管道附属构筑物：05S502[S]. 北京：中国计划出版社，2006.

[18] 中国工程建设标准化协会 . 抗震支吊架安装及验收标准：T/CECS 420—2022[S]. 北京：中国计划出版社，2022.

[19] 中华人民共和国住房和城乡建设部 . 自动喷水灭火系统施工及验收规范：GB 50261—2017[S]. 北京：中国计划出版社，2018.

[20] 中华人民共和国住房和城乡建设部 . 建筑排水管安装 – 塑料管道：19S406[S]. 北京：中国计划出版社，2020.

[21] 中华人民共和国建设部 . 饮用净水水质标准：CJ/T94—2005[S]. 北京：中国标准出版社，2005.

[22] 中华人民共和国住房和城乡建设部 . 游泳池水质标准：CJ/T244—2016[S]. 北京：中国标准出版社，2016.

[23] 国家市场监督管理局，国家标准化管理委员会 . 生活饮用水卫生标准：GB 5749—2022[S]. 北京：中国标准出版社，2023.

[24] 黄晓家，姜文源 . 建筑给水排水工程技术与设计手册（下册）[M]. 北京：中国建筑工业出版社，2010.

[25] 黄晓家，姜文源 . 自动喷水灭火系统设计手册 [M]. 北京：中国建筑工业出版社，2002.

[26] 王芷茜 . 城市给水管网工程质量管理与可靠性研究 [D]. 长春：吉林大学，2015.

[27] 魏文学，杨建军 . 给水管道抢修中快速接口方案探讨 [J]. 甘肃科技，2013，29(21).